Schmitz | Wegmann

# Der BLV Hunderassen-Führer

Dr. Siegfried Schmitz
Angela Wegmann

# DER BLV HUNDERASSEN FÜHRER

Aussehen und Größe
Eigenschaften und Haltung

blv

# Einführung

## Mensch und Hund – eine ideale Partnerschaft

Für den Hundefreund gibt es gar keinen Zweifel: Der Hund ist der beste, der anhänglichste und zuverlässigste tierische Gefährte des Menschen. Katzen- oder Pferdeliebhaber mögen darüber anders denken, aber auch die werden insgeheim zugeben, dass man mit keinem anderen Vierbeiner so unmittelbaren, beständigen und aktiven Umgang pflegen kann wie mit einem Hund. Er ist, mit einem Wort, der ideale Hausgenosse schlechthin. Die rund 5,1 Millionen Hunde, die allein in 4,9 Millionen deutschen Haushalten leben, zeugen davon. Und da jeder dieser Haushalte in der Regel mehr als eine Person umfasst, erhöht sich die Zahl der Menschen, die einen mehr oder weniger engen Kontakt zu einem Hund unterhalten, auf eine zweistellige Millionensumme. So viele Hundefreunde können nicht irren. Sie wissen, was sie an ihrem treuen Vierbeiner haben: Er ist Hüter von Haus und Hof, Spielkamerad und Miterzieher der Kinder, Freizeitpartner der ganzen

**Jeder Mensch hat den Hund, der zu ihm passt – hier ein Langhaarschäferhund.**

Familie, Gesellschafter der Alleinstehenden, Tröster der Alten und Kranken, Gehilfe der Jäger, der Hirten, der Blinden und vieles mehr. Er bringt uneigennützig Leben, Abwechslung und Freude in jedes Haus und regt sozusagen Leib und Seele an – den Leib, indem er uns zu regelmäßiger gesunder Bewegung im Freien ermuntert; die Seele, indem er in uns zivilisationsgeschädigten und stressgeplagten Menschen des 21. Jahrhunderts die fast verschüttete Beziehung zur Kreatur und Natur wieder belebt.
Ja, ein Hund kann für viele Menschen ein hervorragender Therapeut sein, und es gibt nicht wenige Ärzte, die körperlich und seelisch träge gewordenen Patienten die Hundehaltung als eine von schädlichen Nebenwirkungen freie »Naturmedizin« verschreiben.
Das alles klingt sehr schön, aber doch ein wenig einseitig, wenn wir genauer hinschauen. Der Hund gibt, und der Mensch nimmt. Der Hund schenkt uns alles, was er zu geben vermag: Treue, Lebensfreude, seelischen Auftrieb, Schutz und Beistand – von den Diensten, die er als Versuchstier in den Labors der Wissenschaftler und der Pharmaindustrie leistet, ganz zu schweigen! Die Gefahr besteht, dass die wehrlose Kreatur heutzutage vielfach nur als Mittel zum Zweck betrachtet und ausgebeutet wird. Doch dass diese Gefahr nicht überhand nimmt, dafür sorgt auch weiterhin die große Masse der echten Hundefreunde, zu denen wir uns zählen. Wir wollen dem Hund geben, was ihm zusteht: Zuneigung, Fürsorge und sachgemäße Haltung. Denn wir wissen (oder sollten uns klar machen), dass der Hund ganz und gar unserer Obhut anheim gegeben ist und dass er ohne seine menschlichen Betreuer und Bezugspersonen auf die Dauer nicht existieren kann, weil er eben kein unabhängiges Wildtier mehr ist, sondern schon vor sehr langer Zeit vom Menschen zum Haustier gemacht wurde.
Man mag das bedauern, aber es ist nun einmal so: Der Haushund hat die naturgegebene Eigenständigkeit seiner wild lebenden Vorfahren uns Menschen zuliebe weitgehend eingebüßt und ist deshalb gänzlich von uns abhängig und auf uns angewiesen. Er braucht uns als Ersatzkumpan, als Obdach- und Nahrungsbeschaffer. Diese Entwicklung lässt sich nicht mehr rückgängig machen. Aus alledem ergibt sich folgerichtig: Der Hund mit Familienanschluss, der Familienhund muss die Regel sein. Nur so können wir den Eingriff in die Natur wieder gutmachen, den unsere fernen Ahnen begingen, als sie den Hund auf immer an sich banden und dadurch dem Leben in freier Wildbahn entfremdeten.
Der Haushund ist, wenn man so

**Diese Kleinspitzhündin beherrscht ein ganzel Rudel Rottweiler und lässt sich sogar im Korb tragen.**

will, ein »Kunstprodukt« des Menschen, aber erfreulicherweise nicht nur das. Er hat sich trotz allem noch viel von seiner Ursprünglichkeit bewahrt, und manche seiner angestammten guten Eigenschaften sind durch gezielte Zuchtbemühungen noch gesteigert und verfeinert worden – zumindest aus der Perspektive des Menschen. (Dass der Ehrgeiz der Züchter zuweilen auch negative Folgen hatte, darf freilich nicht verschwiegen werden.) Generell gilt, dass der Haushund immer schöner, kontaktfreudiger, anhänglicher, anpassungsfähiger und menschenfreundlicher geworden ist. Und er wurde immer variabler in dem Sinne, dass aus wenigen Grundtypen eine Vielzahl von Rassen mit unterschiedlichen Körpermerkmalen und Wesenszügen hervorgegangen ist. Diese Vielfalt bietet die Gewähr dafür, dass jeder Mensch, der tierlieb und einfühlsam ist, »seinen« Hund finden kann. Wo der richtige Mensch und der richtige Hund zusammenkommen, können beide ein ganzes Hundeleben lang glücklich miteinander werden. Schöneres lässt sich zum Lob einer Partnerschaft zwischen zwei so ungleichen Lebewesen wohl kaum sagen.



**Der Border Terrier gehört zu den Hunderassen, die gerne eng mit ihren Menschen zusammenleben.**

## Der gezähmte Wolf

Der Zoologe fasst unter dem Oberbegriff »Hund« mehr als 30 miteinander verwandte Raubtierarten zusammen, die im System des Tierreichs gemeinsam eine Familie bilden, eben die Familie der Hunde oder Caniden (Canidae). Nach neuesten genetischen Untersuchungen steht inzwischen eindeutig fest, was schon seit längerer Zeit als allgemeine Lehrmeinung gilt: Nur ein einziges Mitglied der Familie Canidae, nämlich der Wolf (*Canis lupus*), ist die Stammform aller Haushunde. Es ist demnach nicht zulässig, den Haushund als eigenständige Art aufzufassen und ihm den wissenschaftlichen Artnamen *Canis familiaris* zu geben, wie es früher regelmäßig geschah und in vielen älteren – und sogar neueren – Hundebüchern zu lesen ist. Die korrekte wissenschaftliche Bezeichnung des Wolfsabkömmlings Haushund lautet somit *Canis lupus* f. *familiaris*, wobei die Abkürzung »f.« für lateinisch »forma« (Form oder Zuchtform) steht und »familiaris« so viel wie »häuslich« oder »zur Familie gehörig« bedeutet. Dass der Hund vom Wolf abstammt, ist erwiesen, aber wann, wo, weshalb und wie aus dem Wildtier Wolf das Haustier Hund geworden ist, bleibt nach wie vor ein Geheimnis. Bekannt ist immerhin, dass die ältesten echten Hundeknochen, die von Archäologen ausgegraben wurden, auf eine Zeit vor etwa 15 000 Jahren zu datieren sind. Die Haustierwerdung oder Domestikation des Wolfs muss also schon vor dieser Endphase der Altsteinzeit stattgefunden haben, und sie war sicherlich kein einmaliges kurzes Ereignis, sondern ein langer und langwieriger Prozess, der sich in verschiedenen Weltgegenden in ähnlicher Form abgespielt haben dürfte – vielleicht etwa so:

Wenn die Steinzeitjäger abends um ihr Feuer saßen, schlichen sehr oft hungrige Wölfe um das Lager, wo es so herrlich nach gebratenem Fleisch duftete. Wurde ihr Heulen den Männern gar zu lästig, dann stand einer auf und vertrieb die Störenfriede mit Steinen oder Holzprügeln. Aber hin und wieder hat wohl ein gutmütiger Jäger den bettelnden Tieren einmal ein paar abgenagte Knochen zugeworfen. Das gefiel den Wölfen natürlich, und am nächsten Abend stellten sie sich wieder ein und wagten sich sogar einige Schritte näher ans Lager heran. Allmählich entwickelte sich so eine gewisse Vertrautheit zwischen Mensch und Tier. Die Tiere folgten den Männern, wenn die auf die Jagd gingen, und Menschen und Wölfe merkten bald, dass sie voneinander profitierten: Die Menschen machten sich die gute Spürnase der Wölfe zunutze,

und die Wölfe erhielten als Belohnung die Abfälle von der Beute.
Es kam wohl auch immer häufiger vor, dass ein steinzeitlicher Jäger irgendwo einen Wolfswelpen auflas und mit heim ins Lager trug, als lebendes Spielzeug für die Kinder. Die drolligen Wölfchen wurden verhätschelt und verwöhnt und wollten sich von ihren zweibeinigen Freunden gar nicht mehr trennen. Diese halbzahmen Tiere wuchsen im Umkreis der Menschen auf und bekamen Nachwuchs, der von vornherein schon stark auf den Menschen geprägt war. Von nun an gehörten die gezähmten Raubtiere zum Lebensbereich des Menschen. So etwa sieht das konventionelle Anfangsszenario der Wolfsdomestikation aus. Neuere Forschungen lassen jedoch den Schluss zu, dass das alles sehr viel früher – möglicherweise schon vor mehr als 100 000 Jahren – stattgefunden und dass sich der Wolf auf dem Weg der »Selbstdomestikation« dauerhaft im Umkreis des Menschen eingenistet hat. Das heißt: Nicht der Mensch hat den Wolf durch Zähmung und Zucht an sich gebunden, sondern der Wolf, von Natur aus ein höchst anpassungsfähiger Opportunist, hat schon in grauer Vorzeit die Umwelt der Frühmenschen als eine günstige ökologische Nische entdeckt, die er nach und nach besetzte, quasi als eine Art sozialer Schmarotzer, der geschickt von der geistigen Überlegenheit seiner zweibeinigen »Wirte« profitierte. In Anpassung an ihre selbst gewählte neue Rolle haben sich diese Wölfe im Zuge einer natürlichen Auslese äußerlich und innerlich leicht verändert, bevor dann mit der Sesshaftwerdung des Menschen die gezielte künstliche Zuchtwahl der »Wolfshunde«, also die eigentliche Haustierwerdung und die echte Hundehaltung, ihren Anfang nahm.
Wie dem auch sei, in jedem Haushund steckt noch immer ein mehr oder weniger großes Erbteil des Wolfs. Der Körperbau, die Sinnesorgane, das Skelett und insbesondere das Gebiss weisen den Hund unverkennbar als Raubtiernachfahren aus, und auch sein Verhaltensinventar enthält bis heute viele wölfische Komponenten. Der Hund ist wie der Wolf ein Rudeltier mit einem stark ausgeprägten Sozialverhalten. Das Wolfsrudel wird allerdings beim Hund durch das »Menschenrudel« ersetzt, in dessen Rangordnung er seinen ihm zustehenden Platz finden muss, wenn das Zusammenleben von Mensch und Hund funktionieren soll. Der jugendliche Hund versucht, wie wohl jeder Hundehalter

**Die strenge Hierarchie in einem Wolfsrudel sichert das Überleben. Unnötige Auseinandersetzungen werden vermieden, eine Drohgebärde genügt, um die Verhältnisse zu klären.**

**Es ist eine Freude, dem ausgelassenen Spiel von Welpen zuzuschauen.**



aus leidvoller Erfahrung weiß, innerhalb der Rudelhierarchie oft sehr nachdrücklich und handfest einen möglichst hohen Rang zu erlangen, und er muss rechtzeitig lernen, wer der Rudelchef und Herr im Haus ist.

Als soziale Wesen verfügen unsere Hunde über eine von den Wolfsahnen ererbte Körpersprache, die der Verständigung unter den Rudelmitgliedern und allgemein unter Artgenossen dient, aber auch von Artfremden, einschließlich des Menschen, durchaus verstanden wird. Blickkontakt, Ohrenspiel, Fellsträuben, Schwanzhaltung und die Körperhaltung insgesamt zeigen unmissverständlich an, was im gezähmten Wolf vorgeht, ob er freundlich, selbstbewusst, unterwürfig, ängstlich oder aggressiv gestimmt ist. Auch das von allen Hunden beiderlei Geschlechts ständig praktizierte Duftmarkieren, also die Ausscheidung von Duftstoffen mit dem Kot und Urin oder aus speziellen Drüsen, gehört zum Wildtiererbe. Mit solchen körpereigenen Gerüchen kennzeichnen die mit einer unvorstellbar feinen Nase ausgestatteten Tiere ihr Revier oder Territorium, und zugleich informieren sie damit ihre Artgenossen eingehend über ihren sozialen Status oder ihre sexuelle Bereitschaft.

Selbst so kurios anmutende Verhaltensformen wie die mehrfachen Drehbewegungen vor dem Niederlegen, die man bei vielen Hunden beobachten kann, gehen auf uralte Instinkthandlungen zurück: Der Hund sichert, bevor er sich zur Ruhe begibt, vorsorglich nach allen Seiten und schafft gleichzeitig durch die Körperdrehungen eine Mulde in der Bodenvegetation, auch wenn er es sich nicht im Gras, sondern auf dem Wohnzimmerteppich bequem machen will. Sogar in seinen Essgewohnheiten ist der Haushund äußerst konservativ: Wie der Wolf ernährt er sich zwar vorwiegend von Fleisch, gern auch in Form von stark vergammeltem Aas, doch er braucht daneben unbedingt pflanzliche Beikost, wie sie seine wild lebenden Vorfahren regelmäßig im Verdauungstrakt ihrer Pflanzen fressenden Beutetiere vorfanden.

Andererseits haben sich jedoch die domestizierten Wölfe vielfach sehr weit von ihrer Stammart entfernt. Die Veränderungen in Körperbau und Körpergröße fallen sofort ins Auge. Teile des ursprünglichen, perfekt ausgebildeten Wolfsskeletts haben sich während der jahrtausendelangen Domestikation umgeformt, vergrößert oder verkleinert – häufig nicht zum Vorteil der Tiere. Die Sinnes- und Instinktleistungen sind vermindert, weil das Leben in Menschenobhut an

diese Fähigkeiten keine so hohen Anforderungen mehr stellt wie das Leben in freier Wildbahn. Überhaupt ist das Wesen des Haushunds durch eine gewisse »Verkindlichung« gekennzeichnet. Mit anderen Worten: Der Hund bleibt auf einer infantilen Stufe seiner »geistigen« Entwicklung stehen, weil er das ausgereifte Verhaltensrepertoire des Raubtiers Wolf, insbesondere dessen komplexes Beutefang- und Rudelverhalten, nicht mehr benötigt. Der Mensch behandelt und verwöhnt seinen Hund ja zeitlebens wie ein Kind und nimmt ihm vieles ab, was der Wolf in der Natur selbst leisten muss. Nahrungsbeschaffung, Unterbringung, Schutz vor Feinden, vor Krankheiten und den Unbilden des Wetters, sogar die Wahl des Sexualpartners – all dies und noch mehr erledigt der Hundehalter für seinen vierbeinigen Gefährten.
Die hier umschriebenen Domestikationsfolgen empfinden wir Menschen als durchaus positiv und angenehm, denn wir schätzen gerade die kindliche Anhänglichkeit und Fügsamkeit unserer leicht infantil gebliebenen Hausgenossen. Aber die Domestikation hat auch noch eine andere, weniger erfreuliche Auswirkung: Genetisch bedingte Krankheiten und Wesensschwächen, die in Wildpopulationen durch die natürliche Auslese ausgemerzt würden, haben sich eingeschlichen und werden durch die Rassezucht, die vielfach mit einem sehr begrenzten Genpool betrieben wird, weitergegeben und womöglich noch verstärkt.

## Die Entstehung der Rassen

Bereits vor einigen Jahrtausenden hat sich aus den domestizierten Wölfen eine große Typenvielfalt des Haushundes entwickelt. Eine gewisse Vielfalt war freilich schon dadurch vorprogrammiert, dass auch die Wölfe kein einheitliches Erscheinungsbild abgeben. In ihrem einstigen riesigen Verbreitungsgebiet, das die gesamte Nordhalbkugel von Nordamerika über Eurasien bis Japan umfasste, haben

**Durch züchterische Maßnahmen ist eine große Zahl verschiedener Rassen entstanden. Aber auch ein kleiner Cairn Terrier versteht die Körpersignale des großen Herdenschutzhundes.**

sich mehr als 40 Unterarten der Spezies *Canis lupus* herausgebildet, die sich in Größe, Fellbeschaffenheit und Umweltanpassung oft deutlich voneinander unterscheiden und diese unterschiedlichen Merkmale an ihre domestizierten Nachfahren weitergegeben haben. So lassen sich beispielsweise von nordamerikanischen Unterarten des Wolfs die Eskimohunde herleiten, von chinesischen die Pekinesen und Chow-Chows, von indischen die verschiedenen Windhunde und von europäischen die Schäferhunde, Spitze und Terrier. Die bedeutende Gruppe der doggenartigen Hunde, zu denen wir heute den kleinen Mops ebenso zählen wie die großen Bernhardiner und Neufundländer, stammen sowohl von indischen wie von europäischen Wölfen ab – teils auf dem Umweg über die Molosser, wie die mächtigen, schweren Kampfhunde der Antike genannt werden.

So wie die alten Römer diese Molosser für Hundeschaukämpfe und Kriegseinsätze gezüchtet haben, so hat man einst überall auf der Welt durch gezielte Zuchtauslese Hunde für bestimmte Zwecke hervorgebracht. Bis vor wenigen Jahrhunderten waren nahezu alle Haushunde »Gebrauchshunde«. Sie standen als Wächter von Haus und Hof, als Helfer der Jäger und Fischer, als Hüter und Beschützer der Herden, als Zug- und Tragtiere im Dienste des Menschen. Heutzutage haben die meisten der immer noch so genannten Gebrauchshunde ihre ehemaligen Funktionen eingebüßt und sind zu reinen Begleit- oder Familienhunden geworden. Der Schäferhund hütet keine Schafe mehr, sondern rennt neben dem Sportrad seines Herrchens her, der Dackel verdient kaum noch seinen eigentlichen Namen Dachshund, weil er lieber auf dem Sofa liegt, als in Dachsbaue einzufahren, und der Berner Sennenhund zieht schon lange keine Milchkarren mehr über raue Bergpfade, sondern führt ein Luxusleben auf Villengrundstücken vor der Stadt.

Nach heutigen Erkenntnissen kann man davon ausgehen, dass die wesentlichsten Zuchtrichtungen – Jagd-, Wach- und Hütehunde – zwischen 500 v. Chr. und 500 n. Chr., also vom klassischen Altertum bis zum frühen Mittelalter, entstanden sind. Das waren allerdings noch keine echten Rassen im heutigen Sinne, sondern allenfalls deren Vorläufer, die jedoch immerhin, wie zahlreiche bildliche Darstellungen bezeugen, schon eine gewisse Ähnlichkeit mit modernen Rassehunden aufwiesen. Diese entwickelten sich erst allmählich seit dem 13. Jahrhundert, wurden freilich sehr lange nicht nach verbindlichen

**Jack Russell Terrier sind aufgeweckte Kerlchen, die allerdings sehr konsequent erzogen werden wollen.**

einheitlichen Vorschriften gezüchtet. Die frühesten Vorschriften dieser Art, die wir heute Rassestandards nennen, haben engagierte Kynologen erst in der zweiten Hälfte des 19. Jahrhunderts festgelegt. 1873 wurde in Großbritannien der erste Zuchtverein, der Kennel Club (»Zwingerklub«), gegründet, der in einem Zuchtbuch die Stammbäume von rund 4000 Hunden, unterteilt in 40 Rassen, erfasste. Andere Länder zogen sehr bald mit eigenen nationalen Zuchtverbänden nach, die sich 1911 in der Fédération Cynologique Internationale (FCI) zusammenschlossen. Der maßgebliche deutsche Dachverband, der der FCI angehört, ist der Verband für das Deutsche Hundewesen (VDH) mit Sitz in Dortmund.

## Vorbemerkungen zum Rassenteil

Von den internationalen Rassehundeverbänden sind heute über 400 Rassen offiziell anerkannt. Viele Rassen sind nur regional verbreitet, andere »Rassen« international nicht anerkannt. Die Vielfalt ist groß. Die Auswahl in diesem Buch möchte einen Querschnitt durch das ganze Spektrum bieten. Viele Rassen, wie die echten Jagdgebrauchshunde oder die Herdenschutzhunde, sind oft seit Jahrhunderten für sehr spezielle Verwendungszwecke gezüchtet worden. Ihnen kann man nur gerecht werden, wenn man sie ihrem Wesen gemäß hält und beschäftigt. Bei all diesen Rassen wird auf solche Einschränkungen hingewiesen.
Die Entscheidung für einen Hund sollte nie nur nach dem Aussehen alleine fallen. Zu den räumlichen, familiären und auch finanziellen Gegebenheiten, die die tier- oder besser rassegerechte Haltung eines Hundes beeinflussen, kommen leider in zunehmendem Maße bürokratische Hindernisse (»Kampfhunde«). Alle Umstände muss man möglichst genau bewerten, bevor man sich für eine bestimmte Rasse entscheidet.

**Auch im Zeitalter der Technik erweisen sich gut ausgebildete Rettungshunde (hier Langhaarschäferhund) immer wieder als unschlagbar im Aufspüren von Verschütteten.**

**Aussehen und Charaktereigenschaften der Hunderassen sind erstaunlich vielfältig. Der Bedlington Terrier ist ein liebevoller Hausgenosse, der allerdings viel Auslauf braucht und eher reserviert auf seine Umwelt reagiert.**

Dieses Buch kann nur grundlegende Charakteristika der einzelnen Rassen vermitteln. Naturgemäß basiert jede Beschreibung einer Rasse auf den typischen Merkmalen und Eigenschaften, nach denen die Zuchtauswahl erfolgt. Abweichungen von der Regel kommen jedoch vor, weil jeder Hund eine Persönlichkeit mit individuellen Vorzügen und Schwächen ist. Das Risiko negativer Abweichungen vom typischen Charakterbild in Bezug auf Wesen und Gesundheit kann man am ehesten dadurch ausschalten, dass man seinen vierbeinigen Gefährten bei einem soliden Züchter erwirbt, der dem zuständigen nationalen Dachverband angehört (Anschriften am Ende des Buches auf Seite 249).

Da sich keine der »offiziellen« Einteilungen des Rassebestandes, auch nicht die der FCI, als wirklich praxisnah erweist und da eine rein alphabetische Reihenfolge allzu willkürlich erscheint, haben wir uns für die Anordnung nach Köpergröße entschieden. Maßgeblich ist die im Standard angegebene Schulterhöhe, gemessen als Widerristhöhe (senkrechter Abstand zwischen Boden und höchstem Punkt der Schulter). Für die reine Liebhaberhaltung empfehlen sich oft die Rassen kleinerer bis mittlerer Größe. Die Riesen unter den Hunden, die mit Ausnahmen (z. B. Herdenschutzhunde) von Natur aus meist gegen jedermann auffallend gutmütig sind, beschließen die Zusammenstellung.

Zwei wesentliche Eigenschaften der einzelnen Rassen, nämlich ihre Kinderfreundlichkeit und ihre Eignung für ein Leben in der Stadt, werden durch Symbole neben dem jeweiligen Rassenamen hervorgehoben. Während sich die Stadttauglichkeit relativ gut definieren lässt, ist das mit der Kinderfreundlichkeit – entgegen den Versprechungen der Rasseverbände – nicht so leicht. »Die« kinderfreundliche Rasse gibt es nicht. Aber es gibt typische Wesensmerkmale einer Rasse, die ein Zusammenleben mit Kindern mehr oder weniger begünstigen. Die Empfehlungen basieren auf dieser Grundlage in Verbindung mit Erfahrungswerten.

Dabei kennzeichnet solche Rassen, die in der Regel sehr gut mit Kindern auskommen und auch unbeabsichtigte Grobheiten der Kleinsten meist geduldig hinnehmen.

**Nicht alle Rassen sind von ihrer Mentalität her für das Zusammenleben mit Kindern geeignet. Aber auch jeder Hund ist individuell verschieden.**

verweist auf Rassen, die durch ihr Wesen im Allgemeinen gut mit Kindern zurechtkommen. Mit sehr kleinen Kindern können sie aber nicht viel anfangen und könnten, z. B. durch ein Krabbelkind in Bedrängnis geraten, schon einmal das Kind zurechtweisen. Aber kleine Kinder darf man zum beiderseitigen Schutz mit keinem (!) Hund alleine lassen.

Entsprechendes gilt für die Stadttauglichkeit:

kennzeichnet Rassen, die praktisch in jeder Stadtwohnung gehalten werden können, ohne Schaden zu nehmen oder anzurichten.

bedeutet eine bedingte Eignung für das Stadtleben, weil die betreffenden Hunde zu groß, zu »naturverbunden«, zu bewegungsfreudig oder zu bellfreudig sind.

**Größenvergleich**
(Mensch = 180 cm)

# Chihuahua

**Schulterhöhe**
Im Standard nicht vorgeschrieben, liegt aber im Schnitt bei 16–20 cm

**Gewicht**
0,5–3 kg, ideal sind 1–1,2 kg

**Fellfarbe**
Alle Farben und Farbkombinationen sind zugelassen.

**Gesundheit**
Anfällig für Knochenbrüche, Patellaluxation, Herzerkrankungen, Zuckerkrankheit, Krämpfe.

Geeignet für Anfänger, vor allem auch für ältere Personen.

## Geschichte

Der Chihuahua (sprich: Tschiwawa), benannt nach dem gleichnamigen Staat im Nordosten Mexikos, stammt wohl tatsächlich aus Mexiko. Er kann auf eine sehr lange, aber ziemlich mysteriöse und nicht immer erfreuliche Geschichte zurückblicken. Chihuahuas waren verhätschelte Schoßhündchen aztekischer Prinzessinnen, denen sie in den Tod folgen mussten, und sie wurden auch als Opfertiere und sogar als bloße Fleischlieferanten geschlachtet. Im späten 19. Jahrhundert gelangte die Rasse nach Nordamerika und von dort nach Europa, wo ihr Standard erst 1942 festgelegt wurde.

## Eigenschaften

Der kleinste Rassehund der Welt kann sich auf einer Handfläche zusammenkuscheln, ist aber trotz seiner Winzigkeit ein schneidiges, selbstbewusstes und wachsames Kerlchen. Die Kleinen sind sehr temperamentvoll, anhänglich, ja liebebedürftig, aber auch ein wenig anspruchsvoll und eigenwillig. Die Rasse kommt in zwei Schlägen vor: kurz- und langhaarig. Da die Hundezwerge etwas kälteempfindlich sind, sollte man sich möglichst für die langhaarige Variante entscheiden.

## Haltung

Der pflegeleichte Chihuahua fühlt sich selbst in der kleinsten Stadtwohnung wohl, weil er vor allem den Kontakt zum Menschen sucht. Er ist deshalb ein idealer Gefährte für alleinstehende Senioren, die sich ständig um ihn kümmern können, ohne ihn allzu sehr zu verwöhnen.

# Zwergspitz

**Größenvergleich**
(Mensch = 180 cm)

## Geschichte

Der Zwergspitz repräsentiert keine eigene Rasse, sondern ist der kleinste Schlag der Rasse Deutscher Spitz. Er hat wie alle Spitze seinen Ursprung in vorgeschichtlicher Zeit, erhielt seine heutige Miniaturform jedoch erst in den letzten Jahrzehnten, weil ehrgeizige Züchter es offenbar nicht lassen können, immer zierlichere Hunde zu produzieren. Der ursprüngliche kleine Spitz stammt angeblich aus Pommern, wo er aus größeren Schlägen herausgezüchtet wurde. Deshalb heißt er im Englischen Pomeranian und im Französischen Loulou de Poméranie.

## Eigenschaften

Der Zwergspitz ist trotz seiner Winzigkeit, die durch das üppige Haarkleid kaschiert wird, eine selbstbewusste Hundepersönlichkeit, die selbst vor großen Artgenossen keine Angst zeigt. Er erfreut sich in neuerer Zeit wachsender Popularität, weil er lebhaft, fröhlich, gelehrig, wachsam und attraktiv ist. Doch leider hat die starke Verniedlichung und Verzwergung, die der Winzling über sich ergehen lassen musste, auch einen gewissen Nachteil, denn er ist etwas krankheitsanfälliger als seine größeren Verwandten.

## Haltung

Der reizende Hundezwerg passt überall hin, besonders gut in die Wohnung von Senioren in Stadt und Land, die nicht mehr allzu gut zu Fuß sind und auf lange Spaziergänge verzichten müssen. Das schöne Fell muss zwar gepflegt werden, macht aber weniger Arbeit, als man zunächst meint.

**Schulterhöhe**
Um 20 cm

**Gewicht**
2–3 kg

**Fellfarbe**
Schwarz, braun, weiß, orange, wolfsgrau oder andersfarbig.

**Gesundheit**
Anfällig für Patellaluxation.

Geeignet für Anfänger, vor allem auch für ältere Personen.

# Pekinese

**Schulterhöhe**
Nicht vorgeschrieben, im Schnitt um 18–22 cm

**Gewicht**
Rüde bis 5 kg, Hündin bis 5,5 kg

**Fellfarbe**
Alle Farben und Abzeichen erlaubt, ein- und mehrfarbig; immer mit schwarzem Nasenspiegel.

**Gesundheit**
Anfällig für Augenleiden, Atembeschwerden und Missbildungen.

Geeignet für Anfänger, vor allem auch für ältere Personen.

## Geschichte

Der Pekinese oder Pekingese, offiziell auch Peking-Palasthund genannt, ist der Legende zufolge aus der Verbindung zwischen einem Löwen und einer Äffin hervorgegangen. Die uralte Rasse lebte viele Jahrhunderte lang ausschließlich am kaiserlichen Hof in Peking. Auf eine »Entführung« stand sogar die Todesstrafe. Erst 1860, nach der Eroberung Pekings durch die Briten, gelangten die ersten fünf Exemplare nach England, wo die Rasse in ihrer

**Größenvergleich**
(Mensch = 180 cm)

modernen Form weiter gezüchtet wurde. Sie wurde wegen ihrer Originalität rasch in ganz Europa populär.

## Eigenschaften

Man hat den Eindruck, als wäre sich der Pekinese seiner großen Vergangenheit als Palasthund bewusst. Er gibt sich trotz seiner Kleinheit würdevoll, unerschrocken und eigenwillig und lässt sich nicht zu unterwürfigem Gehorsam erziehen. Seiner Bezugsperson ist er in der Regel treu ergeben, aber Fremden gegenüber gibt er sich misstrauisch und abweisend, ja sogar aggressiv. In dem Winzling steckt ziemlich viel Temperament, das manchmal mit ihm durchgeht, und dann schnappt er ohne Vorwarnung zu.

## Haltung

Diese komplizierte Hundepersönlichkeit hat immerhin den Vorzug, dass sie nicht viel Platz und auch nicht viel Auslauf braucht. Die platte Nase und die großen vorstehenden Augen sind sehr empfindlich. Die Haarpracht muss täglich gepflegt werden.

# Yorkshire Terrier

**Größenvergleich**
(Mensch = 180 cm)

## Geschichte

Seinen Namen hat dieser kleinste Terrier der Welt von der englischen Grafschaft Yorkshire, wo er im 19. Jahrhundert von Bergleuten – nach einer anderen Version von Webern – aus kleinwüchsigen Terrierformen und langhaarigen Maltesern herausgezüchtet worden ist. Ursprünglich hat man die schneidigen Winzlinge, die man in die Tasche stecken und so zum Jagen tragen konnte, für die Bekämpfung von Ratten und Mäusen verwendet – später verwandelten sie sich in exklusive Luxushündchen und neuerdings sogar in ausgesprochene Modehunde, die unter Massenvermehrung zu leiden hatten.

## Eigenschaften

Der Yorkshire Terrier, liebevoll »Yorkie« genannt, ist ein tapferer Held im Seidengewand. Er besitzt ein erstaunliches Selbstbewusstsein und kennt keine Angst vor großen Tieren. So forsch und robust sind freilich nur Yorkies aus einer guten Zucht; Rassegenossen dubioser Herkunft erweisen sich leider oft als degenerierte, ängstliche oder überaggressive Nervenbündel. Ein gesunder Yorkie ist ein angenehmer Hausgenosse, aufgeweckt, lebhaft, klug, fröhlich und verspielt. Als Spieltier für Kinder ist er allerdings gänzlich ungeeignet.

## Haltung

Ein Yorkie nimmt selbst mit der kleinsten Wohnung vorlieb und braucht nicht viel Auslauf. Das seidige Haarkleid muss intensiv gepflegt werden – doch möglichst ohne Lockenwickler und Schleifchen!

**Schulterhöhe**
Nicht vorgeschrieben, liegt bei 20–24 cm

**Gewicht**
Bis 3,5 kg

**Fellfarbe**
Mantel vom Hinterkopf bis zum Rutenansatz stahlblau, sonst lohfarben.

**Gesundheit**
Anfällig für Patellaluxation, Zahnleiden, Knochenbrüche und Augenbeschwerden.

Geeignet für Anfänger, vor allem auch für ältere Personen.

# Zwerg- und Kaninchendackel

**Schulterhöhe**
Im Standard nicht vorgeschrieben. Maßgeblich ist der Brustumfang: Zwergdackel bis 35 cm, Kaninchendackel bis 30 cm

**Gewicht**
Zwergdackel bis 4 kg, Kaninchendackel bis 3,5 kg

**Fellfarbe**
Wie beim Standarddackel (S. 32/33)

**Gesundheit**
Anfällig für Bandscheibenleiden (»Dackellähme«), Hautprobleme (besonders beim Kurzhaar), Harnsteine und Hornhauterkrankungen.

Geeignet für Anfänger.

## Geschichte

Der Zwergdackel, -teckel oder -dachshund ist eine exakt verkleinerte Ausgabe des Normal- oder Standarddackels (siehe S. 32/33) und durch gezielte Zuchtwahl aus diesem sehr viel älteren Grundtypus hervorgegangen. Gleiches gilt für den noch zierlicheren Kaninchendackel. Das Ziel der Verkleinerungszucht war ursprünglich ein schlanker, wendiger Jagdgebrauchshund, der sich für die Jagd in engen Kaninchenbauen eignete, während der Normaldackel

**Größenvergleich**
(Mensch = 180 cm)

weiterhin auf Füchse und Dachse angesetzt wurde und wird. Beide Zwerghundschläge werden übrigens, wie ihr größerer Vetter, in den drei dackeltypischen Fellvarianten gezüchtet: kurz-, lang- und rauhaarig.

## Eigenschaften

Aus den kleinwüchsigen Gebrauchshunden sind inzwischen größtenteils freundliche Begleit- und Familienhunde geworden. Bei der Anschaffung achte man jedoch nach wie vor darauf, dass man nicht gerade ein Exemplar aus einer weidmännisch ausgerichteten Zucht erhält. Die allbekannten Dackeleigenschaften finden sich auch bei den beiden Zwergschlägen: Temperament, Fröhlichkeit und Wachsamkeit, aber auch Sturheit, Eigensinn und ein kaum ausrottbarer Hang zum Ungehorsam.

## Haltung

Ein Zwerg- oder Kaninchendackel passt in fast jede Wohnung, auch in der Stadt, da sein Bewegungsdrang begrenzt ist. Nur Treppen und hohe Stufen sind ihm zuwider und seiner Gesundheit abträglich.

**Größenvergleich**
(Mensch = 180 cm)

# Malteser

## Geschichte
Ob die Malteser bzw. deren Vorläufer nach der Insel Malta benannt sind, wohin phönizische Kaufleute sie vor über 2000 Jahren exportiert haben sollen, ist umstritten. Viele Experten leiten den Namen von der dalmatinischen Insel Mljet her, die im Altertum Melite hieß und dazumal für ihre Hundezucht berühmt war. Wie dem auch sei, die Malteser gehören zu den ältesten Schoßhunden überhaupt und wurden von vielen antiken Autoren beschrieben und gerühmt. Gerade auf Malta haben sich mehrere einschlägige Inschriften erhalten. Die Hundezwerge waren schon immer die besonderen Lieblinge vornehmer Damen, aber auch Kaiser und Könige, Künstler und Snobs schmückten sich mit ihnen.

## Eigenschaften
Erst in neuerer Zeit hat man erkannt, dass der Malteser mehr ist als ein verhätscheltes Schoßhündchen, nämlich ein aufgeweckter, kluger und temperamentvoller, ja frecher und mutiger Familienhund, der gern spielt und herumtollt. Er ist sehr liebebedürftig und anschmiegsam und schließt sich extrem eng an seine Bezugsperson an. Fremde mag er nicht und versucht sie durch Dauerkläffen einzuschüchtern.

## Haltung
Der Malteser ist ein idealer Gefährte für ältere Menschen, die ihrem Liebling sehr viel Zeit widmen können. Das lange Seidenhaar muss täglich, oft nach jedem kurzen Spaziergang, gekämmt und gesäubert werden.

**Schulterhöhe**
Rüde 21–25 cm, Hündin 20–23 cm

**Gewicht**
3–4 kg

**Fellfarbe**
Reinweiß; hellorange Tönungen sind zugelassen, aber nicht erwünscht.

**Gesundheit**
Anfällig für Patellaluxation, Zuckerkrankheit und Verstopfung des Tränenkanals.

Geeignet für Anfänger, vor allem auch für ältere Personen.

# Silky Terrier

**Größenvergleich**
(Mensch = 180 cm)

**Schulterhöhe**
Um 23 cm

**Gewicht**
3,5–4,5 kg

**Fellfarbe**
Blau oder graublau mit lohfarbenen Abzeichen; Welpen sind oft schwarz oder schwarz und lohfarben.

**Gesundheit**
Keine rassetypischen Krankheiten bekannt.

Geeignet für Anfänger, vor allem auch für ältere Personen.

## Geschichte

Mit vollem Namen heißt er Australian Silky Terrier (»Australischer Seidenterrier«). Er ist um 1900 oder schon früher wahrscheinlich aus der Verbindung von Australian Terrier und Yorkshire Terrier, dem er auffallend ähnelt, hervorgegangen. Aber zweifellos wurden noch andere niederläufige Terrierrassen eingekreuzt, sodass sich die Ahnenreihe nicht mehr eindeutig entwirren lässt. Die Rasse hat sich erst nach und nach zu ihrem heutigen einheitlichen Erscheinungsbild hin entwickelt und wurde deswegen erst 1959 international anerkannt.

## Eigenschaften

Der Silky Terrier wurde früher offensichtlich häufig als beherzter Rattenfänger eingesetzt, und selbst vor Schlangen schreckte er nicht zurück. Er ist eben ein waschechter Terrier: schneidig, mutig, aktiv, intelligent, geistig und körperlich sehr beweglich und zugleich fröhlich, verspielt, lernwillig und anhänglich. Der vitale kleine Kerl eignet sich jedenfalls nicht als Schoßhündchen, eher schon als umtriebiger Spaßmacher. Ein enger Familienanschluss ist ihm ein Bedürfnis, und dass er zuweilen etwas nervt, macht er durch sein unterhaltsames Wesen wieder gut.

## Haltung

Der Silky Terrier nimmt mit fast jeder Wohnung vorlieb und braucht nicht viel Auslauf. Das seidige Haar muss jedoch regelmäßig gründlich gepflegt werden.

**Größenvergleich**
(Mensch = 180 cm)

# Japan Chin

## Geschichte

Im Fernen Osten, wo man traditionell einen Hang zur Verkleinerung und Verniedlichung von Heimtieren hat, entstand der Japan Chin, oft kurz Chin genannt. Das Ursprungsland dieser Miniaturhündchen ist vermutlich China, und von dort aus gelangten sie schon früh nach Japan, wo sich vor allem die vornehmen Damen ihrer annahmen. Sie betrieben die Verzwergungszucht und trugen die Produkte ihrer Bemühungen gern als so genannte »Ärmelhündchen« in den Ärmelfalten ihrer Kimonos umher. Wahrscheinlich erst nach 1850 kamen die ersten Chins nach Europa, und zwar als Geschenk für die hundefreundliche Königin Victoria. 1880 schenkte die japanische Kaiserin ihrer deutschen Standesgenossin Augusta das erste Chinpärchen.

## Eigenschaften

Der Chin hat zwar eine lange Geschichte als aristokratischer Luxus- und Schoßhund, gibt aber auch in bürgerlichen Familien einen anhänglichen, charmanten und stets fröhlichen und verspielten Hausgenossen ab. Die Hundezwerge sind trotz ihres grazilen Körperbaus und ihres seidenweichen Wuschelfells erstaunlich robust, selbstbewusst, ja frech, und sie machen gern weite Spaziergänge bei fast jedem Wetter.

## Haltung

Ein Chin passt in jede Wohnung, auch in der Großstadt. Er eignet sich ideal für ältere Menschen, die ihm viel Liebe und Zuwendung schenken können. Das Haarkleid ist bei regelmäßigem Kämmen pflegeleicht.

**Schulterhöhe**
Rüde um 25 cm, Hündin etwas kleiner

**Gewicht**
2–4 kg

**Fellfarbe**
Weiß mit schwarzen oder rotgelben Platten.

**Gesundheit**
Etwas anfällig für Patellaluxation und Augenbeschwerden.

Geeignet für Anfänger, vor allem auch für ältere Personen.

**Größenvergleich**
(Mensch = 180 cm)

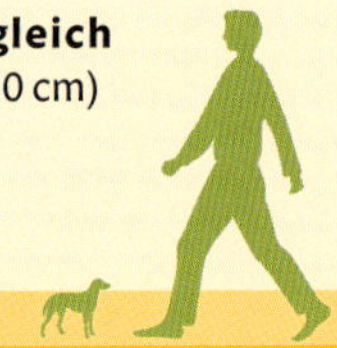

# Australian Terrier

**Schulterhöhe**
Um 25 cm

**Gewicht**
6–6,5 kg

**Fellfarbe**
Blau, silbergrau oder dunkel blaugrau mit lohfarbenen Abzeichen; rötlich-blond oder rot.

**Gesundheit**
Keine rassetypischen Krankheiten bekannt.

Geeignet für Anfänger.

## Geschichte

Die nach Australien ausgewanderten englischen und insbesondere schottischen Siedler erzüchteten im 19. Jahrhundert aus den diversen britischen Terriern, die sie mitgebracht hatten, einen neuen Terriertyp, wie er in der neuen Heimat dringend gebraucht wurde. So entstanden die Vorläufer des Australischen Terriers, die in den weltabgeschiedenen Farmen als zuverlässige Wächter, Rattenjäger und Schlangentöter fungierten. Die ersten Vertreter der Rasse, die zu Beginn des 20. Jahrhunderts nach Europa kamen, sahen sehr unterschiedlich aus, und erst dann begann in der Alten Welt die auf Vereinheitlichung ausgerichtete Selektionszucht.

## Eigenschaften

Der Australian Terrier ist trotz seiner bewegten Vergangenheit ein sehr empfehlenswerter, angenehmer Hausgenosse. Er zeichnet sich aus durch Wesensfestigkeit, Vitalität und Langlebigkeit. Er ist anpassungsfähig und anhänglich, freundlich und fröhlich, außerdem recht kinderlieb und sehr wachsam. Seine ursprüngliche Schärfe hat er weitgehend eingebüßt, aber ein typischer Terrier ist er bis heute geblieben – robust, selbstsicher und ein wenig dickköpfig.

## Haltung

Jeder Hundefreund, der einen lieben kleinen Wohnungshund sucht, ist mit diesem Terrierzwerg bestens bedient. Der Kleine braucht außer viel Liebe nur wenig Pflege.

**Größenvergleich**
(Mensch = 180 cm)

# Tibet Spaniel

## Geschichte

Der Tibet Spaniel, der eigentlich kein Spaniel ist, weil er nie als Jagdhund verwendet wurde, verkörpert eine sehr alte Rasse, die wahrscheinlich tatsächlich in Tibet ihren Ursprung hat. Angeblich ist er eine Kreuzung aus Lhasa Apsos und Pekinesen, die tibetische Mönche vom chinesischen Kaiser in Peking zum Geschenk erhielten. Nach einer anderen Theorie stammt der Tibet Spaniel von einem uralten aristokratischen Kleinhund aus Korea ab. Jedenfalls wurden Tibet Spaniels viele Jahrhunderte lang in tibetischen Klöstern gezüchtet, vor allem als »Gebetshunde«, die die Gebetsmühlen antreiben mussten. Nach Europa gelangte die Rasse erst ziemlich spät.

## Eigenschaften

Der hübsche, gut proportionierte Zwerghund, der in Europa anfangs wenig Anklang fand, wird neuerdings offensichtlich immer beliebter – und das zu Recht. Er ist ein robuster, selbstsicherer, intelligenter und fröhlicher Hausgenosse, der seiner Familie loyal ergeben ist, aber Fremden mit gesundem Misstrauen begegnet, ja auch einmal aggressiv werden kann, wenn ihm etwas in die Quere kommt. Mit Kindern verträgt er sich recht gut, und außerdem ist er ein guter Wachhund, dem keine Störung entgeht.

## Haltung

Sie ist auch in einer kleinen Stadtwohnung möglich, weil ein Tibet Spaniel nicht sehr viel Auslauf braucht. Das glatte Seidenhaar verlangt keinen großen Pflegeaufwand.

**Schulterhöhe**
Ideal sind 25,5 cm

**Gewicht**
4–7 kg

**Fellfarbe**
Alle Farben und Farbkombinationen sind zugelassen.

**Gesundheit**
Etwas anfällig für Netzhautatrophie und Nierenleiden.

Geeignet für Anfänger.

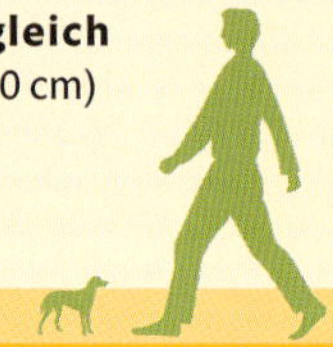

**Größenvergleich**
(Mensch = 180 cm)



# Norfolk und Norwich Terrier

**Schulterhöhe**
25–26 cm

**Gewicht**
5–5,5 kg

**Fellfarbe**
Rot in allen Tönungen, weizenfarben, schwarz-lohfarben oder grau (grizzle).

**Gesundheit**
Etwas anfällig für Zahnprobleme und Geburtsschwierigkeiten.

Geeignet für Anfänger.

## Geschichte

Diese beiden kleinen Terrierrassen werden hier zusammen vorgestellt, nicht nur wegen der Namensähnlichkeit (Norfolk ist eine ostenglische Grafschaft und Norwich deren Hauptstadt), sondern auch wegen ihrer gemeinsamen Abstammung und ihres (fast) identischen Erscheinungsbildes und Charakters. Ihre Vorfahren wurden im 19. Jahrhundert in besagter Grafschaft erzüchtet und waren als tüchtige Rattenbeißer sowohl bei den Studenten in Cambridge als auch bei den Bauern sehr beliebt. Lange hat man beide Terrierformen nicht unterschieden, doch 1965 wurde der Norfolk als eigene Rasse vom Norwich abgetrennt. Einziges Unterscheidungsmerkmal: Der Norwich hat Stehohren, der Norfolk (Foto) Hängeohren.

## Eigenschaften

Diese kurzbeinigen, kompakten Terrier waren von Anfang an sehr menschenbezogen und geben deshalb hervorragende Familienhunde ab, die neuerdings offenbar immer populärer werden. Es sind aufgeweckte, lebhafte, fröhliche, verspielte und kinderfreundliche Kobolde, die sich durch Wesensfestigkeit und eine gesunde Konstitution auszeichnen. Sie reagieren mit Gebell auf jedes verdächtige Geräusch, sind aber keine Kläffer.

## Haltung

Die anpassungsfähigen Terrier fühlen sich auch in einer kleinen Stadtwohnung wohl und brauchen nicht allzu viel Auslauf. Das harte, raue Haar sollte regelmäßig leicht getrimmt werden.

# Lhasa Apso

**Größenvergleich**
(Mensch = 180 cm)

## Geschichte

Der Lhasa Apso stammt aus Tibet, wenn auch nicht unbedingt nur aus der im Namen enthaltenen Hauptstadt Lhasa; die Tibeter nennen ihn angeblich Apso Seng Kyi, was so viel wie »bellendes Löwenhündchen« bedeuten soll. Die sehr alte und traditionsreiche Zwerghundrasse macht diesem heimischen Namen alle Ehre: Der Kleine hat eine gewisse Ähnlichkeit mit einem Löwen, vor allem aber dessen unerschrockenen Mut, und er bellt sehr oft und lautstark. Er wurde deshalb in Tibet, insbesondere in Klöstern und Palästen, als zuverlässiger und unbestechlicher Wachhund gehalten. Die ersten Lhasa Apsos kamen erst um 1920 nach Europa, wo sie bald begeisterte Liebhaber fanden.

## Eigenschaften

Der Lhasa Apso ist kein Schoßhündchen, sondern ein ehemaliger tüchtiger Gebrauchshund mit einer robusten Konstitution, einem wetterfesten, im tibetischen Bergland erprobten Haarkleid und einem furchtlosen, selbstbewussten Charakter. Fremden begegnet er mit gesundem Misstrauen, und mit Kindern kann er nicht viel anfangen. Andererseits ist er ein aufgeweckter, fröhlicher, lebhafter und anhänglicher Hausgenosse.

## Haltung

Der Lhasa Apso fühlt sich auf dem Lande und in der Stadt gleichermaßen wohl, wenn er genügend Auslauf bekommt. Das lange, üppige und ziemlich harte, keinesfalls seidige Haar ist pflegeintensiv.

**Schulterhöhe**
25–26 cm, Hündin etwas kleiner

**Gewicht**
Um 6 kg

**Fellfarbe**
Alle Farben zugelassen, auch zwei- und dreifarbig.

**Gesundheit**
Keine rassetypischen Krankheiten bekannt, doch etwas anfällig für Hüftgelenksdysplasie und Nierenleiden.

Geeignet für Anfänger.

# Jack Russell Terrier

**Schulterhöhe**
Im Standard nicht vorgeschrieben, liegt bei 25–26 cm (Parson Jack Russell Terrier: 30–38 cm)

**Gewicht**
4–8 kg

**Fellfarbe**
Weiß oder weiß mit lohfarbenen, gelben oder schwarzen Abzeichen.

**Gesundheit**
Keine rassetypischen Krankheiten bekannt.

Geeignet für nicht ganz unerfahrene Anfänger.

## Geschichte

Der Jack Russell Terrier hat, weil er angeblich nicht ganz einheitlich gezüchtet wurde, sehr lange auf seine offizielle Anerkennung warten müssen: Erst 2002 hat ihn die FCI als eigenständige Rasse akzeptiert. Er ähnelt sehr dem etwas größeren Parson Jack Russell Terrier, neuerdings kurz Parson Russell Terrier genannt, der zwar seltener vorkommt, aber schon länger den FCI-Rassestatus besitzt. Beide Terrier entstanden im 19. Jahrhundert und sind eine Züchtung ihres Namengebers, des Pfarrers (Parson) Jack Russell, der ein passionierter Jäger war und für die Fuchsjagd einen zähen, schneidigen Arbeitsterrier brauchte.

**Größenvergleich**
(Mensch = 180 cm)

## Eigenschaften

Die Terrier des Pfarrers Russell werden zwar noch immer jagdlich verwendet, sind aber als Familienhunde inzwischen fast zu Modehunden avanciert. Sie sehen nicht nur lustig und drollig aus, sondern haben auch ein einnehmendes fröhliches und freundliches Naturell und zeichnen sich durch Intelligenz, Selbstbewusstsein, Wachsamkeit und eine robuste Konstitution aus.

## Haltung

Diese Terrier sind etwas für sportlich aktive Leute, die gern laufen, joggen, Rad fahren oder gar reiten (die Hunde haben eine besondere Affinität zu Pferden). Die Haltung ist auch in der Stadt möglich, sofern ausgelassenes Hundegebell nicht allzu sehr stört. Das Fell braucht kaum Pflege.

# Skye Terrier

## Geschichte

Dieser langhaarige kleine Terrier wirkt so vornehm und elegant, dass man kaum glauben möchte, dass er von der rauen schottischen Hebrideninsel Skye stammt, wo seine Vorfahren schon vor Jahrhunderten für die Jagd auf Füchse, Dachse, Wiesel und anderes kleines Raubwild verwendet wurden. Die heutige Rasse hat sich wahrscheinlich seit dem 17. Jahrhundert allmählich herausgebildet und erfreute sich im 19. Jahrhundert großer Beliebtheit in Königshäusern und sonstigen Palästen. Queen Victoria soll sie sogar höchstpersönlich gezüchtet haben.

## Eigenschaften

Der Skye Terrier ist ein ungewöhnlicher Vierbeiner: Er ist viermal so lang (105 cm von der Nasen- bis zur Rutenspitze) wie hoch und kennt trotzdem keine Bandscheibenbeschwerden, was auf seine gesunde Konstitution schließen lässt. Dafür ist der Charakter des kleinen Schönlings umso komplizierter: Er gibt sich einerseits würdevoll, leicht snobistisch und distanziert gegenüber allem Fremden, andererseits ist er zu Hause ein liebevoller, ruhiger und bescheidener Familienhund, allerdings mit einer Tendenz zum Ein-Mann-Hund.

## Haltung

Der Skye Terrier wünscht sich einen erfahrenen Halter, der mit seinen Eigenheiten gut zurechtkommt und viel Zeit auf die aufwändige Haarpflege verwenden kann.

**Schulterhöhe**
25–26 cm, Hündin etwas kleiner

**Gewicht**
Um 10 kg

**Fellfarbe**
Schwarz, hell- oder dunkelgrau, fuchsrot oder cremefarben; jegliche Dreifarbigkeit ist zugelassen.

**Gesundheit**
Keine rassetypischen Krankheiten bekannt.

Geeignet für nicht ganz unerfahrene Anfänger.

# Shih Tzu

**Schulterhöhe**
Bis 27 cm

**Gewicht**
Bis ca. 8 kg

**Fellfarbe**
Alle Farben erlaubt.

**Gesundheit**
Anfällig für Nierenerkrankungen, die tödlich verlaufen können.

Geeignet für Anfänger, vor allem auch für ältere Personen.

## Geschichte

Wie man auf den ersten Blick sieht, steht der Shih Tzu dem Lhasa Apso sehr nahe, ja er stammt angeblich direkt von dieser älteren Rasse ab, die schon Jahrhunderte vorher von buddhistischen Mönchen gezüchtet wurde. Im 17. Jahrhundert sollen dann am chinesischen Kaiserhof in Peking die ersten Shih Tzus aus der Verpaarung von Lhasa Apsos und Pekinesenvorläufern hervorgegangen sein. Einer anderen Lehrmeinung zufolge gab es den Shih Tzu bereits ein ganzes Jahrtausend früher, und zwar in Tibet. Ihre heutige Form erhielt die Rasse im 20. Jahrhundert in England, wo man eine strenge Zuchtauslese betrieb.

**Größenvergleich**
(Mensch = 180 cm)

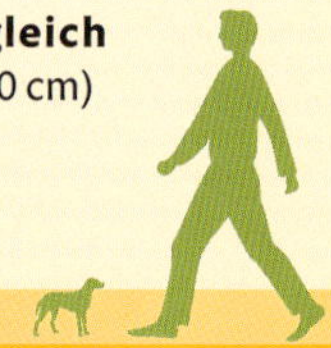

## Eigenschaften

In ihrer Heimat wurden und werden die Shih Tzus als unbestechliche, lautfreudige Wachhunde gehalten, im Westen gelten sie ausschließlich als dekorative Luxushündchen. Sie lassen sich zwar gern verwöhnen, sind aber im Grunde recht robuste, temperamentvolle und selbstbewusste Hundezwerge, die gern spielen.

## Haltung

Ein Shih Tzu fühlt sich fast überall wohl, auf dem Lande wie in der Großstadt, falls er genügend Streicheleinheiten bekommt und stets engen Kontakt zu seiner Bezugsperson halten kann. Sein Bewegungsdrang hält sich in Grenzen, und deshalb eignet er sich vorzüglich für ältere Menschen, die sich ständig um ihn kümmern können, insbesondere um die Fellpflege.

**Größenvergleich**
(Mensch = 180 cm)

# Dandie Dinmont Terrier

## Geschichte
Entstanden ist dieser kleine Terrier aus der englisch-schottischen Grenzregion wohl schon im 17. Jahrhundert, doch seinen heutigen Namen erhielt er erst sehr viel später, nämlich nach dem Erscheinen von Sir Walter Scotts Bestsellerroman »Guy Mannering« (1815), in dem die der Rasse ähnlichen Hunde eines Landmanns namens Dandie Dinmont liebevoll beschrieben werden. Die ursprüngliche Aufgabe des Dandie Dinmont Terriers war die Jagd auf Füchse, Dachse, Marder, Ratten und Mäuse, aber der einstige Gebrauchshund hat sich längst zu einem beliebten Familienhund gewandelt.

## Eigenschaften
Der Dandie Dinmont Terrier von heute ist kein schneidiger Jagdhund mehr, sondern ein menschenfreundlicher, anhänglicher und kinderlieber Hausgenosse, der außerdem einen guten Wachhund abgibt, ohne als Kläffer unangenehm aufzufallen. Wie der Dackel, mit dem er freilich nicht im Geringsten verwandt ist, ist er wegen seines langen Rückens und der kurzen Läufe leider etwas anfällig für Bandscheibenbeschwerden.

## Haltung
Wegen seiner bescheidenen Körpergröße eignet sich der Dandie Dinmont Terrier recht gut für ein Leben in der Großstadt, sofern er nicht zu viele Treppen steigen muss. Wenn er nicht sehr viel draußen umhertollen kann, sollte man ihn knapp füttern, damit er nicht zu dick wird. Das mittellange Haarkleid ist relativ pflegeleicht.

**Schulterhöhe**
Sie ist nicht vorgeschrieben, beträgt aber 20–28 cm

**Gewicht**
8–11 kg

**Fellfarbe**
Pfefferfarben mit silberweißem oder senffarben mit cremeweißem Schopf.

**Gesundheit**
Etwas anfällig für Bandscheibenprobleme.

Geeignet für Anfänger.

# Kyi Leo

**Schulterhöhe**
23–28 cm

**Gewicht**
6–7 kg

**Fellfarbe**
Meist schwarz-weiß, doch alle anderen Farben und Farbkombinationen sind erlaubt.

**Gesundheit**
Bisher noch keine rassetypischen Krankheiten bekannt.

Geeignet für Anfänger.

## Geschichte

Diese Neuzüchtung zählt zu den wenigen Rassen, deren Entstehung exakt dokumentiert ist. Begonnen hat alles in Kalifornien, in San Francisco, wo es in den 1950er-Jahren eher zufällig zu einer Verpaarung von Lhasa Apso und Malteser kam. Die Frucht dieser Verbindung fand so großen Anklang, dass man die Zucht gezielt weiterbetrieb, um den neuen Zwerghundtyp zu stabilisieren und zu einer einheitlichen, erbfesten Rasse zu entwickeln. Als Entstehungsdatum der Rasse, die international noch auf ihre offizielle Anerkennung wartet, gilt das Jahr 1972, in dem Harriet Linn den heute verbindlichen Standard aufstellte.

**Größenvergleich**
(Mensch = 180 cm)

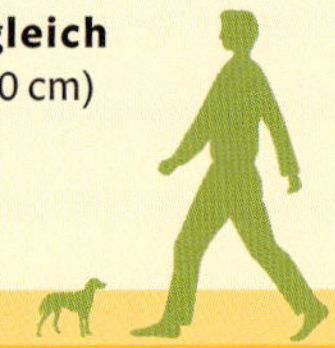

## Eigenschaften

Der hübsche, harmonisch gebaute kleine Vierbeiner hat in kurzer Zeit viele Freunde gewonnen, und seine Beliebtheit nimmt offensichtlich noch zu. Das liegt wohl vor allem daran, dass er bewusst als Wohnungshund gezüchtet wird und deshalb ausgesprochen großstadttauglich erscheint. Der Kyi Leo ist ein munteres, freundliches und liebenswertes Wuscheltier, sehr anhänglich und anschmiegsam, aber mit dem für Hundezwerge typischen Dickköpfchen. Mit Kindern versteht er sich recht gut.

## Haltung

Der Kleine passt sich überall an und kann allenfalls durch seine ausgeprägte Lautfreude etwas unangenehm auffallen. Das üppige Haar muss öfter gebürstet werden, ist aber sonst pflegeleicht.

**Größenvergleich**
(Mensch = 180 cm)

## Geschichte

Stehohrige Laufhunde, die nicht zu den Windhunden zählen, kommen im gesamten Mittelmeerraum vor. In Portugal haben sie sich in drei Größen in jeweils kurz- oder rauhaariger Variante erhalten. Die kleine Form des Podengo Português ist in Portugal nicht nur als hervorragender Kaninchenjäger, sondern auch als angenehmer Haushund beliebt. Oft findet man ihn auf Schiffen und Kähnen als eifrigen Rattenfänger. Er kann auch zur Baujagd eingesetzt werden: Wie der Teckel oder Jack Russell Terrier fährt er in den Bau ein und treibt das Kaninchen dem Jäger vor die Flinte. Der Podengo Português pequeño soll im Aussehen eine verkleinerte Form seiner großen Brüder sein. Die typischen Merkmale der Verzwergung wie stark gewölbte Stirn, hervorstehende Augen und spitzer Fang sind in der Zucht unerwünscht, können aber kaum vermieden werden. Manche Exemplare ähneln einem zu groß geratenen Chihuahua.

## Eigenschaften

Der kleine Podengo Português ist temperamentvoll und stets guter Laune. Wachsam beobachtet er seine Umgebung. Raubzeugschärfe ist ihm angeboren. Er ist, wenn man von seiner Jagdlust absieht, ein angenehmer Familienhund: genügsam, robust und kinderfreundlich.

## Haltung

Die intelligenten und noch recht ursprünglichen Hunde sind auch bei guter Erziehung nicht zu absolutem Gehorsam bereit. Wenn man ihre gewisse Eigenständigkeit akzeptiert, ist die Haltung unkompliziert.

# Podengo Português pequeño

**Schulterhöhe**
20–31 cm

**Gewicht**
4–5 kg

**Fellfarbe**
Verschiedene Gelbtöne, mattes Schwarz; einfarbig oder mit weißen Abzeichen.

**Gesundheit**
Keine rassetypischen Krankheiten bekannt.

Geeignet für fortgeschrittene Anfänger.

**Größenvergleich**
(Mensch = 180 cm)

# Dackel

## Geschichte

Der Fachmann (und der Standard) nennt ihn Dachshund, der Waidmann Teckel und der normale Hundefreund Dackel. Er zählt seit langem zu den beliebtesten Rassen überhaupt, vor allem in seinem Ursprungsland Deutschland. Die Rasse hat allerdings internationale Wurzeln und kann auf eine sehr lange wechselvolle Vorgeschichte zurückblicken. Kurzläufige, lang gestreckte Kleinhunde gab es bereits im alten Ägypten, wie Wandbilder in Grabdenkmälern aus dem 2. Jahrtausend v. Chr. bezeugen, und die alten Germanen kannten offenbar ebenfalls einen solchen Hundetyp, der wahrscheinlich schon früh für die Jagd verwendet wurde. Dank seiner durch Mutation entstandenen oder gezielt angezüchteten Kurzbeinigkeit eigneten sich die Dackelvorfahren, wie die modernen Rassedackel, ideal für die Stöberjagd in dichter Bodenvegetation und insbesondere dafür, Dachse und Füchse in ihrem Bau zu stellen und dem Jäger vor die Flinte zu treiben. Die heutigen Dackel bilden laut FCI eine einzige Rasse, obwohl die Rassemitglieder sich in Größe und Behaarung deutlich voneinander unterscheiden. Sie werden in drei Größen (Normal- oder Standard-, Zwerg- und Kaninchendackel; die beiden kleinen Schläge werden auf S. 18 gesondert behandelt) und in drei Haararten (Lang-, Kurz- und Rauhaar) gezüchtet. Diese beliebig kombinierbaren Varianten haben sich aus unterschiedlichen Ahnenreihen entwickelt, das heißt, man hat zur Erzielung und »Verfeinerung« der jeweiligen Merkmale immer wieder fremde Rassen eingekreuzt. Der Langhaardackel verdankt beispielsweise sein prächtiges Fell dem Wachtelhund, im Kurzhaarschlag steckt das Blut von Zwergschnauzern und Terriern.

**Neben verschiedenen Fellfarben zeigen die Abbildungen die typischen Haararten: Langhaar- (oben), Rauhaar- (rechts oben) und Kurzhaardackel (rechts unten).**

## Eigenschaften

Dackel aus einer soliden Zucht – und nicht aus einer »Massenproduktion« – haben sich ihre

**Schulterhöhe**
Sie ist im Standard nicht vorgeschrieben, liegt aber zwischen 20 und 30 cm. Maßgeblich ist der Brustumfang: Normalschlag mehr als 35 cm, Zwergdackel 30–35 cm, Kaninchendackel unter 30 cm

**Gewicht**
Normalschlag 6,5–7 kg (höchstens 9 kg), Zwergdackel bis 4 kg, Kaninchendackel bis 3,5 kg

**Fellfarbe**
Kurz- und Langhaardackel: einfarbig rot, rotgelb, gelb, auch mit schwarzer Stichelung; zweifarbig schwarz, braun, grau oder weiß, mit rostbraunen oder gelben Abzeichen. Beim Rauhaardackel sind alle Farben zugelassen.

**Gesundheit**
Anfällig für Bandscheibenleiden (»Dackellähme«), Hautprobleme (besonders beim Kurzhaar), Harnsteine und Hornhauterkrankungen.

Geeignet für Anfänger.

Urwüchsigkeit, ihre Eigenwilligkeit und ihren Schneid noch weitgehend bewahrt. Sie sind ihrem angestammten Wesen nach keine Schmuse- und Spieltiere, sondern auf kurzen, aber nicht krummen Beinen stehende Hundepersönlichkeiten, die zugleich anschmiegsam und stur, freundlich und abweisend, schelmisch und draufgängerisch sein können. Ihr Eigensinn ist ebenso sprichwörtlich wie ihre nur mit viel Humor zu ertragende Unerziehbarkeit. Auf jeden Fall jedoch ist ein Dackel ein charmanter und origineller Hausgenosse, der viel Abwechslung in den Alltag des Hundeliebhabers bringt. Ein negativer Aspekt darf indes nicht verschwiegen werden: Nicht wenige Tiere leiden heutzutage an der so genannten Dackellähme, einer schweren Krankheit des Bewegungsapparats.

## Haltung

Ein Dackel passt in fast jeden Haushalt mit humorbegabten Menschen, auch in eine Großstadtwohnung im vierten Stock, sofern ein Lift vorhanden ist. Treppensteigen ist nämlich Gift für Hunde mit langem Rücken und kurzen Beinen, auch wenn sie noch nicht an der vorgenannten Dackellähme leiden. Mit Kindern verträgt sich ein Dackel recht gut, doch er sollte tunlichst nicht mit ihnen allein gelassen werden, denn bei einem Dackel weiß man nie ... Einen gewissen Gehorsam kann man ihm mit viel Liebe und Konsequenz beibringen, doch im Ernstfall setzt er meist seinen Dickkopf durch.

# Belgische Griffons

**Schulterhöhe**
24–28 cm

**Gewicht**
2,5–5,5 kg

**Fellfarbe**
Je nach Varietät von rot bis schwarz (auch meliert) oder schwarz mit roten oder lohfarbenen Abzeichen.

**Gesundheit**
Anfällig für Probleme in der Augen-Nasen-Region (vermehrter Tränenfluss, Kurzatmigkeit, Schnarchen); schwere Geburten.

Geeignet für Anfänger und ältere Hundehalter.

## Geschichte

Schon im 15. Jahrhundert finden sich Abbildungen von Hunden dieses Typs, die Griffon d'Ecurie (Stall-Griffons) genannt wurden. Sie waren vor allem in Pferdeställen nützliche Vertilger von Ratten und Mäusen. Die auch Zwerggriffons genannten kleine Hunde sind eng verwandt mit dem deutschen Affenpinscher. Mitte des 19. Jahrhunderts sorgten Einkreuzungen von Möpsen und z. T. wohl auch King Charles Spaniels für die rassetypische Verkürzung des Fangs.

**Größenvergleich**
(Mensch = 180 cm)

Man kennt drei Varietäten; zwei sind rauhaarig und unterscheiden sich nur in der Farbe: der rote oder weizenfarbige Brüsseler Griffon und der Belgische Griffon in Schwarz mit roten Abzeichen oder schwarzbraun meliert. Die dritte Form, der Kleine Brabanter Griffon oder Petit Brabançon, ist glatthaarig mit rotem oder schwarz-lohfarbenem Fell. Im selben Wurf können alle drei Schläge vorkommen.

## Eigenschaften

Aus dem einstigen Nagetiervertilger ist längst ein aufgeweckter, recht anspruchsloser Begleithund geworden, der zärtlich an seinem Menschen hängt. Zwerggriffons suchen keinen Streit mit Artgenossen und vertragen sich mit anderen Haustieren. Sie sind wachsam, keifen aber nicht ständig wie andere Kleinhunde. Trotz ihrer Kurzatmigkeit ist ein Alter von 15 Jahren und mehr keine Seltenheit.

## Haltung

Da die lustigen, verspielten Kerlchen weder viel Platz noch großen Auslauf benötigen, sind sie auch für kleine Wohnungen und die Stadt geeignet. Sie sind unkompliziert und pflegeleicht.

## Geschichte

Der Scottish Terrier – der oft benutzte Name Scotch Terrier ist nicht ganz korrekt, denn er bezieht sich auf einen älteren, inzwischen ausgestorbenen Terriertyp – ist einer von mehreren niederläufigen Terriern aus Schottland, die für die Baujagd auf Fuchs, Dachs und Otter und für die Schadtierbekämpfung verwendet wurden. Die Vorfahren des »Scottie« waren vermutlich auf den westschottischen Inseln daheim, wo sich ihr Ursprung im Dunkel der Geschichte verliert. Die Zucht der modernen Rasse begann um die Mitte des 19. Jahrhunderts in Aberdeen, weshalb sie zunächst als Aberdeen Terrier bezeichnet wurde.

## Eigenschaften

Aus dem urwüchsigen, derben Gebrauchshund wurde schon bald ein beliebter Familienhund und in den 1930er-Jahren sogar ein Modehund. Mittlerweile ist der Bestand eher rückläufig, was sich positiv auf die gesamte Rasse ausgewirkt hat. Der Scottie ist ein angenehmer, würdevoller, intelligenter und sehr anhänglicher Hausgenosse, der Fremde nicht besonders mag, aber mit den Kindern der »eigenen« Familie gern ausdauernd spielt.

# Scottish Terrier

## Haltung

Der Scottish Terrier gibt einen treuen und wachsamen Gefährten ab, muss aber von Anfang an konsequent erzogen werden, weil er zu einer gewissen Sturheit neigt. Mit seinen kurzen Beinen braucht er nicht sehr viel Auslauf. Das raue, dichte Haarkleid sollte regelmäßig getrimmt werden.

**Schulterhöhe**
25–28 cm

**Gewicht**
8,6–10,4 kg

**Fellfarbe**
Schwarz, weizenfarben oder gestromt in jeder Farbe.

**Gesundheit**
Anfällig für das »Scottie-Cramp-Problem« (epilepsieähnlicher Muskelkrampf) und Ekzeme.

Geeignet für Anfänger.

**Größenvergleich**
(Mensch = 180 cm)

# English Toy Terrier

**Schulterhöhe**
25–30 cm

**Gewicht**
2,7–3,6 kg

**Fellfarbe**
Schwarz-lohfarben.

**Gesundheit**
Extreme Zwerge sind oft empfindlich.

Geeignet für Anfänger.

## Geschichte

Der English Toy Terrier (auch Black and Tan Toy Terrier genannt) und der Manchester Terrier sind eng verwandt und sehen sich bis auf die Größe sehr ähnlich. Die kleinen Toys (»Spielzeugterrier«) sind wohl durch Zuchtauswahl auf Zwergwuchs und die Einkreuzung des Italienischen Windspiels entstanden. Die wettbegeisterten Briten des frühen 19. Jahrhunderts ließen die Hündchen in den Pubs in Wettbewerben im Rattentöten auf Zeit gegeneinander antreten. Ein Siegerhund war sehr wertvoll. Später wurde der Toy Terrier, für den es schon 1881 einen Standard gab, ein beliebter Gesellschaftshund der feinen Damen. Heute sieht man den Toy Terrier auch in England selten.

## Eigenschaften

Nachdem in der Zucht extreme Zwergformen nicht mehr das Ideal sind, ist die Gesundheit der Toy Terrier wieder robuster geworden. Obwohl im Spielzeugformat, ist der Kleine doch ein echter Terrier. Fröhlich und verspielt nimmt er regen Anteil an seiner Umwelt. Trotz seiner geringen Größe würde er nicht zögern, sich jedem Einbrecher heftig bellend in den Weg zu stellen.

## Haltung

Toy Terrier sind auch für Senioren pflegeleichte Begleithunde. Sie fühlen sich in der kleinen Stadtwohnung genauso wohl wie auf langen Spaziergängen im Freien. Sie lernen schnell und gern und sind mit etwas Konsequenz leicht zu erziehen. Der Bellfreudigkeit der kleinen Clowns müssen rechtzeitig Grenzen gesetzt werden.

**Größenvergleich**
(Mensch = 180 cm)

## Geschichte

Diese strupphaarige Rasse, deren Herkunftsland mit Deutschland angegeben wird, ist zweifellos sehr alt. Ihre Vorgeschichte liegt im Dunkeln, aber schon auf Bildern von Albrecht Dürer und Jan van Eyck sind kleine Hunde dieses Typs zu erkennen. Die unmittelbaren Vorstufen der heutigen Rasse scheinen sich im 16. und 17. Jahrhundert herausgebildet zu haben, weitgehend unabhängig von den anderen Pinscherrassen. Auch durch andere Merkmale hebt sie sich deutlich von der übrigen Pinschersippschaft ab. Ihren Namen verdankt sie dem unverwechselbaren affenähnlichen Gesicht.

## Eigenschaften

Der einst beliebte und heute nur noch selten anzutreffende Affenpinscher ist intelligent, selbstbewusst, anhänglich und sehr wachsam, kann jedoch Fremden gegenüber zu einem aufbrausenden Giftzwerg werden. Er eignet sich für Leute, die sich einen langlebigen und vitalen Hausgenossen wünschen, bei dem innere Werte mehr zählen als äußere Schönheit.

# Affenpinscher

## Haltung

Der drollige Kleinhund passt in fast jede Wohnung, sofern die Wände nicht zu hellhörig sind, denn das ausdauernde Kläffen kann man dem aufmerksamen und leicht reizbaren Choleriker kaum austreiben. Doch ansonsten ist er ein liebevoller und angenehmer Hausgenosse. Das lange und dichte Rauhaar bedarf einiger Pflege, vor allem am Kopf, damit das typische »Affengesicht« erhalten bleibt.

**Schulterhöhe**
25–30 cm

**Gewicht**
Bis 4 kg

**Fellfarbe**
Möglichst rein schwarz, doch braune oder graue Schattierungen und Abzeichen sind erlaubt.

**Gesundheit**
Etwas anfällig für Knochenbrüche.

Geeignet für Anfänger.

# Zwergpinscher

**Schulterhöhe**
25–30 cm

**Gewicht**
Um 4 kg

**Fellfarbe**
Zweifarbig schwarz-lohfarben oder einfarbig dunkelbraun bis fuchsrot (dieser Farbschlag wird häufig als Rehpinscher bezeichnet).

**Gesundheit**
Anfällig für Patellaluxation und Knochenbrüche.

Geeignet für Anfänger.

## Geschichte

Der Zwergpinscher ist zwar aus dem größeren Pinscher hervorgegangen, sieht aber eher wie ein stark verkleinerter Dobermann aus und wurde zeitweise sogar als Miniatur-Dobermann bezeichnet. Auf jeden Fall verkörpert er eine eigene Rasse, deren Ahnenreihe weit in die Vergangenheit zurückreicht, obwohl sie in ihrer modernen Ausprägung erst im 19. Jahrhundert entstanden ist. Die Zwergpinscher sind etwas aus der Mode gekommen, waren aber um 1900 regelrechte Salonhündchen und besondere Lieblinge der feinen Damen.

## Eigenschaften

Der Zwergpinscher ist ein zierliches, feingliedriges Geschöpf mit einem zerbrechlich wirkenden Knochengerüst, doch er hat das Temperament, das Selbstbewusstsein und den Schneid seines größeren Vetters. Er folgt zwar nicht immer aufs Wort, ist aber seinem Herrchen oder Frauchen treu ergeben und kommt auch mit Kindern gut zurecht, jedenfalls besser als mit fremden Hunden, mit denen er sich gern anlegt.

## Haltung

Der Zwergpinscher ist ein reizender Wohnungshund, der in das kleinste Appartement und auch zu allein stehenden älteren Menschen passt, weil er sauber, pflegeleicht und fröhlich ist, andererseits aber nicht viel Auslauf benötigt. Als ungemein aufmerksamer Wachhund neigt er allerdings zum Kläffen, was oft als lästig empfunden wird.

**Größenvergleich**
(Mensch = 180 cm)

# Border Terrier

## Geschichte
Über die Ursprünge und die Entstehung dieser britischen Terrierrasse ist kaum etwas bekannt, doch immerhin kennen wir ihre Herkunftsregion, die Grenze (border) zwischen England und Schottland. Dort wurde der kleine, aber ungemein zähe und robuste Border Terrier nachweislich schon im 18. Jahrhundert dazu verwendet, Ratten und anderes Schadgetier zu bekämpfen und Füchse und Dachse aus dem Bau zu jagen. Dank seiner zunächst isolierten Verbreitung und seiner begrenzten Popularität hat er sein ursprüngliches Aussehen und Wesen bis heute weitgehend bewahrt.

## Eigenschaften
Der Arbeitsterrier von einst hat sich als moderner, aber niemals modischer Begleithund durchaus bewährt, denn er ist ruhiger und sanfter als die meisten Terrier, kann aber, wenn er nicht vom Welpenalter an richtig erzogen worden ist, hin und wieder aus der Rolle des braven Familienhunds fallen. Dann geht sein Temperament mit ihm durch, oder er frönt ungehemmt seinem angeborenen starken Jagdtrieb.

## Haltung
Auch Anfänger kommen mit dieser »unverdorbenen« Rasse gut zurecht. Selbst für ein Leben in der Stadt ist der Border Terrier wegen seines kleinen Formats recht gut geeignet, aber er wünscht sich viel Auslauf in der freien Natur. Das wetterfeste Fell mit hartem, dichtem Deckhaar und dichter Unterwolle ist einfach zu pflegen.

**Schulterhöhe**
Im Standard nicht festgelegt, in der Regel 25–30 cm

**Gewicht**
Rüde 5,9–7,1 kg, Hündin 5,1–6,4 kg

**Fellfarbe**
Rot, weizenfarben, grau oder blau mit lohfarbenen Abzeichen.

**Gesundheit**
Keine rassetypischen Krankheiten bekannt.

Geeignet für Anfänger.

# Bologneser

**Schulterhöhe**
25–30 cm

**Gewicht**
2,5–4 kg

**Fellfarbe**
Reinweiß.

**Gesundheit**
Keine rassetypischen Krankheiten bekannt.

Geeignet für Anfänger.

## Geschichte

Der Bologneser (Bichon Bolognais) gehört zur Familie der Bichons, kleiner weißer Schoßhunde, die es seit dem klassischen Altertum in allen Mittelmeerländern gab. Die kleinen Hunde waren schon sehr früh angenehme Begleiter, die sich auch bei der Bekämpfung von Ratten und Mäusen nützlich machten. Seit dem 11. Jahrhundert und vor allem in der Renaissance kennt man den Bologneser als Schoßhund der vornehmen Damen. Berühmte Besitzer dieser Hunde waren Madame Pompadour, Katharina die Große und Kaiserin Maria Theresia. Der Bologneser hat seinen Ursprung in Italien. Heute ist er selten geworden.

**Größenvergleich**
(Mensch = 180 cm)

## Eigenschaften

Für einen Schoßhund ist der Bologneser erfreulich robust und anpassungsfähig. Er erträgt auch höhere Temperaturen gut. Besonders angenehm ist, dass der ausgeglichene Kleine keinerlei Neigung zum Wildern zeigt. Das Fell benötigt regelmäßig sorgfältige Pflege, damit es nicht verfilzt. Schon Welpen müssen an das Bürsten gewöhnt werden.

## Haltung

Der gewitzte Bologneser liebt naturgemäß die enge Bindung an den Menschen. Fröhlich und verspielt, aber nicht übernervös, genießt er es, zu gefallen. Seine Erziehung ist unproblematisch. Der Zwerg braucht zu seinem Wohlbefinden keinen großen Auslauf. Dennoch hat er auch gegen weite Spaziergänge nichts einzuwenden. Ein idealer Hund für die kleine Stadtwohnung und Senioren, zumal der Bologneser kein Dauerkläffer ist.

# Papillon und Phalène

## Geschichte

Zwei Namen – eine Rasse, deren umständlicher Name Kontinentaler Zwergspaniel (Épagneul nain continental) in der Umgangssprache kaum verwendet wird. Der Papillon (französisch für Schmetterling; s. Foto) unterscheidet sich nur durch seine Stehohren vom Phalène (Nachtfalter), der Hängeohren besitzt. Beide Schläge gehen auf das Mittelalter zurück und erscheinen in der Renaissance häufig auf Gemälden großer Maler, durchweg als niedliche Attribute vornehmer Herrschaften. In der Französischen Revolution wurden die aristokratischen Hundezwerge beinahe ausgerottet, doch im 19. Jahrhundert durch französische und belgische Züchter »rekonstruiert«; deshalb wird als ihre Herkunft Frankreich/Belgien angegeben.

## Eigenschaften

Der Papillon, auch Schmetterlingshündchen genannt, und der weniger bekannte Phalène sind trotz ihrer Zierlichkeit recht robuste und selbstbewusste Hausgenossen, die bei Gelegenheit sogar Jagd auf Mäuse, Ratten oder Kaninchen machen. Als Familienhunde sind sie fröhlich, lebhaft und anschmiegsam, außerdem zuverlässige Wachhunde.

## Haltung

Die anpassungsfähigen und leicht erziehbaren Hündchen passen in fast jeden Haushalt, auch in eine Großstadtwohnung, wo man sie wegen ihres geringen Gewichts mühelos die Treppen hinuntertragen kann. Die Fellpflege erfordert keinen großen Aufwand.

**Schulterhöhe**
Etwa 28 cm

**Gewicht**
2,5–5 kg

**Fellfarbe**
Auf weißer Grundfarbe sind alle Farben zulässig; zwei-, drei- oder selten einfarbig.

**Gesundheit**
Etwas anfällig für Knochenbrüche.

Geeignet für Anfänger.

**Größenvergleich**
(Mensch = 180 cm)

# Havaneser

**Schulterhöhe**
Nicht vorgeschrieben, liegt aber bei etwa 28 cm

**Gewicht**
Im Standard mit maximal 6 kg festgelegt

**Fellfarbe**
Weiß, alle Brauntöne, grau, beige, mit oder ohne Flecken.

**Gesundheit**
Keine rassetypischen Krankheiten bekannt.

Geeignet für Anfänger.

## Geschichte

Der international gebräuchliche Name »Bichon havanais« verrät, dass der Havaneser zur sehr alten, im Mittelmeerraum entstandenen Gruppe der Bichons (»Schoßhündchen«) gehört. Er hat zweifellos mediterrane Ahnen, doch erzüchtet wurde er auf Kuba mit der Hauptstadt Havanna, und zwar vorwiegend aus Bichons, die die spanischen Kolonialherren aus ihrer Heimat mitgebracht hatten. Der Havaneser avancierte schon bald zum Liebling der feinen Damen, aber nach der kubanischen Revolution unter Fidel Castro fiel er als Attribut der herrschenden Klasse in Ungnade und erlebte daraufhin in den USA eine Renaissance.

## Eigenschaften

Heute ist der Havaneser in der ganzen Welt beliebt, wohl auch deshalb, weil es ihn, im Unterschied zu den nur weiß gezüchteten anderen Bichons, in vielen wunderschönen Farben gibt. Er ist aber auch reich an inneren Werten, denn er besitzt Charme, Intelligenz und Pfiffigkeit in hohem Maße und ist lebhaft, fröhlich verspielt und kinderfreundlich.

## Haltung

Der Havaneser ist ein idealer Wohnungshund, zumal er nicht kläfft und wenig Auslauf braucht. Er passt gut zu allein stehenden Senioren, doch lieber ist ihm eine ganze Familie, bei der er im Mittelpunkt stehen kann. Das üppige seidige Haarkleid muss oft gebürstet und gekämmt werden, denn es verfilzt sehr schnell zu unansehnlichen Matten.

# West Highland White Terrier

**Größenvergleich**
(Mensch = 180 cm)

## Geschichte

Der Name ist fast länger als der Hund, weshalb er fast immer zu »Westie« abgekürzt wird. Der Westie ist ein Abkömmling niederläufiger und rauhaariger Rattenbeißer-Terrier, von denen es im schottischen Hochland mehrere Formen gab. Manche Experten halten ihn gar für einen direkten Nachkommen des Cairn Terriers, von dem er sich eigentlich nur durch sein weißes Fell unterscheidet. Tatsächlich fielen in Cairn-Terrier-Würfen hin und wieder weiße Welpen an, bis ein gewisser Major Malcolm im späten 19. Jahrhundert auf die Idee kam, die bis dahin als schwächlich angesehene weiße Spielart rein weiterzuzüchten und 1904 als eigene Rasse zu präsentieren.

## Eigenschaften

Die anfangs wenig beachteten Westies sind neuerdings zu Modehunden geworden, was eine Massenvermehrung mit entsprechenden negativen Folgen nach sich gezogen hat. Ein gesunder Westie ist ein robuster, lebhafter, selbstbewusster und unterhaltsamer Familienhund, der sich bei allem terriertypischen Unabhängigkeitsdrang eng an sein Herrchen oder Frauchen anschließt. Bei Fremden hält er dagegen auf Distanz.

## Haltung

Voraussetzung für ein unkompliziertes Zusammenleben ist, dass man seinen Westie von einem soliden Züchter erwirbt. Er fühlt sich auch in der Stadt wohl, wenn er sich draußen genügend austoben kann. Das Fell sollte regelmäßig getrimmt werden.

**Schulterhöhe**
Etwa 28 cm

**Gewicht**
7–10 kg

**Fellfarbe**
Ausschließlich weiß.

**Gesundheit**
Anfällig für Hautallergien, Patellaluxation, Löwenkiefer, Nabelbruch und Leistenbruch.

Geeignet für Anfänger.

**Größenvergleich**
(Mensch = 180 cm)

# Coton de Tuléar

**Schulterhöhe**
Etwa 28–30 cm

**Gewicht**
Um 6 kg

**Fellfarbe**
Weiß; kleine zitronengelbe oder graue Flecken gestattet, besonders an den Ohren.

**Gesundheit**
Keine rassetypischen Krankheiten bekannt.

Geeignet für Anfänger.

## Geschichte

Exotisch wie der Name ist auch die Rasse, als deren Ursprungsland Madagaskar angegeben wird. Auf dieser Insel, in der Gegend der Hafenstadt Tuléar an der Südostküste, soll sie entstanden sein. Der Legende zufolge ist dort vor Jahrhunderten ein Schiff untergegangen, doch die an Bord befindlichen Bichonhündchen konnten gerettet werden und begründeten die neue Rasse, deren typisches Merkmal das mit dem Namensteil Coton (französisch für Baumwolle) bezeichnete flauschige Haarkleid ist. Der Coton de Tuléar war lange Zeit ein exklusives Geschöpf und nur der französischen Oberschicht auf Madagaskar vorbehalten, aber inzwischen ist aus ihm ein weltweit beliebter Begleithund geworden.

## Eigenschaften

So ein kleiner Coton de Tuléar ist nicht leicht zu bekommen, und man muss für den Winzling noch immer tief in die Tasche greifen. Doch er vergilt den ganzen Aufwand durch sein sanftmütiges, freundliches Wesen und seine große Anpassungsfähigkeit und Anhänglichkeit. Kinder mag er recht gern, und Fremden begegnet er eher mit Neugier als Argwohn.

## Haltung

Sie ist in der Großstadt ebenso unproblematisch wie auf dem Lande. Der Coton de Tuléar ist ein ausgezeichneter Familienhund, fühlt sich aber auch bei allein stehenden älteren Menschen wohl. Viel Auslauf braucht er nicht. Das baumwollweiche Fell muss allerdings täglich gebürstet werden.

**Größenvergleich**
(Mensch = 180 cm)

# King Charles Spaniel

## Geschichte
Der King Charles Spaniel hat zwar eine unverkennbare Ähnlichkeit mit dem etwas größeren und langnasigen Cavalier King Charles Spaniel, ist aber nicht direkt mit ihm verwandt und stellt eine eigene Rasse dar. Während der »Cavalier« eine Neu- bzw. Rückzüchtung des 20. Jahrhunderts ist, lässt sich der einfache »King« mindestens bis ins 17. Jahrhundert zurückverfolgen. Beide Rassen haben jedoch gemeinsame Vorfahren in den kleinen Spanielformen des frühen Mittelalters. Die King Charles Spaniels wurden gezielt auf immer kleineres Format gezüchtet und dienten den vornehmen Damen als Schoßhündchen und Fußwärmer. Ihren Namen erhielten sie von König Charles II., der eine Vorliebe für diese Zwergspaniels hatte.

## Eigenschaften
Der zierliche stupsnasige Hund fühlt sich auch heute noch auf dem Schoß seines Frauchens sehr wohl, und er braucht mehr Ansprache und Zuwendung als die allermeisten Artgenossen, doch er ist zugleich erstaunlich robust, munter und unternehmungslustig. Er schließt sich sehr eng an seine Bezugsperson an, die er durch sein fröhliches, aufgewecktes Naturell erfreut. Fremden gegenüber verhält er sich vornehm distanziert.

## Haltung
Dies ist ein angenehmer Gefährte für ältere oder allein stehende Hundefreunde auf dem Lande oder in der Stadt, die mit ihm nicht zu kleine Spaziergänge unternehmen. Die Fellpflege ist einfach.

**Schulterhöhe**
Nicht vorgeschrieben, bis etwa 30 cm

**Gewicht**
3,6–6,3 kg

**Fellfarbe**
Schwarz mit roten Abzeichen; weiß mit lohfarbenen und schwarzen Abzeichen; weiß mit kastanienroten Abzeichen (Blenheim; s. Foto); einfarbig kastanienrot (Ruby).

**Gesundheit**
Anfällig für Patellaluxation.

Geeignet für Anfänger, vor allem auch für ältere Personen.

**Größenvergleich**
(Mensch = 180 cm)

# Bichon frisé

**Schulterhöhe**
Nicht über 30 cm

**Gewicht**
Um 5 kg

**Fellfarbe**
Reinweiß.

**Gesundheit**
Keine rassetypischen Krankheiten bekannt.

Geeignet für Anfänger, vor allem auch für ältere Personen.

## Geschichte

Der vollständige Name dieser international beliebten Zwerghundrasse, als deren Herkunftsregion Frankreich/Belgien angegeben wird, lautet Bichon à poil frisé (»Schoßhündchen mit gelocktem Fell«). Wie alle Bichons hat sie jedoch ihren eigentlichen Ursprung im Mittelmeerraum, wo solche kleinen Schmusehunde schon im Mittelalter bekannt waren und später, im 16. bis 18. Jahrhundert, zu besonderen Lieblingen der adligen Damenwelt aufstiegen, wie zahllose Bilddokumente bezeugen. Bichons waren in erster Linie maßlos verhätschelte Schoßhunde, dienten aber zuweilen auch als Bettwärmer und Heizkissenersatz einem praktischen Zweck.

## Eigenschaften

Der Bichon frisé ist ein charmanter, stets munterer, fröhlicher und verspielter Hundezwerg, der trotz seiner Kleinheit stolz und würdevoll auftreten kann. Als ausgemachtes Sensibelchen mit zierlichem Körperbau lässt er sich gern verwöhnen, was er mit bedingungsloser Zuneigung und Anhänglichkeit vergilt. Ein weiterer Pluspunkt: Bichons sind recht zuverlässige Wachhunde, aber keine Kläffer.

## Haltung

Für einen Bichon frisé lässt sich in jeder Wohnung ein Plätzchen finden. Oft braucht er nicht einmal ein Hundekörbchen, weil er am liebsten in Frauchens Bett schläft. Aufwändig ist allein die Pflege des aparten seidigen Fells, das sich aus korkenzieherförmig gedrehten Haaren zusammensetzt.

# Welsh Corgi

**Größenvergleich**
(Mensch = 180 cm)

## Geschichte

Unter dem Namen, der so viel wie »Walisischer Zwerghund« bedeutet, verbergen sich zwei sehr ähnliche Hundeformen, die erst seit 1934 als eigenständige Rassen anerkannt sind: der Welsh Corgi Cardigan mit mittellanger und der Welsh Corgi Pembroke mit sehr kurzer Rute. Die Ursprünge der beiden Rassen sind ungeklärt. Sie gehen jedoch sehr wahrscheinlich auf niederläufige Treibhunde des Mittelalters zurück und werden in ihrer Heimat bis heute als Viehtreiber verwendet: Die flinken, schneidigen Hunde bringen störrische Rinder oder Schafe auf Trab, indem sie sie blitzschnell in die Fesseln zwicken!

## Eigenschaften

Dass die Corgis, speziell die Pembroke-Rasse, die Lieblingshunde des britischen Königshauses sind, ist allgemein bekannt und ein gewisser »Qualitätsbeweis«. Die stämmigen Hundezwerge mit der Figur – und dem Dickkopf – eines Dackels geben tatsächlich aufgeweckte, aktive, mutige und selbstbewusste Familienhunde ab, die obendrein wachsam, anhänglich und kinderfreundlich sind. Bei der Begegnung mit Fremden kann das gesunde Misstrauen manchmal in Bissigkeit umschlagen, beim Cardigan eher als beim sanfteren, ruhigeren Pembroke.

## Haltung

Sie ist recht unkompliziert in Stadt und Land. Sehr viel Auslauf brauchen die kurzbeinigen Hunde nicht, wohl aber eine gute Erziehung.

**Schulterhöhe**
Cardigan idealerweise 30 cm, Pembroke 25–31 cm

**Gewicht**
Um 12 kg

**Fellfarbe**
Cardigan: alle Farben mit oder ohne weiße Flecken sind zugelassen. Pembroke: rot, zobel, rehbraun, schwarz und lohfarben, mit oder ohne weiße Abzeichen.

**Gesundheit**
Anfällig für Fresssucht.

Geeignet für Anfänger.

**Größenvergleich**
(Mensch = 180 cm)

# Französische Bulldogge

**Schulterhöhe**
Im Standard nicht vorgeschrieben, liegt aber bei etwa 30 cm

**Gewicht**
8–14 kg

**Fellfarbe**
Entweder gestromt (rötlich mit oder ohne weiße Platten) oder scheckig (weiße Grundfarbe mit großen bis sehr großen gestromten Platten).

**Gesundheit**
Anfällig für Atemprobleme, Hitzschlag, Augenverletzungen, Deck- und Geburtsschwierigkeiten.

Geeignet für Anfänger, vor allem auch für ältere Personen.

## Geschichte

Die Französische Bulldogge, offiziell Bouledogue français genannt, ist eine verhältnismäßig junge Rasse. Sie hat zwar, wie alle doggenartigen Hunde, uralte Vorgänger, wurde aber erst in der zweiten Hälfte des 19. Jahrhunderts gezielt gezüchtet. Über das »Ausgangsmaterial« der Rasse streiten sich die Experten bis heute, doch wahrscheinlich handelte es sich um kleinwüchsige oder schwache Bulldogs aus Großbritannien, die in die Normandie ausgewanderte englische Weber und Spitzenklöppler mitbrachten und in Frankreich weiter züchteten, wobei sie angeblich Terrier einkreuzten. In Paris stieg die kompakte kleine Bulldogge zum Lieblingshund der kleinen Leute auf.

## Eigenschaften

Die Rasse hat viele gute Eigenschaften. Sie ist intelligent, freundlich, verschmust, sauber und leicht zu erziehen. Weil sie nur wenig bellt und sich mit kurzen Spaziergängen begnügt, gibt sie einen nahezu perfekten Wohnungshund ab. Andererseits darf nicht verschwiegen werden, dass wir es hier mit einem Problemhund zu tun haben, der häufig an Kurzatmigkeit leidet, unangenehm schnarcht, keine große Hitze verträgt und Schwierigkeiten hat, sich auf natürliche Weise fortzupflanzen.

## Haltung

Sie ist überall möglich, auch und gerade in der Großstadt, sofern der kurzläufige und kurzatmige Hund nicht zu viele Treppen steigen muss. Er braucht unbedingt viel Zuwendung, doch sonst ist er sehr pflegeleicht.

**Größenvergleich**
(Mensch = 180 cm)

# Cairn Terrier

## Geschichte

Dieser kompakte, niederläufige Terrier gilt als die älteste schottische Terrierrasse und entstand als Grundtypus wahrscheinlich schon im Mittelalter. Um 1600 wird er erstmals urkundlich erwähnt, aber erst 1909 offiziell anerkannt. Seinen Namen hat er von dem gälischen Begriff »cairn« (sprich: kähn), wie die Steinhügel im Schottischen Hochland heißen. In dieser wilden Gegend machte er früher Jagd auf Füchse und anderes Raubzeug.

## Eigenschaften

Ein munterer und mutiger Draufgänger ist der Cairn Terrier bis heute geblieben, aber in seiner Karriere als Familienhund sind inzwischen seine anderen guten Wesenszüge noch stärker hervorgetreten: Gutmütigkeit, Fröhlichkeit, Intelligenz und Anhänglichkeit. Er lässt sich leicht erziehen und sogar bis zur Zirkusreife abrichten. Dabei hat er sich äußerlich und innerlich seine herkunftsbedingte Urtümlichkeit bewahrt, weil er nie übermäßig populär war und deshalb von modischen »Modernisierungsversuchen« verschont geblieben ist.

## Haltung

Da dieser drollige Terrier sehr anspruchslos ist, nur selten bellt und wenig Platz braucht, kommt er auch für die kleine Stadtwohnung in Frage, sofern man ihm genügend Auslauf bieten kann. Mit Kindern verträgt er sich recht gut. Das raue doppellagige Fell ist relativ pflegeleicht, sollte jedoch regelmäßig getrimmt werden.

**Schulterhöhe**
28–31 cm

**Gewicht**
Ideal sind 6–7,5 kg

**Fellfarbe**
Creme, weizenfarben, rot, grau oder fast schwarz oder gestromt in all diesen Farben.

**Gesundheit**
Anfällig für Patellaluxation, Löwenkiefer und Perthes-Krankheit.

Geeignet für Anfänger.

# Sealyham Terrier

**Schulterhöhe**
Max. 31 cm

**Gewicht**
Rüde um 9 kg, Hündin um 8 kg

**Fellfarbe**
Weiß oder weiß mit gelben, braunen oder blauen Flecken an Kopf und Ohren.

**Gesundheit**
Anfällig für Taubheit, Geburtsschwierigkeiten und Schottenkrampf.

Geeignet für fortgeschrittene Anfänger.

## Geschichte

Der Sealyham Terrier entstand Mitte des 19. Jahrhunderts in Pembrokeshire, Wales/Großbritannien. Der passionierte Jäger Captain Edwards, nach dessen Landsitz Sealy Ham die Rasse benannt wurde, wünschte sich einen mutigen und harten Hund für die Jagd auf Otter und Dachs. Er paarte die einheimischen, überwiegend weißen Terrier mit Dandie Dinmont, West Highland White und Foxterriern. Bullterrier sollten die Beißkraft verstärken. Nachdem die Popularität des Sealyham Terriers in den 1930er-Jahren einen Höhepunkt erreichte, ließ das Interesse an ihm stark nach. Moderne Showhunde sind für die Jagd zu plump und zu reich behaart. Heute ist die Rasse eher eine Rarität.

**Größenvergleich**
(Mensch = 180 cm)

## Eigenschaften

Sealyham Terrier werden heute als reine Familien- und Begleithunde gehalten. Früher jagten sie auch in der Meute und sind dadurch kaum rauflustig. Erhalten geblieben ist dem munteren Gesellen seine große Jagdleidenschaft. Sealyham Terrier sind in der Familie anhänglich und gute Kameraden der Kinder. Der furchtlose kleine Hund ist wachsam und meldet mit einer tiefen, voluminösen Stimme.

## Haltung

Diesem selbstbewussten, seinem Herrn gegenüber sensiblen Hund muss man in der Erziehung in aller Freundlichkeit klare Grenzen setzen. Dann ist er ein angenehmer, recht folgsamer Hausgenosse. Bei genügend Auslauf kann er auch in einer Stadtwohnung gehalten werden. Das Fell muss drei- bis viermal im Jahr getrimmt werden.

# Schipperke

## Geschichte
Das flämische Wort »Schäperke« bedeutet kleiner Schäferhund, obwohl er im Gebäude eher an einen Spitz erinnert. Der Schipperke wird schon in einer Chronik aus dem 15. Jahrhundert beschrieben und ziert viele alte flämische Gemälde. Er war einst in Belgien ein beliebter Bauern- und Haushund. 1885 erwarb die belgische Königin Marie-Henriette einen Schipperke, was der Rasse im Land zu großer Popularität verhalf. Bei uns wurde er vor allem als »Schifferspitz« bekannt, der auf den Kähnen der Binnenschiffer die Nagetiere kurz hielt und lautstark alle Fremden verbellte. Nach dem Zweiten Weltkrieg ist es um die Rasse sehr ruhig geworden. International ist sie kaum bekannt.

## Eigenschaften
Die kleinen Kerle wurden früher auch zum Stöbern und bei der Jagd mit Frettchen eingesetzt. Trotz ihrer geringen Größe besaßen sie auch genügend Durchsetzungskraft, um Schafherden zu lenken. Heute ist der Schipperke ein munterer Haushund, sehr geduldig mit den Kindern der eigenen Familie. Fremde lehnt der Schipperke ab. Er beobachtet mit stets wachem Blick sein Revier und meldet jeden Eindringling. Notfalls geht er auch zum Angriff über, freilich ohne Menschen ernsthaft verletzen zu können.

## Haltung
Wenn sich die Nachbarn an der Lautfreudigkeit des kleinen Hundes nicht stören, lässt er sich auch gut in der Stadtwohnung halten. Er braucht eine konsequente Erziehung und viel Auslauf.

**Schulterhöhe**
Rüde 28–36 cm, Hündin 25–30 cm

**Gewicht**
3–8 kg

**Fellfarbe**
Schwarz.

**Gesundheit**
Eine robuste und gesunde Rasse.

Geeignet für Anfänger.

**Größenvergleich**
(Mensch = 180 cm)

# Löwchen

**Schulterhöhe**
25–32 cm

**Gewicht**
Um 5 kg

**Fellfarbe**
Alle Farben außer braun erlaubt. Einfarbig oder gescheckt.

**Gesundheit**
Gelegentlich anfällig für Kniescheibenluxation und Zahnprobleme.

Geeignet für Anfänger.

## Geschichte

Das französische Löwchen (auch Petit Chien Lion) wird zu den Rassen der Bichons gezählt. Seit dem Mittelalter kennt man Hunde, die mit dem heutigen Löwchen im Aussehen fast identisch sind. In der im 14. Jahrhundert erbauten Kathedrale von Amiens schmücken zwei steinerne Löwchen mit der heute noch üblichen Schur das Grabmal des heiligen Firmin. Löwchen sind auch von zahlreichen alten Gemälden bekannt. Sie waren immer schon die Schoß- und Begleithunde der adeligen Damen und vornehmen Herren. Zu Zeiten, als die Wohnungen noch schwer zu heizen waren, dienten sie als Wärmflaschen. Obwohl einst sehr beliebte Modehunde, war die Rasse um 1900 fast vollständig verschwunden. 1966 soll es weltweit noch 40 Exemplare gegeben haben. Auf einer sehr geringen Basis wurde die Zucht nach dem Zweiten Weltkrieg mühsam wieder aufgebaut. Die Hündchen sind heute noch relativ selten.

## Eigenschaften

Diese idealen Gesellschaftshündchen schenken ihr Herz nur »ihren« Menschen. Fremden begegnen sie mit Zurückhaltung. Zärtlich und anschmiegsam, suchen sie stets die Nähe ihres Besitzers. Sie sind gelehrig und verspielt und lieben es, wenn man sich mit ihnen beschäftigt. Löwchen stecken voller Energie, sind aber nicht nervös. Sie sind klein, aber nicht zerbrechlich.

## Haltung

Das Löwchen ist problemlos auch in kleinen Wohnungen zu halten, wenn es auf täglichen Spaziergängen genügend Bewegung erhält. Es kläfft nicht unnötig.

# Český Terrier

## Geschichte

Der Tschechische Terrier ist eine sehr junge Rasse. Der Forstangestellte Frantisek Horak hatte genaue Vorstellungen von einem optimalen Hund für die Jagd auf Dachs, Fuchs und Hase. Die Scottish Terrier, die er zunächst führte, waren zwar extrem raubzeugscharf, aber oft aggressiv und sehr dickköpfig. Die damals noch arbeitstauglichen Sealyham Terrier hatten eine vorzügliche Nase und waren leichtführiger, dafür aber mangelte es ihnen an Jagdpassion. Horak kreuzte ab 1949 die beiden Rassen, um einen wendigen, umgänglichen und leichtführigen Terrier mit viel Passion zu erhalten. 1963 wurde die Rasse offiziell anerkannt. Heute ist sie, auch außerhalb Tschechiens, überwiegend als Familienhund anzutreffen.

## Eigenschaften

Die Zucht des Český fördert heute seine guten Eigenschaften als Familienhund. Für einen Terrier ist er sehr ruhig und sanft. Die Erziehung ist relativ leicht. Sein gezügeltes Temperament macht ihn zum idealen Begleiter von Senioren. Um seine Jagdleidenschaft muss man sich bei guter Erziehung keine Gedanken machen. Welpen werden schwarz oder dunkelbraun geboren und hellen erst später auf.

## Haltung

Der Český ist ein idealer Wohnungshund. Er ist wachsam, kläfft aber nicht.
Českýs sind sehr gute Futterverwerter, die bei zu viel Futter und zu wenig Bewegung schnell fett und träge werden. Nach dem Standard wird das Fell mit Ausnahme der vorderen Kopfpartien geschoren und ist so pflegeleicht.

**Schulterhöhe**
25–32 cm (Rüde ideal 29 cm, Hündin ideal 27 cm)

**Gewicht**
6–10 kg

**Fellfarbe**
Graublau, helles Kaffeebraun.

**Gesundheit**
Keine rassetypischen Krankheiten bekannt.

Geeignet für Anfänger und rüstige Senioren.

# Mops

**Schulterhöhe**
Nicht vorgeschrieben, liegt aber im Schnitt bei 25–32 cm

**Gewicht**
6,3–8,2 kg

**Fellfarbe**
Silber, apricot, lohfarben oder schwarz, jeweils mit schwarzer Maske und schwarzem Aalstrich.

**Gesundheit**
Anfällig für Augenverletzungen, Patellaluxation, Hautleiden, Epilepsie und Übergewicht.

Geeignet für Anfänger, vor allem auch für ältere Personen.

**Größenvergleich**
(Mensch = 180 cm)

## Geschichte

Dem Mops, der so treudeutsch bieder wirkt, sieht man es kaum an, dass er ursprünglich aus China stammt, wo seine Vorfahren angeblich schon vor 2400 Jahren aus größeren molossoiden Doggen herausgezüchtet worden sind. Im 17. Jahrhundert gelangte er auf den fernöstlichen Handelswegen nach Holland, dann nach England und schließlich nach ganz Europa und in die ganze Welt. Jahrhundertelang war dieser stämmige Kleinhund der überfütterte und leicht apathische Liebling älterer Damen, dann geriet er als Karikatur eines Hundes in Verruf, doch heute scheint er wieder im Kommen zu sein, weil man seine wirklichen Qualitäten erkannt hat.

## Eigenschaften

Der Mops mit seinem oft bespöttelten flachen, kummervoll zerknautschten Gesicht und seiner lustigen Ringelrute ist im Grunde ein recht robuster, liebenswerter, kluger und »mopsfideler« Bursche, der bei vernünftiger Haltung und sparsamer Fütterung seine originelle untersetzte Figur behält. Dass er etwas eigensinnig und eifersüchtig sein kann und zuweilen lautstark schnauft und schnarcht, gehört zum gewöhnungsbedürftigen Charme dieses vierbeinigen Originals.

## Haltung

Der Mops passt sich überall an, auf dem Lande wie in der Großstadt. Er braucht nicht allzu viel Auslauf, doch reichlich Bewegung kommt seiner Gesundheit zugute. Erziehung und Körperpflege machen kaum Mühe.

# Chinesischer Schopfhund

## Geschichte

Haarlose Hunde entstanden vermutlich vor Jahrtausenden durch Mutationen zuerst in Afrika. Von dort gelangten sie nach Südamerika und China. Durch ihre stets erhöhte Körpertemperatur kennt man sie auch als Wärmeflaschenersatz und Medizin gegen Rheuma. In China fiel die Rasse fast vollständig der Kulturrevolution zum Opfer. Heute wird der Chinesische Schopfhund (»Chinese Crested Dog«) überwiegend in den USA gezüchtet.

## Eigenschaften

Diese exotischen Hunde gibt es in zwei Varianten, die in einem Wurf vorkommen können: Die haarlose (hairless), gekennzeichnet nur durch den Schopf und Haarbüschel an Schwanz und Pfoten, und die Powder Puffs mit einem üppigen, seidigen Fell. Powder Puffs (»Puderquasten«) haben im Gegensatz zu ihren haarlosen Vettern auch ein vollständiges Gebiss. Haarlose Schopfhunde sind für Allergiker geeignet. Chinesische Schopfhunde sind verträglich und stets fröhlich. Sie erfreuen durch ihre Anhänglichkeit. Fremden gegenüber verhalten sie sich abweisend.

## Haltung

Werden die Tiere nicht verzärtelt, sind auch die haarlosen Hunde erstaunlich robust. Vor Wetterextremen muss man sie freilich schützen. Vor allem die Haut pigmentarmer Nackthunde neigt zu Sonnenbrand. Das Fell der Powder Puffs muss regelmäßig gekämmt werden. Der Chinesische Schopfhund braucht nur wenig Auslauf und ist auch für kleine Stadtwohnungen geeignet. Er ist sehr leicht zu erziehen.

**Schulterhöhe**
Rüde 28–33 cm, Hündin 23–30 cm

**Gewicht**
Bis 5,5 kg

**Fellfarbe**
Alle Farben.

**Gesundheit**
Anfällig für verschiedene Hautprobleme und Zahnfehler.

Geeignet für Anfänger.

# Zwerg- und Toypudel

**Größenvergleich**
(Mensch = 180 cm)

**Schulterhöhe**
Zwergpudel 28–35 cm, Toypudel unter 28 cm (ideal sind 25 cm)

**Gewicht**
Zwergpudel um 6 kg, Toypudel bis 5 kg

**Fellfarbe**
Schwarz, weiß, braun, silber oder apricot.

**Gesundheit**
Anfällig für Gelenkprobleme, Netzhautatrophie, Star, Hautleiden und Epilepsie.

Geeignet für Anfänger, vor allem auch für ältere Personen.

## Geschichte

Alle Pudel, deren Name sich von Pfudel (Pfuhl oder Pfütze) herleitet und auf die Wasserpassion dieser Hunde verweist, bilden laut FCI eine einzige Rasse, bestehend aus vier Größenschlägen: Großpudel (s. S. 158), Klein- oder Mittelpudel (s. S. 89) sowie Zwergpudel (Foto) und Toypudel. Der Zwergschlag ist offenkundig schon früh aus dem Mittelformat herausgezüchtet worden, wie Beschreibungen aus der Zeit Ludwigs XIV. bezeugen, die sich auf zierliche Luxushündchen vom Pudeltyp beziehen. Diese Zwerge und ihre modernen Nachfahren taugten wohl nie als Gebrauchshunde wie ihre größeren Rassegenossen. Das gilt mit Sicherheit für den Toypudel (»Spielzeugpudel«), einen Neuzugang der Pudelrasse, den viele echte Hundefreunde als fragwürdiges Produkt züchterischer Miniaturisierungssucht ansehen.

## Eigenschaften

Grundsätzlich besitzen die kleinen Pudelschläge gleiche oder ähnliche gute Eigenschaften wie ihre großen Vettern. Sie sind natürlich noch anhänglicher, anschmiegsamer und liebebedürftiger als die großen, leider freilich auch etwas krankheitsanfälliger und nervenschwächer.

## Haltung

Einen so kleinen Pudel kann man überall halten. Er braucht wenig Platz und auch vergleichsweise wenig Auslauf. Andererseits sollten die Kleinen nicht allzu sehr verhätschelt werden. Die Fellpflege und die Schur sind ein Kapitel für sich.

**Größenvergleich**
(Mensch = 180 cm)

# Zwergschnauzer

## Geschichte

Der Zwergschnauzer ist nicht einfach eine Zwergform des seit Jahrhunderten existierenden Mittel- oder Standardschnauzers (siehe S. 115), sondern das gelungene Produkt deutscher Züchter um die Wende vom 19. zum 20. Jahrhundert. Deshalb wird er neben dem eigentlichen Schnauzer und dem Riesenschnauzer als eine eigenständige Rasse geführt. Ursprünglich war er praktisch identisch mit dem Affenpinscher, von dem er erst 1899 getrennt wurde, als das Zuchtziel, ein dem Schnauzer ähnlicher Zwerghund, erreicht war. In seiner Frühzeit bewährte er sich hervorragend als Ratten- und Mäusefänger und auch als Wach- oder Kutscherhund, doch schon bald entwickelte er sich zu einem beliebten Familienhund.

## Eigenschaften

Der Zwergschnauzer ist ein selbstbewusster, lebhafter, intelligenter und schneidiger Hausgenosse, der »seinen« Menschen treu ergeben ist und deren Haus oder Wohnung zuverlässig bewacht, notfalls mit erstaunlicher Lautstärke, Fremden gegenüber verhält er sich zurückhaltend bis misstrauisch, ohne jedoch übermäßig aggressiv zu werden.

## Haltung

Der Zwergschnauzer ist sehr anpassungsfähig und gewöhnt sich überall rasch ein. Er braucht jedoch von Anfang an eine konsequente Erziehung, weil er sich sonst gern als »Chef« aufspielt. Er haart kaum, aber sein Fell sollte trotzdem regelmäßig gebürstet und gekämmt werden.

**Schulterhöhe**
30–35 cm

**Gewicht**
Etwa 5–8 kg

**Fellfarbe**
Schwarz, pfeffersalzfarben, selten auch weiß oder zweifarbig.

**Gesundheit**
Etwas anfällig für Augenkrankheiten.

Geeignet für Anfänger.

# Cavalier King Charles Spaniel

**Schulterhöhe**
Nicht vorgeschrieben, liegt bei 30–35 cm

**Gewicht**
4,5–8,2 kg

**Fellfarbe**
4 Farbschläge: schwarz mit lohfarbenen Abzeichen; einfarbig leuchtend rot (Ruby); perlweiß mit kastanienroten Abzeichen (Blenheim); dreifarbig schwarz und weiß mit lohfarbenen Abzeichen (Tricolor).

**Gesundheit**
Anfällig für Herzkrankheiten, Patellaluxation und Augenerkrankungen.

Geeignet für Anfänger.

## Geschichte

Niedliche »Spielzeugspaniels« (Toyspaniels) tauchen auf Gemälden von Rubens, van Dyck, Watteau, Boucher usw. immer wieder auf, aber der Cavalier King Charles Spaniel wurde erst in den 1920er-Jahren erzüchtet, und zwar dank einer Prämie, die der Amerikaner Roswell Eldridge auf die Schaffung eines langnasigen Zwergspaniels, wie er auf Porträts von König Charles II. zu sehen ist, ausgesetzt hatte. Um die Neuzüchtung oder vielmehr Rückzüchtung

**Größenvergleich**
(Mensch = 180 cm)

von ihren Vorfahren, den alten kurznasigen King Charles Spaniels, zu unterscheiden, erhielt der Rassenamen den Zusatz »Cavalier«. Die alt-neue Rasse wurde erst 1945 anerkannt und erfreut sich seitdem wachsender Beliebtheit.

## Eigenschaften

Der kleine Spaniel ist zwar leider etwas krankheitsanfällig, aber ansonsten ein Ausbund guter Eigenschaften: lebhaft, fröhlich, verspielt, anhänglich und kinderlieb. Dieser »Wirbelwind auf vier Pfoten« gibt seine Lebensfreude zuweilen durch lautes Gebell kund, benimmt sich jedoch im Übrigen sehr manierlich.

## Haltung

Wenn man einen Hund aus einer gesunden Zucht erworben hat, gibt es kaum Probleme mit diesem liebenswürdigen Hausgenossen, der sich auch in einer Großstadtwohnung sehr wohl fühlt. Auslauf braucht er natürlich schon, doch ihm genügt ein Spaziergang durch den Stadtpark.

**Größenvergleich**
(Mensch = 180 cm)

# Irish Glen of Imaal Terrier

## Geschichte

Die Rasse trägt den Namen des Imaal-Tals (Glen) an der Ostküste Irlands. Die Hunde sollen im 16. und 17. Jahrhundert aus England gekommen sein. Im harten Überlebenskampf der Bauern dieser rauen Region konnten nur sehr widerstandsfähige Hunde überleben. Bei der Jagd auf Dachs und Fuchs fuhren die kleinen Draufgänger in den Bau ein, kämpften unerschrocken gegen die gefährlichen Gegner und zogen die Beute heraus. Als in Irland Hundekämpfe noch erlaubt waren, mussten Glen of Imaals auch für diesen grausamen Zeitvertreib herhalten.

## Eigenschaften

Der Glen of Imaal liebt Wasser und lässt sich auch zum Apportieren von Feder- und Haarwild abrichten. Irische Schönheitschampions müssen noch heute Jagdprüfungen bestehen. So hat sich die Gebrauchstüchtigkeit und eine gewisse Schärfe erhalten. Wie die meisten kleinen Terrier neigt auch der Glen of Imaal zum Raufen. Er ist sehr wachsam, bellt aber nicht unnötig. Ohne Zögern würde der kleine Hund bei Gefahr seine Familie verteidigen.

## Haltung

Dieser selbstbewusste und widerstandsfähige Hund wünscht sich einen sportlichen Herrn, der mit seinem vierbeinigen Begleiter viel in der Natur unterwegs ist. Will man eher geruhsame Spaziergänge erleben, muss der Glen of Imaal unbedingt mit großer Konsequenz erzogen werden. Kennt er seinen Platz in der Familie, mag er auch Kinder. Das raue Haar ist pflegeleicht, wenn es regelmäßig getrimmt wird.

**Schulterhöhe**
33–35,5 cm

**Gewicht**
Um 16 kg

**Fellfarbe**
Blau, gestromt oder weizenfarbig.

**Gesundheit**
Keine rassetypischen Krankheiten bekannt.

Geeignet für fortgeschrittene Anfänger.

# Basset Artésien Normand

**Größenvergleich**
(Mensch = 180 cm)

**Schulterhöhe**
30–36 cm

**Gewicht**
15–20 kg

**Fellfarbe**
Dreifarbig: schwarz-braun-weiß; zweifarbig: weiß-orange.

**Gesundheit**
Keine rassetypischen Krankheiten bekannt.

Geeignet für fortgeschrittene Anfänger.

## Geschichte

Kurzläufige Hunde waren schon den Ägyptern bekannt. Die kurzen Beine dieser Tiere sind Folge einer erblichen Genmutation und nicht mit den typischen Verzwergungsmerkmalen bei Kleinhunden gekoppelt: Bassets sind also große Hunde auf kurzen Beinen. Der französische Basset Artésien Normand entstand Ende des 19. Jahrhunderts durch Kreuzung des schweren normannischen mit dem leichteren Artois-Basset. Er ist der Vorfahr des englischen Basset Hound, der seine Masse und die faltenreiche Haut dem Bloodhound verdankt. Der Basset Artésien Normand jagt vorzugsweise in der Meute. Spurlaut kann er auch in dichtes Unterholz eindringen und das Wild heraustreiben. Seine relative Langsamkeit kompensiert dieser Basset durch hartnäckige Zuverlässigkeit.

## Eigenschaften

Wie alle Meutehunde zeigen Bassets ein ausgeprägtes Sozialverhalten und sind sehr verträglich. Sein freundliches und gutmütiges Wesen macht den Basset Artésien Normand auch zu einem guten Familien- und Begleithund, der sich im Haus angenehm unauffällig verhält. Kindern ist er ein liebenswürdiger und sanfter Kamerad. Im Gegensatz zum englischen Basset Hound ist er fröhlich und aufgeweckt.

## Haltung

Seine Intelligenz gepaart mit großer Eigenständigkeit macht die Erziehung nicht gerade einfach. Absoluten Gehorsam kann man nicht erwarten, vor allem wenn der starke Jagdtrieb angesprochen wird. Trotz der kurzen Läufe braucht dieser Hund viel Bewegung.

# Lakeland Terrier

**Größenvergleich**
(Mensch = 180 cm)

## Geschichte

Der Name weist auf den Ursprungsort hin: den Lake District in der Grafschaft Cumberland im Nordwesten Englands. In diesem Gebiet wurde vornehmlich Schafzucht betrieben. Füchse stellen für die Lämmer eine ernst zu nehmende Gefahr dar. Um die Füchse kurz zu halten, brauchte man einen Hund, der sie rücksichtslos jagte und mit kräftigem Biss tötete. Dazu kreuzte man den Old English Black and Tan Terrier mit Bedlington und Border Terriern. Der Lakeland Terrier, gelegentlich auch Patterdale Terrier genannt, entwickelte sich in der unwirtlichen Gegend zu einem zähen, widerstandsfähigen Jagdhund. Die Rasse wurde erst 1928 vom englischen Kennel Club anerkannt. Der Lakeland Terrier sieht dem Welsh Terrier zum Verwechseln ähnlich, ist aber nicht mit ihm verwandt.

## Eigenschaften

Aus dem scharfen, temperamentvollen Jagdhund ist heute ein beliebter Familienhund geworden. Seine typischen Terriereigenschaften hat er sich aber erhalten, ebenso seine Jagdpassion. Sehr selbstbewusst und furchtlos, geht der Lakeland einer Rauferei nicht aus dem Weg. Er ist wachsam, dabei stets fröhlich und unternehmungslustig.

## Haltung

Mit seiner hohen, durchdringenden Stimme ist er kein Hund für hellhörige Wohnungen. Der Lakeland braucht viel Auslauf. Ohne Führung auf der Jagd fühlt er sich in allen schnellen, bewegungsreichen Hundesportarten wie Agility besonders wohl. Kindern ist er ein guter Spielkamerad.

**Schulterhöhe**
Max. 37 cm

**Gewicht**
Rüde ideal 7,7 kg, Hündin ideal 6,8 kg

**Fellfarbe**
Schwarz-loh, blau-loh, rot, weizenfarben, rot gestromt, leberfarben, blau oder schwarz.

**Gesundheit**
Sehr robust, gesund und langlebig.

Geeignet für Anfänger.

**Größenvergleich**
(Mensch = 180 cm)

# Japan-Spitz

**Schulterhöhe**
30–38 cm (Hündinnen etwas kleiner)

**Gewicht**
Um 5 kg

**Fellfarbe**
Weiß.

**Gesundheit**
Anfällig für Kniescheibenluxation. Sonst sehr gesund.

Geeignet für Anfänger.

## Geschichte

Die Entstehungsgeschichte des Japan-Spitz (Nihon Supittsu) lässt sich nicht eindeutig verfolgen. Es dürften aber sowohl Samojeden als auch Deutsche weiße Spitze mitgewirkt haben. Der Japan-Spitz wird seit 1930 in Japan als eigene Rasse gezüchtet. Der Standard wurde 1948 erstellt. In seinem Heimatland ist der Japan-Spitz sehr beliebt. In Europa sieht man ihn gelegentlich auf Ausstellungen. Die Zucht steht noch am Anfang.

## Eigenschaften

Der Japan-Spitz ist ein aufgeweckter, intelligenter und wachsamer Hausgenosse. Trotz seiner geringen Größe besitzt er eine kräftige Konstitution und robuste Gesundheit. Im Gegensatz zu den Deutschen Spitzen soll der Japan-Spitz wenig Bellneigung zeigen. Diese Eigenschaft wird sogar im Standard festgehalten, muss aber durch Erziehung gefestigt werden. Der gering ausgeprägte Jagdtrieb lässt sich durch guten Gehorsam leicht in den Griff bekommen. Der Japan-Spitz ist verträglich mit Artgenossen und anderen Tieren. Fremden gegenüber verhält er sich reserviert.

## Haltung

Der stets fröhliche und leicht zu erziehende Hund fühlt sich auch in kleineren Stadtwohnungen wohl. Durch seine Verspieltheit ist er Kindern ein guter Kamerad. Er liebt es, eng mit seiner Familie zusammenzuleben, und will stets gefallen. Der Japan-Spitz ist auch mit weniger Auslauf zufrieden, hat aber genügend Ausdauer für längere Wanderungen. Das dichte Fell ist pflegeleicht und sollte nur im Fellwechsel regelmäßig ausgekämmt werden.

**Größenvergleich**
(Mensch = 180 cm)

# Mittel- und Kleinspitz

## Geschichte
Für die FCI und andere internationale Dachverbände sind diese beiden Spitze nur Größenschläge der Rasse Deutscher Spitz. Tatsächlich unterscheiden sie sich im Grunde lediglich durch eine um wenige Zentimeter voneinander abweichende Schulterhöhe. Alle Spitze zählen zweifellos zu den ältesten Haushunden überhaupt, denn sie existierten als so genannte Torfhunde oder Pfahlbauspitze schon in der Steinzeit. Später lässt sich dieser urtümliche Hundetyp im alten Ägypten, Griechenland und Rom nachweisen. In unseren Breiten wurden Spitze jahrhundertelang als zuverlässige Wachhunde gehalten, aber die moderne Rasse entstand erst im 19. Jahrhundert.

## Eigenschaften
Spitze sind anpassungsfähige, aufgeweckte und hochintelligente Hausgenossen und zugleich wahre Temperamentsbündel, was sowohl ihren Bewegungsdrang als auch ihre Bellfreudigkeit betrifft. Sie schließen sich eng an ihre Familie an und verstehen sich auch sehr gut mit den Kindern des Hauses, bleiben aber Fremden gegenüber stets reserviert und misstrauisch.

## Haltung
Klein- und Mittelspitze geben fast ideale Wohnungshunde ab, auch in der Stadt, sofern es gelingt, ihnen das Kläffen abzugewöhnen. Wenn sie genügend Auslauf haben, bleiben sie lange gesund und werden älter als viele hochgezüchtete Rassen. Das lange Haar bleibt erstaunlich sauber, muss aber regelmäßig gebürstet werden.

**Schulterhöhe**
Mittelspitz um 34 cm, Kleinspitz um 26 cm

**Gewicht**
Mittelspitz um 10 kg, Kleinspitz um 6 kg

**Fellfarbe**
Schwarz, braun, weiß, orange, wolfsgrau.

**Gesundheit**
Keine rassetypischen Krankheiten bekannt.

Geeignet für Anfänger.

# Westfälische Dachsbracke

**Schulterhöhe**
30–38 cm

**Gewicht**
10–15 kg

**Fellfarbe**
Rot bis gelb mit schwarzem Mantel, weiße Brackenabzeichen.

**Gesundheit**
Keine rassetypischen Krankheiten bekannt.

Geeignet nur für Jäger.

## Geschichte

Niederläufige Jagdhunde wurden bereits zu Zeiten Karls des Großen erwähnt, die Bezeichnung »Dachsbracke« aber erst 1886 geprägt. Ende des 19. Jahrhunderts wurden die Jagdreviere zunehmend kleiner. Schnelligkeit und Weiträumigkeit des Jagens musste eingeschränkt werden, um zu verhindern, dass das Wild zu stark beunruhigt wurde und in andere Reviere überwechselte. Das Brackieren mit hochläufigen Hunden war kaum noch möglich. Gefragt war folglich ein niederläufiger, leistungsfähiger Laufhund. So entstand aus Paarungen niedriger Deutscher Bracken, der ausgestorbenen Steinbracke und vermutlich auch unter Zuführung von Teckelblut um 1880 die Westfälische Dachsbracke. Die Rasse ist sehr selten und wird nur an Jäger abgegeben.

**Größenvergleich**
(Mensch = 180 cm)

## Eigenschaften

Die Westfälische Dachsbracke zeichnet sich durch ruhiges, sicheres, spurlautes Jagen aus. Sie wird verwendet zum Stöbern auf Hase, Fuchs und Kaninchen. Durch ihre feine Nase und Konzentrationsfähigkeit bringt sie sehr gute Ergebnisse bei der Nachsuche auf der Wundspur von Schalenwild (Schweißarbeit). Kleinwild kann sie sicher apportieren. Diese Bracke ist ein freundlicher, anpassungsfähiger und passionierter Jagdhund auch für kleine Reviere.

## Haltung

Eine Haltung ohne jagdlichen Einsatz kann diesem kleinen Waldgebrauchshund nicht gerecht werden. Gemäß ihrer Veranlagung ausgelastet, ist die Westfälische Dachsbracke ein angenehmer Hund in der Familie des Jägers.

# Italienisches Windspiel

**Größenvergleich**
(Mensch = 180 cm)

## Geschichte

Als Windspiel (altes Synonym von Windhund) wird heute nur noch diese Rasse mit dem Ursprungsland Italien bezeichnet. Sie verkörpert eine der ältesten Haushundrassen überhaupt und war schon im alten Ägypten, später dann im antiken Griechenland und Rom in besseren Kreisen sehr beliebt. Vom Mittelalter bis zur Neuzeit blieben die graziösen Hündchen die Favoriten der Fürsten und Könige. Berühmt geworden sind die vielen Windspiele, die Friedrich der Große selbst züchtete und wie Geliebte um sich scharte. Die ursprünglichen Windspiele waren größer und kräftiger als ihre modernen Nachfahren, die bis ins 20. Jahrhundert hinein immer kleiner und zierlicher gezüchtet wurden. Dann trat eine Wende zur Vernunft ein, und heute hat die Rasse wieder gesunde Körpermaße.

## Eigenschaften

Das Windspiel wurde zwar früher auch als Hetzhund jagdlich verwendet, war und ist aber in erster Linie ein eleganter, nobler Luxushund mit einem sanften, anschmiegsamen und liebevollen Charakter. Er gibt einen sehr angenehmen Hausgenossen ab, der nicht schmutzt und kaum haart, doch als Wachhund oder Kinderfreund taugt er wenig.

## Haltung

Das Windspiel ist ein idealer Wohnungshund, der allerdings viel Bewegung braucht, damit seine Muskulatur nicht verkümmert. Er ist leicht erziehbar und will es seinem Herrchen oder Frauchen immer recht machen.

**Schulterhöhe**
32–38 cm

**Gewicht**
Bis 5 kg

**Fellfarbe**
Schwarz, schiefergrau oder isabellfarben in allen Schattierungen; Weiß an Brust und Pfoten erlaubt.

**Gesundheit**
Etwas anfällig für Knochenbrüche, Erkältungskrankheiten und Patellaluxation.

Geeignet für Anfänger.

# Basset Hound

**Schulterhöhe**
33–38 cm

**Gewicht**
Um 23 kg

**Fellfarbe**
Gewöhnlich dreifarbig (schwarz, weiß und rot) oder zweifarbig (zitronengelb und weiß), doch alle »Hound-Farben« sind zugelassen.

**Gesundheit**
Anfällig für Wirbelsäulenleiden, Ektropium, Ohrenbeschwerden und Übergewicht.

Geeignet für Anfänger.

## Geschichte

Der Hund wird zwar meist kurz Basset genannt, aber der Zusatz Hound ist wichtig, um diese britische Rasse von den anderen, in Frankreich beheimateten Bassets zu unterscheiden, die bei uns weniger bekannt sind und vorwiegend für die Jagd verwendet werden. Der Basset Hound stammt tatsächlich von seinen älteren französischen Verwandten ab und wurde ab etwa 1870 in England erzüchtet. Hier erhielt er auch durch Einkreuzung von Bloodhounds deren schweren, massigen Kopf.

**Größenvergleich**
(Mensch = 180 cm)

## Eigenschaften

Der Basset Hound ist ein Problemhund, was man seinem eigenwilligen Körperbau mit dem lang gestreckten Rumpf, den sehr tief angesetzten riesigen Hängeohren und den extrem verkürzten Stummelbeinen unschwer ansieht. Dennoch hat er viele Liebhaber, die sein gutmütiges, friedfertiges und kinderfreundliches Wesen zu schätzen wissen. Seiner Familie ist der leicht phlegmatisch wirkende Hund treu ergeben, auch wenn er sich zuweilen stur stellt und nicht gerade aufs Wort folgt.

## Haltung

Solange der Basset Hound gesund bleibt, ist er ein angenehmer und unkomplizierter Hausgenosse, dessen kurzes Fell kaum Pflege braucht. Er fühlt sich auch in der Stadt wohl, sofern er genügend Auslauf bekommt und nicht ständig viele Treppen steigen muss. Positiv zu vermerken ist seine geringe Neigung zum Bellen, doch wenn er bellt, dann durchdringend.

# Petit Basset Griffon Vendéen

**Größenvergleich**
(Mensch = 180 cm)

## Geschichte

Die Heimat des Petit Basset Griffon Vendéen ist die Region Vendée an der französischen Atlantikküste. Die Griffons Vendéens werden in vier Schläge unterteilt, die heute alle als selbstständige Rassen anerkannt sind: zwei hochläufige (Grand und Briquet Griffon Vendéen) und zwei niederläufige (Petit und der nur wenig größere Grand Basset Griffon Vendéen). Die Bezeichnung »Basset« leitet sich aus dem französischen Wort »bas« = tief, niedrig her. Der Petit Basset Griffon Vendéen ist ein Spezialist für die Kaninchenjagd, der Grand Basset hetzt Hasen. Erst seit 1975 dürfen die beiden Basset-Typen nicht mehr verpaart werden.

## Eigenschaften

Dieser Niederlaufhund mit typisch französischem Charme wird bei uns kaum jagdlich geführt, findet aber immer mehr Freunde als Familien- und Begleithund. Seine Sanftmut vergisst er allerdings, sobald sich ihm die Gelegenheit zu einer fröhlichen Hatz bietet. Da er als einst selbstständig jagender Hund einen eigenen Kopf besitzt, ist seine Jagdpassion auch durch eine gute Erziehung nur schwer einzudämmen. Kindern ist der stets fröhliche und instinktsichere Hund ein guter Kamerad. Obwohl auf kurzen Beinen unterwegs, ist er ein schneller und ausdauernder Läufer.

## Haltung

Durch ihre angeborene Selbstständigkeit ist diese robuste Rasse nicht ganz einfach zu erziehen. Im Haus ein angenehmer Geselle, kann die Jagdpassion bei Spaziergängen ärgerlich sein. Das raue, drahtige Fell muss regelmäßig getrimmt werden.

**Schulterhöhe**
34–38 cm

**Gewicht**
15–20 kg

**Fellfarbe**
Einfarbig: hasenfarben oder weißgrau; zwei- oder dreifarbig: orange, schwarz, lohfarben oder grau mit jeweils weiß als Grundfarbe.

**Gesundheit**
Keine rassetypischen Krankheiten bekannt.

Geeignet für Fortgeschrittene.

# Sheltie

**Schulterhöhe**
Ideal beim Rüden 37 cm, bei der Hündin 35,5 cm

**Gewicht**
6–7 kg

**Fellfarbe**
Sandfarben; dreifarbig weiß, schwarz und loh; schwarz und weiß; schwarz und loh; blau-merle.

**Gesundheit**
Keine rassetypischen Krankheiten bekannt.

Geeignet für Anfänger.

**Größenvergleich**
(Mensch = 180 cm)

## Geschichte

Der Sheltie, wie der Shetland Sheepdog meist kurz genannt wird, verdankt seinen Namen den Shetland-Inseln im Norden Schottlands. Er sieht zwar aus wie eine exakte Verkleinerung des Collies, stammt aber wohl nicht unmittelbar von diesem ab. Seine eigentlichen Vorfahren sollen langhaarige nordische Hütehunde gewesen sein, die die ersten Besiedler der Shetlands mitgebracht haben und die später durch die Einkreuzung von Collies (und anderen Rassen) verfeinert wurden. Der heutige Rassetyp entstand im 18. Jahrhundert.

## Eigenschaften

Dem heutigen Sheltie sieht man seine lange Hütehundvergangenheit kaum noch an, so apart und luxuriös wirkt er mit seiner zierlichen Gestalt und seinem üppigen bunten Haarkleid. Er ist jedoch ein robuster, zäher und lebhafter kleiner Vierbeiner geblieben, der das Zusammenleben mit Zweibeinern aller Altersstufen liebt. Er ist freundlich und klug, sensibel und wachsam, lernwillig und anhänglich. Fremden gegenüber verhält er sich abwartend oder gar abweisend, wird aber nie aggressiv.

## Haltung

Wer aus Platzgründen sich und seinen Kindern keinen richtigen »Lassie« gönnen kann, sollte sich getrost für einen Sheltie entscheiden, der sich auch in einer Stadtwohnung wohl fühlt, wenn man fleißig mit ihm ausgeht. Das Fell muss mindestens einmal wöchentlich gebürstet werden.

# American Cocker Spaniel

**Größenvergleich**
(Mensch = 180 cm)

## Geschichte

Ende des 19. Jahrhunderts gelangten englische Cocker Spaniels mit Auswanderern in die USA. Hier entwickelten sich zwei Varianten der Rasse. Die eine folgte dem alten Typ des Cocker Spaniels, die andere wurde leichter und hochbeiniger. Auffallendes Merkmal waren vor allem ein kürzerer Kopf mit deutlich gewölbtem Schädel und eine dichtere, längere Behaarung. Ab den 1930er-Jahren wurden beide Schläge getrennt und nicht mehr untereinander gekreuzt. Der American Cocker Spaniel wurde als eigenständig anerkannt.

## Eigenschaften

Obwohl er von Stöberhunden abstammt, ist der American Cocker Spaniel in erster Linie ein sehr beliebter Ausstellungs- und Familienhund. Der Jagdtrieb hält sich bei gut erzogenen Hunden in Grenzen. Der American Cocker Spaniel verlangt nicht nach Arbeit, freut sich in seiner fröhlichen Art aber über Beschäftigung. Er möchte seinem Herrn Freude bereiten und lernt gerne kleine Tricks. Die Rasse gilt als wachsam, neigt aber nicht zum Kläffen.

## Haltung

Der American Cocker Spaniel ist ein liebenswerter Familien- und Begleithund, der sich bei ausreichendem Auslauf auch in der Stadt halten lässt. Der kleine Clown braucht den engen Kontakt zu seinen Menschen und wird dabei manchmal etwas aufdringlich. Er ist leicht erziehbar. Bei Ausstellungshunden bedarf das lange Haar sehr gründlicher Pflege, sonst verfilzen die langen Haare schnell. Reinen Familienhunden kann man das Fell aber kürzen.

**Schulterhöhe**
Rüde ideal 38 cm, Hündin 35,5 cm

**Gewicht**
10–12 kg

**Fellfarbe**
Schwarz, creme bis dunkelrot, black and tan, schwarz-weiß, rot-weiß, braun-weiß, schimmel.

**Gesundheit**
Anfällig für Netzhautatrophie, Grünen Star und Ekzeme im Lefzenbereich.

Geeignet für Anfänger.

**Größenvergleich**
(Mensch = 180 cm)

# Deutscher Jagdterrier

**Schulterhöhe**
33–40 cm

**Gewicht**
Um 10 kg

**Fellfarbe**
Schwarz, schwarzgrau meliert oder dunkelbraun mit braunroten Abzeichen.

**Gesundheit**
Keine rassetypischen Krankheiten bekannt.

Geeignet nur für Jäger!

## Geschichte

Der Deutsche Jagdterrier ist der einzige in Deutschland gezüchtete Terrier. Als nach dem Ersten Weltkrieg in der Foxterrierzucht immer mehr Wert auf Schönheit gelegt wurde, trennten sich aktive Jäger vom Club. Sie paarten Foxterrier mit alten englischen rauhaarigen, rot-schwarzen Terriern, die dem Deutschen Jagdterrier ihre Farbe vererbten. In der Zucht des Deutschen Jagdterriers wurde von Anfang an größter Wert auf die jagdlichen Fähigkeiten über und unter der Erde (Baujagd auf Fuchs und Dachs) gelegt. So entstand ein überhaus harter, vielseitig einsetzbarer Jagdgebrauchshund. Seinen außerordentlichen Mut zeigt er auf der Schwarzwildjagd.

## Eigenschaften

Jagdterrier sind verwegene Gesellen. Rücksichtslos auch gegen sich selbst, kämpfen sie gegen die Sauen auf Leben und Tod. Einmal aufgespürtes Wild und Raubzeug verfolgen sie mit größter Hartnäckigkeit spurlaut. Vor allem die Rüden verhalten sich Geschlechtsgenossen gegenüber oft rauflustig.

## Haltung

Die dickfelligen und freiheitsliebenden Deutschen Jagdterrier sind Hunde der Extreme und verlangen eine sehr energische und erfahrene Führung. Als reine Familien- und Begleithunde sind sie denkbar ungeeignet. Seine große Arbeitsfreude muss dieser Hund auf der Jagd ausleben können. Den Deutschen Jagdterrier gibt es in einer rauhaarigen und einer glatthaarigen Variante.

# Brasilianischer Terrier

## Geschichte

Ratten vertilgende Schiffshunde kamen seit den Zeiten der Entdecker nach Südamerika. Unter ihnen dürften auch Foxterrier gewesen sein. Um 1900 studierten viele Kinder brasilianischer Großgrundbesitzer in Europa. Von dort brachten sie oft kleine Hunde vom Typ des Jack Russell Terriers auf die heimatlichen Güter mit. Diese waren flinke Nagetiervertilger und eine zuverlässige Alarmanlage. In Meuten wurden sie auch auf der Jagd eingesetzt. Die Neuankömmlinge vermischten sich mit einheimischen Hunden. Die Terrier blieben auch dann noch beliebte Familienhunde, nachdem viele ihrer Besitzer vom Land in die Stadt umgezogen waren. Die Rasse wurde erst 1995 von der FCI vorläufig anerkannt. Der in seiner Heimat Fox Paulistinha genannte Terrier gilt als Nationalhund Brasiliens.

## Eigenschaften

Schon die Geschichte dieses Hundes zeigt, dass er sehr anpassungsfähig sein muss. Er fühlt sich auf dem Land ebenso wohl wie in der Stadt. Der Brasilianische Terrier ist nicht so auf Händel aus wie einer seiner Vorfahren, der Foxterrier, und er ist leichter zu erziehen als der oft dickköpfige Jack Russell Terrier.

## Haltung

Dieser Terrier läuft gerne, ist aber nicht auf regelmäßige stundenlange Spaziergänge angewiesen. Gerne tollt er auch ausgelassen mit Kindern herum. Wenn man davon absieht, dass der Brasilianische Terrier gerne bellt, ist er ein sehr guter Haus- und Familienhund. Man sagt ihm eine besondere Langlebigkeit nach.

**Schulterhöhe**
Rüde 35–40 cm, Hündin 33–38 cm

**Gewicht**
Bis 10 kg

**Fellfarbe**
Dreifarbig; weiß mit schwarzen und rotbraunen oder blauen Abzeichen.

**Gesundheit**
Keine rassetypischen Krankheiten bekannt. Oft angeborener Stummelschwanz (Mutzschwanz).

Geeignet für Anfänger.

# Kooikerhondje

**Schulterhöhe**
35–40 cm

**Gewicht**
Um 10 kg

**Fellfarbe**
Weiß mit orangeroten Platten.

**Gesundheit**
Keine rassetypischen Krankheiten bekannt.

Geeignet für Anfänger.

**Größenvergleich**
(Mensch = 180 cm)

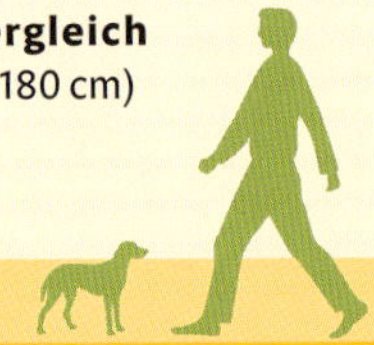

## Geschichte

Der Kooikerhondje ist eine alte niederländische Rasse, die man schon von Gemälden aus dem 16. Jahrhundert kennt. Sein Name verrät seine Verwendung, eine ganz spezielle Art der Entenjagd: Ursprünglich waren Kojen (niederländisch »kooi« = Falle) an ihren Enden überdeckte Wassergräben, später Käfigfallen. Dort wurden zahme Enten gefüttert. Ließen sich Wildenten auf dem Wasser nieder, erregte der Kooikerhondje am Ufer wuselnd ihre Neugier. Er trieb die Wildenten am Ufer laufend oder schwimmend ihren zahmen Verwandten zu, denen sie dann arglos in die Fallen folgten. Noch heute werden auf diese Weise Wildenten für wissenschaftliche Untersuchungen gefangen.

## Eigenschaften

In der Entenjagdzeit waren die Hunde sehr beschäftigt. Ein Laufpensum von 25 km täglich war keine Seltenheit. Diesen Anforderungen waren nur kräftige, sehr ausdauernde Hunde gewachsen, die weder Kälte noch Nässe scheuten. Die munteren Tiere waren bei ihrem Geschäft zwar ständig in Bewegung, durften aber nie nervös werden und die Enten erschrecken. Bei der Jagd wurde nicht gesprochen. Die Kooikerhondje achteten auf die leisesten Handzeichen ihres Herrn. All das blieb natürlich erhalten, auch nachdem die »Kojenhündchen« arbeitslos und beliebte Familien- und Begleithunde geworden waren.

## Haltung

Die Kooikerhondje sind für Hundesportaktivitäten gut geeignet. Sie lieben die Nähe des Menschen und sind leicht zu erziehen.

# Welsh Terrier

**Größenvergleich**
(Mensch = 180 cm)

## Geschichte

Den »Walisischen Terrier« könnte man auf den ersten Blick für den jüngeren kleinen Bruder des Airedale Terriers halten, doch in Wahrheit ist er überhaupt nicht näher mit ihm verwandt. Er repräsentiert sogar die ältere der beiden Rassen, denn er wurde schon im 18. Jahrhundert im Norden von Wales aus einem altenglischen rauhaarigen Jagdterrier herausgezüchtet, der inzwischen längst ausgestorben ist. Ursprünglich, in seiner Heimat bis in die Gegenwart, verwendet man ihn für die Jagd auf Füchse, Dachse, Marder und Ratten.

## Eigenschaften

Der Welsh Terrier gehört einer robusten, weitgehend unverfälschten Rasse an und stand lange zu Unrecht im Schatten des populäreren Foxterriers. Mittlerweile weiß man seine Qualitäten besser zu schätzen. Er ist aktiv, mutig, fröhlich, sensibel und klug, dabei weniger streitlustig und hitzköpfig als die meisten Terrier. Seiner Familie ist er treu ergeben und im Umgang mit Kindern recht geduldig. Bei fremden Zwei- und Vierbeinern hält er ohne Aggressivität auf Distanz.

## Haltung

Der anpassungsfähige und leicht erziehbare Welsh Terrier kann problemlos auch in einer Stadtwohnung gehalten werden, wo er als Wachhund gute Dienste leistet, ohne durch Kläffen zu stören. Er braucht allerdings viel Bewegung und Beschäftigung im Freien. Das Fell wird regelmäßig getrimmt.

**Schulterhöhe**
Bis 39 cm

**Gewicht**
9–9,5 kg

**Fellfarbe**
Vorzugsweise schwarz und lohfarben, aber auch schwarzgrau und lohfarben, ohne schwarze Abzeichen auf den Pfoten.

**Gesundheit**
Keine rassetypischen Krankheiten bekannt.

Geeignet für Anfänger.

**Größenvergleich**
(Mensch = 180 cm)

# Drahthaar-Foxterrier

**Schulterhöhe**
Rüde bis 39 cm, Hündin etwas kleiner

**Gewicht**
7–8 kg

**Fellfarbe**
Überwiegend weiß, mit schwarzen und/oder lohfarbenen Abzeichen.

**Gesundheit**
Etwas anfällig für Hautkrankheiten, Augenbeschwerden und Allergien.

Geeignet für nicht ganz unerfahrene Anfänger.

## Geschichte

Mit Foxterrier bezeichnen wir gemeinhin den hier vorgestellten Drahthaar-Foxterrier (engl. Fox Terrier Wire), der eine eigene Rasse repräsentiert, vielleicht aber auch nur einen »Haarschlag« der Rasse namens Foxterrier. Die Kynologen sind sich in diesem Punkt nicht ganz einig. Fest steht jedoch auf jeden Fall, dass die Foxterrier einen sehr alten und urwüchsigen Terrier- oder Erdhundtyp verkörpern, der wohl schon seit dem Mittelalter vor allem für die Fuchsjagd »unter der Erde« (lat. terra = Erde) verwendet wurde. Sein heutiges Erscheinungsbild entwickelte sich allerdings erst im 19. Jahrhundert, und zwar in seinem Ursprungsland England.

## Eigenschaften

Der Drahthaar-Foxterrier, bei uns häufig liebevoll »Foxl« genannt, war lange Zeit ein Modehund und ist auch heute noch recht beliebt. Er zeichnet sich durch sein schneidiges, heftiges Temperament und andererseits durch Klugheit, Fröhlichkeit und Anhänglichkeit aus. Nicht verschwiegen sei, dass er gern mit fremden Hunden rauft und dass der Anblick einer Katze oder eine Wildfährte seinen angeborenen Jagdtrieb auslösen kann.

## Haltung

Sie ist fast überall unproblematisch, wenn dafür gesorgt ist, dass sich der Foxterrier draußen austoben kann (leider muss man ihn wegen seiner Jagdleidenschaft häufig an der Leine führen). Mit Kindern versteht er sich recht gut. Das dichte, harte Drahthaar sollte zweimal im Jahr getrimmt werden.

# Glatthaar-Foxterrier

**Größenvergleich**
(Mensch = 180 cm)

## Geschichte

Der glatt und kurz behaarte Foxterrier (engl. Fox Terrier Smooth), der meist als eigenständige Rasse angesehen wird, ist seinem nächsten Verwandten, dem Drahthaar-Foxterrier, sehr ähnlich und unterscheidet sich von diesem lediglich durch sein andersartiges Haarkleid. Voneinander getrennt wurden die beiden Fellvarianten erst im 19. Jahrhundert, als man in ihrem Heimatland England den zunächst einheitlichen Rassestandard in deren zwei aufspaltete. Ursprünglich hat wahrscheinlich die glatthaarige Form vorgeherrscht, doch in den folgenden Jahrzehnten gewann der Drahthaar-Foxterrier zunehmend an Popularität, und inzwischen hat er seinen Vetter weitgehend verdrängt.

## Eigenschaften

Alle Foxterrier, ob glatt- oder drahthaarig, stimmen in ihrem Wesen fast vollständig überein. Sie sind allesamt robust, temperamentvoll, bewegungsfreudig, intelligent, zuverlässig und unwiderstehlich liebenswert. Für den Glatthaar-Foxterrier spricht jedoch, dass er in der Regel etwas sanftmütiger und weniger lebhaft und hitzig ist als der trotzdem viel häufiger gehaltene Drahthaar-Foxterrier.

## Haltung

Sie ist beim Glatthaar- ebenso unproblematisch wie beim Drahthaar-Foxterrier, womöglich sogar noch etwas einfacher, denn das glatte Kurzhaar muss nicht regelmäßig getrimmt werden und braucht auch sonst nur wenig Pflege. Aber viel Bewegung in der freien Natur wünscht sich auch der Glatthaar-Foxterrier.

**Schulterhöhe**
Rüde bis 39 cm, Hündin etwas kleiner

**Gewicht**
7–8 kg

**Fellfarbe**
Überwiegend weiß, mit schwarzen und/oder lohfarbenen Abzeichen.

**Gesundheit**
Etwas anfällig für Augenbeschwerden und Allergien.

Geeignet für nicht ganz unerfahrene Anfänger.

# Manchester Terrier

**Schulterhöhe**
Rüde 39–42 cm, Hündin 37–40 cm

**Gewicht**
6–10 kg

**Fellfarbe**
Schwarz mit lohfarbenen Abzeichen.

**Gesundheit**
Anfällig für Entropium, sonst sehr gesund.

Geeignet für Anfänger.

## Geschichte

Dieser Typ Terrier ist in England schon seit Jahrhunderten bekannt. In den Industriegebieten von Liverpool und Manchester hat sich der Manchester Terrier aus dem Old English Black and Tan Terrier entwickelt. Die kleinen Hunde waren besonders bei den Arbeitern beliebt. Sie machten sich als Schädlingsvertilger und Kaninchenjäger nützlich und wurden auch gerne auf Hundeausstellungen gezeigt. Im 19. Jahrhundert war in England das Rattentöten ein beliebter »Sport«. Auf die besten Rattenkiller wurden hohe Wetten abgeschlossen. Ein Champion soll 100 Ratten in $6\frac{1}{2}$ Minuten tot gebissen haben. Die Einkreuzung von Whippets machte die kleinen Terrier schneller und wendiger. Der Manchester Terrier, auch Black and Tan Terrier genannt, erhielt seinen Namen erst gegen Ende des 19. Jahrhunderts. Heute wird er leider nur selten gezüchtet.

**Größenvergleich**
(Mensch = 180 cm)

## Eigenschaften

Manchester Terrier wurden immer schon in der Wohnung gehalten. Der anhängliche Hund liebt die Nähe seiner Menschen. Fremde meldet er wachsam, beißt aber nicht. Er ist temperamentvoll, aber unaufdringlich und von angenehm unkompliziertem Wesen.

## Haltung

Diese kleinen, flinken Terrier sind äußerst saubere und pflegeleichte Familienhunde, die auch umgängliche Kinder akzeptieren. Sie sind gelehrig und leicht zu erziehen. Der temperamentvolle Manchester Terrier liebt Spaziergänge, auf denen er sich austoben kann. Als ausdauernder Läufer begleitet er gerne Jogger. Agility begeistert ihn.

**Größenvergleich**
(Mensch = 180 cm)

# Tibet Terrier

## Geschichte

Die ersten Tibetreisenden, die der Rasse ihren bis heute gültigen Namen gegeben haben, haben sich geirrt: Der Tibet Terrier ist ein echter Hütehund und kein Terrier. Er hütete vermutlich bereits vor 2000 Jahren das Vieh der Hirtennomaden auf dem tibetischen Hochplateau, wo ihm seine Wendigkeit, seine Sprung- und Klettergewandtheit sehr zustatten kamen. Die Reinzucht der Rasse begründete um 1930 die englische Ärztin Dr. Agnes Greig, die einen Tibet Terrier zum Geschenk erhielt, nachdem sie eine vornehme Tibeterin mit Erfolg operiert hatte.

## Eigenschaften

Der Tibet Terrier mit seiner großen Gebrauchshundvergangenheit, der über sehr viele Generationen in einer kargen Umwelt sorgfältig gezüchtet worden ist, repräsentiert eine gesunde, schier unverwüstliche Rasse. Es ist erstaunlich, dass ein solcher primitiver Hund inzwischen einen sympathischen, freundlichen und gutmütigen Hausgenossen abgibt. Er ist fröhlich und verspielt, intelligent und lernwillig, anhänglich und kinderlieb, zurückhaltend gegenüber Fremden, aber niemals aggressiv oder streitsüchtig. Zudem erweist er sich als aufmerksamer, zuverlässiger Wachhund.

## Haltung

Der anpassungsfähige Tibet Terrier fühlt sich überall wohl. Enger Familienkontakt ist ihm wichtiger als die jeweiligen Wohnverhältnisse. Das zottige Fell sollte täglich gebürstet werden.

**Schulterhöhe**
Rüde 35,5–40,5 cm, Hündin etwas kleiner

**Gewicht**
Etwa 8–14 kg

**Fellfarbe**
Meist weiß, gold, creme oder grau; zwei- oder dreifarbig; eigentlich sind alle Farben zugelassen, außer Schokoladen- und Leberfarbe.

**Gesundheit**
Etwas anfällig für Hüftgelenksdysplasie und Augenerkrankungen.

Geeignet für Anfänger.

# Staffordshire Bullterrier

**Schulterhöhe**
35–41 cm

**Gewicht**
Rüde 12,7–17 kg, Hündin 11–15,4 kg

**Fellfarbe**
Rot, falb, weiß, schwarz, blau, gestromt mit oder ohne Weiß.

**Gesundheit**
Anfällig für Patellaluxation, Nierenerkrankungen, Hautkrankheiten und Augenprobleme.

Geeignet für Fortgeschrittene.

**Größenvergleich**
(Mensch = 180 cm)

## Geschichte

Der Staffordshire Bullterrier war um 1860 der Hund der englischen Arbeiterklasse. In einer rauen, vom Existenzkampf geprägten Umwelt war die Beschäftigung mit dem Hund oft der einzige Lichtblick und Tierkämpfe ein beliebter »Sport«. Um den idealen Kampfhund zu erhalten, paarte man die alten »Bull and Terrier« mit Bulldoggen. Im Endprodukt, dem Staffordshire Terrier, vereinten sich die Schärfe und der Schneid der Terrier mit der Kampfkraft und der Härte der Bulldoggen. Nachdem die englischen Behörden 1930 rigoros gegen die illegalen Hundekämpfe vorgingen, kümmerten sich verantwortungsvolle Züchter weiter um die Rasse. Sie förderten die guten Eigenschaften dieser Terrier, achteten auf ein harmonisches Erscheinungsbild und formten ihn zu einem in England bald sehr beliebten Familien- und Begleithund um.

## Eigenschaften

Dieses kernige Kraftpaket steckt voller Lebenslust und Tatendrang. Aber hinter der rauen Schale verbirgt sich ein weicher Kern. Sehr selbstbewusst und umweltsicher auftretend, ist dieser Hund seinen Menschen gegenüber sensibel und empfindsam. Staffordshire Bullterrier lieben Menschen und gehen mit Kindern sehr behutsam um.

## Haltung

Diese Terrier müssen sehr früh mit Tieren und anderen Hunden sozialisiert werden. Rauflust darf man ihnen vom Welpenalter an nicht gestatten. Gut erzogen, sind sie angenehme Begleithunde. Die Rasse unterliegt in vielen Bundesländern der »Kampfhundeverordnung«.

# Alpenländische Dachsbracke

**Größenvergleich**
(Mensch = 180 cm)

## Geschichte

Schon auf römisch-gallischen Kunstwerken kann man Abbildungen von Hunden bewundern, die dem Erscheinungsbild der heutigen Alpenländischen Dachsbracke sehr ähnlich sind. Die Rasse entstand in ihrer Reinform im 19. Jahrhundert in den österreichischen Alpen aus verschiedenen Typen eines großen und etwas hochläufigen Dachshundes. Der Name »Dachs«-Bracke weist auf die geringe Größe des Hundes hin. Er hat nichts mit der Jagd auf Dachse zu tun.

## Eigenschaften

Seit 1932 ist die Alpenländische Dachsbracke neben dem Hannoveraner und dem Bayrischen Gebirgsschweißhund als Schweißhundrasse anerkannt. Ihre Aufgabe ist die Verfolgung von angeschossenem Wild (»Schweiß« = Blut). Die Rasse ist der schwierigen Arbeit in bergigem Gelände bestens angepasst. Sie wird für die Jagd auf Hase und Fuchs, aber auch auf Rotwild und Wildschwein verwendet. Außerdem kann diese Bracke kleines Haar- und Federwild apportieren.

## Haltung

In der Zucht wird großer Wert auf die Gebrauchstüchtigkeit für die Jagd gelegt. Der wetterharte, agile Hund ist menschenfreundlich, ruhig und wachsam, zeigt aber durchaus auch Verteidigungsbereitschaft. Letztere Eigenschaft wird sogar auf Gebrauchsprüfungen getestet. Die Haltung der sehr vielseitigen, robusten und fleißigen Rasse als reiner Familienhund empfiehlt sich nicht. Die Tiere zeigen eine große Jagdleidenschaft und müssen dementsprechend beschäftigt werden.

**Schulterhöhe**
34–42 cm

**Gewicht**
15–18 kg

**Fellfarbe**
Helles bis dunkles Hirschrot mit helleren Abzeichen, schwarz mit rostfarbenen Abzeichen (»Vieräugl«).

**Gesundheit**
Keine rassetypischen Krankheiten bekannt.

Geeignet in erster Linie für erfahrene Jäger.

# Boston Terrier

**Größenvergleich**
(Mensch = 180 cm)

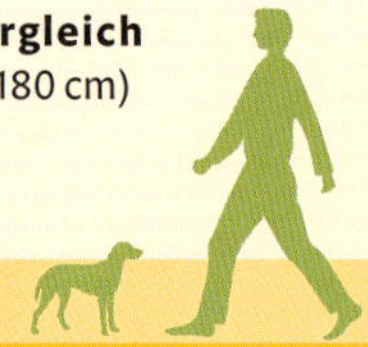

**Schulterhöhe**
35–42 cm

**Gewicht**
6,5–11,3 kg

**Fellfarbe**
Gestromt, schwarz oder seal mit weißen Abzeichen.

**Gesundheit**
Schwere Geburt durch den breiten Kopf. Erhöhte Neigung zu Tumoren, Ellenbogengelenkluxation und Harnsteinen. Die Stummelrute ist angeboren.

Geeignet für Anfänger.

## Geschichte

Die Heimat des Boston Terriers liegt im US-amerikanischen Bundesstaat Massachusetts. Dort wurden englische Bulldoggen mit heute ausgestorbenen weißen englischen Terriern gekreuzt, um einen wendigen Kampfhund zu erhalten. Dieser Terrier war noch größer und schwerer als der heutige Boston Terrier. Vermutlich wurde zur Verfeinerung später die Französische Bulldogge eingekreuzt. So entwickelte sich aus dem rauflustigen Hund ein angenehmer Begleiter seines Herrn. Die Rasse wurde 1893 anerkannt. Mitte des 20. Jahrhunderts war der Boston Terrier in den USA besonders beliebt. Für manche ist er der Nationalhund Amerikas.

## Eigenschaften

Der Boston Terrier ist heute ein guter Begleit- und Familienhund. Stets munter und bewegungsfreudig, möchte er seinem Herrn überallhin folgen. Er ist im Temperament so ausgewogen wie im Körperbau. Großes Selbstbewusstsein, Mut und Intelligenz sind für ihn selbstverständlich. Aufmerksam beobachtet er seine Umgebung und verteidigt sein Heim notfalls rigoros.

## Haltung

Wenn der Boston Terrier sein mittleres Bewegungsbedürfnis stillen kann, ist er auch für die Haltung in der Stadt und in kleinen Wohnungen geeignet. Er ist aber auch für große Wanderungen ausdauernd genug. Das kleine Kraftpaket ist leicht erziehbar. Sein kurzes, feines Fell ohne Unterwolle ist extrem pflegeleicht, lässt ihn aber bei Kälte leicht frieren. Auch heißes Wetter macht dem Boston Terrier zu schaffen.

**Größenvergleich**
(Mensch = 180 cm)

# Shiba Inu

## Geschichte

Hunde vom Typ des Shiba Inu gehören zu den ältesten Hunderassen der Welt. Sie gelangten vor Jahrtausenden vom asiatischen Festland auf die japanischen Inseln. Seither hat sich das Aussehen der Rasse kaum verändert. Der Name bedeutet »kleiner Hund« oder »Buschhund«. Shiba Inus wurden ursprünglich für die Jagd auf Vögel und kleines Wild eingesetzt. Heute ist dieser kleinste japanische Spitz in seiner Heimat der beliebteste Familienhund und wurde 1937 zusammen mit dem Akita Inu zum »Denkmal der Natur« erklärt. Die Rasse wurde zuerst in den USA nachgezüchtet und hat heute Freunde auf der ganzen Welt.

## Eigenschaften

Der Shiba Inu hat sich bis heute seine Urtümlichkeit erhalten. Die Aufmerksamkeit steht ihm ins Gesicht geschrieben. Die freundlichen Vierbeiner eignen sich nicht als Wachhunde. Dieses instinktsichere, sehr kluge und selbstbewusste Kraftpaket ordnet sich nur einem Menschen mit liebevollen Führerqualitäten unter. Unterwürfigkeit ist ihm fremd. In der Familie ist der Shiba Inu ausgeglichen und ruhig. Gerne begleitet er aktive Menschen bei Wind und Wetter auf lange Spaziergänge, und mit etwas Geschick kann man ihn für Hundesportaktivitäten begeistern.

## Haltung

Etwas heikel in der Erziehung. Sein ausgeprägter Jagdtrieb macht Freilauf in der Natur schwierig. Ausgelastet ist der sehr reinliche Shiba Inu auch gut in einer Stadtwohnung zu halten. Er haart nur während des Fellwechsels stark.

**Schulterhöhe**
Rüde 38–41 cm, Hündin 35–38 cm

**Gewicht**
10–13 kg

**Fellfarbe**
Rot, schwarz-loh, sesam, schwarz-sesam oder rot-sesam.

**Gesundheit**
Anfällig für Netzhautatrophie.

Geeignet für Fortgeschrittene.

# Sussex Spaniel

**Schulterhöhe**
38–41 cm

**Gewicht**
Um 23 kg

**Fellfarbe**
Goldleberfarben mit golden schimmernden Haarspitzen. Weiße Abzeichen gelten als Fehler.

**Gesundheit**
Keine rassetypischen Krankheiten bekannt.

Geeignet für Anfänger.

## Geschichte

Der Sussex Spaniel verkörpert den ursprünglichsten Typ des alten Landspaniels. Ende des 18. Jahrhunderts züchtete ihn Mr. A. E. Fuller aus Rosehill Park in der britischen Grafschaft Sussex aus lokalen Spanielschlägen. Spaniels gehen auf frühe langhaarige Vogelhunde zurück. Der Sussex Spaniel jagt im Gegensatz zu den meisten anderen Spaniels spurlaut. Dies lässt sich vermutlich auf das Erbe niederläufiger, laut jagender Hounds (Laufhunde) zurückführen.

**Größenvergleich**
(Mensch = 180 cm)

Der Sussex wird nachweislich seit 150 Jahren reingezüchtet. Er arbeitet in großer Ruhe und ist dadurch etwas langsam. Man schätzt seine Gründlichkeit und Ausdauer besonders in unübersichtlichem Gelände und dichtem Unterholz. Die Rasse hat nie große Verbreitung gefunden und ist auch heute eine Rarität.

## Eigenschaften

Der Sussex Spaniel stöbert mit feiner Nase im Nahbereich seines Führers und apportiert nach dem Schuss zuverlässig. In den seelenvollen haselnussbraunen Augen des kleinen Hundes spiegelt sich seine Sanftmut und Freundlichkeit wider. Charakteristisch sind die goldfarbenen Haarspitzen seines leberbraunen Fells, die ihm den Namen »Goldener Spaniel« eingetragen haben.

## Haltung

Gemäß seinem Körperbau ist dieser massige Hund eher von bedächtigem Wesen. Im Haus verhält er sich ruhig und hängt treu an seiner Familie. Der Sussex Spaniel lernt schnell und lässt sich leicht erziehen und führen.

# Englischer Cocker Spaniel

**Größenvergleich**
(Mensch = 180 cm)

## Geschichte

Bei dem Namen Cocker Spaniel denkt wohl jeder sofort an den allbekannten englischen »Cocker«, um den es hier geht. (Es gibt auch einen sehr ähnlichen, allerdings noch üppiger behaarten Amerikanischen Cocker Spaniel, der bei uns viel seltener ist und auf S. 70 vorgestellt wird.) Die Rasse geht auf uralte englische Stöberhunde zurück, erhielt ihre heutige elegante Gestalt jedoch erst im 19. Jahrhundert. Der Cocker wurde früher vor allem dazu verwendet, Waldschnepfen (englisch: »woodcock« – daher der Name) aufzuspüren und zu apportieren. Der ehemalige Gebrauchshund hat sich mittlerweile fast ausschließlich in einen attraktiven Begleithund verwandelt, zeitweise sogar in einen Modehund, der deswegen leider manchmal mit genetisch bedingten Wesensschwächen und Krankheiten behaftet ist.

## Eigenschaften

Ein Cocker aus gutem Hause ist ein temperamentvoller, fröhlicher, anhänglicher und sensibler, aber zuweilen etwas eigensinniger Hausgenosse, der die Wohnung seiner Familie zuverlässig bewacht und einen guten Spielkameraden für die Kinder abgibt.

## Haltung

Der Cocker passt in jedes Haus und in jede Wohnung, sofern er nur genügend Bewegung im Freien hat. Das lange, seidig schimmernde Fell verlangt tägliche Pflege. Insbesondere die langen Behänge müssen nach fast jeder Mahlzeit gesäubert werden, weil sie gern in den Futterbrei geraten.

**Schulterhöhe**
Rüde 39–41 cm, Hündin 38–39 cm

**Gewicht**
12–14 kg

**Fellfarbe**
Viele Farben zugelassen, meist schwarz, rot, schwarz-weiß und dreifarbig.

**Gesundheit**
Anfällig für Ohrenleiden, Grauen Star, Netzhautatrophie, Nierenerkrankungen und Cockerwut (Anfälle von Aggressivität und Bissigkeit – nur bei roten Hunden).

Geeignet für Anfänger.

# Englische Bulldogge

**Schulterhöhe**
Nicht vorgeschrieben, im Schnitt aber etwa 40 cm

**Gewicht**
Rüde 25 kg, Hündin etwas leichter

**Fellfarbe**
Alle Farben außer Schwarz, Schwarz-Lohfarbe und Leberfarbe sind zugelassen.

**Gesundheit**
Anfällig für Atembeschwerden, Hautreizungen, Gelenkerkrankungen, Herzkrankheiten, Ektropium und Entropium.

Geeignet für Anfänger.

## Geschichte

Wer Bulldogge sagt, meint diese Rasse, deren international verbindlicher Name English Bulldog lautet. Schon im Mittelalter gab es solche »Bullenhunde«, deren Aufgabe es war, sich in der Nase eines angebundenen Bullen zu verbeißen und ihn so zu Boden zu zerren. Die Volksbelustigung des Bullenbeißens wurde erst 1835 abgeschafft. Die zähen, unerschrockenen und wendigen Bulldoggen drohten daraufhin auszusterben, erstanden aber schon im 19. Jahrhundert in sanfterer und weniger robuster Form neu.

**Größenvergleich**
(Mensch = 180 cm)

## Eigenschaften

Aus dem reaktionsschnellen Muskelpaket von damals ist ein freundlicher, bedächtiger Wohnungshund geworden, der sich oft nur noch mühsam und schwer ächzend fortbewegen kann. Tiere aus einer gesunden Zucht leiden dagegen kaum an Atembeschwerden und sind muntere, fröhliche, kinderliebe und anhängliche Hausgenossen. Dass die Bulldogge dazu neigt, lautstark zu schnarchen, zu sabbern und unter Hitze zu leiden, sei ihr verziehen angesichts ihrer historischen Bedeutung als Nationalhund Großbritanniens und als Symbolfigur der Münchner Satirezeitschrift »Simplicissimus«.

## Haltung

Die Bulldogge ist ein anpassungsfähiger und liebenswerter Begleithund für Land- und Stadtbewohner. Probleme mit fremden Menschen und Hunden gibt es kaum. Sie begnügt sich mit gemächlichen Spaziergängen und braucht kaum Fellpflege.

# Bedlington Terrier

**Größenvergleich**
(Mensch = 180 cm)

## Geschichte

Aus dem Rothbury Terrier, so benannt nach einer Kesselflicker-familie aus der Gegend von Rothbury an der englisch-schottischen Grenze, soll der Bedlington Terrier im 19. Jahrhundert hervorgegangen sein. Dieser erhielt seinen Namen von dem Ort, in dem die neue Rasse 1870 erstmals öffentlich präsentiert wurde. Die dort heimischen Bergarbeiter züchteten den schnellen, schneidigen Terrier für die (illegale) Jagd auf Kleinwild aller Art und sogar für Hundekämpfe.

## Eigenschaften

Der Bedlington Terrier wird mit einigem Recht als kleiner »Wolf im Schafspelz« bezeichnet, denn sein sanftes Erscheinungsbild täuscht darüber hinweg, dass wir es hier mit einem sehr aufgeweckten, temperamentvollen, wachsamen und latent raubzeugscharfen Terrier zu tun haben. Die irreführende Schäfchenfrisur ist erst im 20. Jahrhundert in Mode gekommen und inzwischen obligatorisch. Der Hund hat sich offenbar dem Modetrend etwas angepasst und gibt sich meist sehr anhänglich und liebevoll gegenüber seiner Familie und freundlich-distanziert gegenüber Fremden.

## Haltung

Der Bedlington Terrier kann auch in der Stadt gehalten werden, sofern er genügend Auslauf bekommt. Wanderer, Jogger oder Radfahrer sind ihm als Begleiter stets willkommen. Das Schneiden und Trimmen des Haarkleids sollte man einem professionellen Hundefriseur überlassen.

**Schulterhöhe**
Um 41 cm

**Gewicht**
8–10,5 kg

**Fellfarbe**
Blau, braun oder sandfarben, mit oder ohne lohfarbene Abzeichen.

**Gesundheit**
Anfällig für Augenerkrankungen und Kupfertoxikose (übermäßige Speicherung von Kupfer in der Leber).

Geeignet für Anfänger.

# Beagle

**Schulterhöhe**
33–44 cm

**Gewicht**
Etwa 15–18 kg

**Fellfarbe**
Zwei- oder dreifarbig (lohfarben/rot und weiß oder weiß, schwarz und lohfarben), Rutenspitze stets weiß.

**Gesundheit**
Keine rassetypischen Krankheiten bekannt, doch etwas anfällig für Übergewicht.

Geeignet für Anfänger.

## Geschichte

Hunde vom Beagle-Typ gibt es mindestens seit dem 14. Jahrhundert. Früher begleiteten sie die englischen Jäger, die zu Fuß Hasen und Kaninchen nachstellten, und in neuerer Zeit werden sie gern für die Fuchs- oder Schleppjagd zu Pferde verwendet. Die heutige Rasse mit ihrem festgelegten Standard entstand allerdings erst im 20. Jahrhundert.

**Größenvergleich**
(Mensch = 180 cm)

## Eigenschaften

Der Beagle ist von Hause aus ein typischer Meutehund, und als solcher verträgt er sich bestens mit seinesgleichen, aber auch mit allen anderen Hunden und mit allen Menschen guten Willens. Bei ausreichendem »Familienanschluss« vermisst er seine Meutegenossen nicht mehr und fügt sich selbstverständlich in seine menschliche Umgebung ein. Beagles sind stets freundlich und fröhlich, verspielt und temperamentvoll, ausdauernd und wetterfest. Nur mit dem Gehorchen gibt es manchmal Probleme, denn wenn ein Beagle mit seiner feinen Jagdhundnase eine interessante Duftspur aufgenommen hat, ist er kaum noch zu halten. Er rennt auf und davon, weil Laufen und Jagen nun mal sein Lebenselixier sind. Das aber kann gefährlich werden, denn Hundefänger, die für Versuchslabors unterwegs sind, haben eine besondere Vorliebe für die sanften, arglosen Beagles.

## Haltung

Der Beagle ist ausgesprochen pflegeleicht und passt in fast jeden Haushalt. Kinder und Artgenossen sind ihm willkommen.

## Geschichte

Beim Kleinpudel haben wir es nicht mit einer eigenen Rasse, sondern nur mit einem Größenschlag der pauschal Pudel genannten Rasse zu tun. Der Kleinpudel ist trotz seines Namens eigentlich kein kleiner, sondern eher ein mittelgroßer Hund und wird deshalb manchmal auch als Mittelpudel bezeichnet. Ursprünglich fand dieser stattliche und robuste mittelgroße Schlag Verwendung als Jagdhund, heute wird er ausschließlich als Familienhund gezüchtet, der nach wie vor sehr beliebt ist, wenn er auch nicht mehr so häufig anzutreffen ist wie noch vor einigen Jahrzehnten.

## Eigenschaften

Der Kleinpudel ist ein nahezu idealer Hausgenosse, der fast nur gute Eigenschaften aufweist: Er ist »handlich«, anhänglich, wachsam, sehr intelligent und überaus gelehrig, leicht erziehbar und abrichtbar bis zur Zirkusreife, dabei stets von ansteckender Munterkeit und Fröhlichkeit. Als besonders angenehm wird empfunden, dass er – wie alle Pudel – wenig bellt und prinzipiell nicht haart.

# Kleinpudel

## Haltung

Ein Pudel fühlt sich überall wohl, weil er sich enger an seine Bezugsperson als an die jeweilige Unterkunft anpasst und anschließt. Sein Bewegungsdrang hält sich in Grenzen, obwohl er gerne mit seinem Herrchen oder Frauchen weite Spaziergänge macht. Das üppige krause Haarkleid, ob naturbelassen oder nach irgendeiner Vorschrift geschoren, bedarf allerdings regelmäßiger Pflege.

**Schulterhöhe**
35–45 cm

**Gewicht**
Um 12 kg

**Fellfarbe**
Schwarz, weiß, braun, silber oder apricot.

**Gesundheit**
Anfällig für Hüftgelenksdysplasie, Netzhautatrophie, Hautleiden, Star und Epilepsie.

Geeignet für Anfänger.

# Basenji

**Schulterhöhe**
Rüde 43 cm, Hündin 40 cm

**Gewicht**
9,5–11 kg

**Fellfarbe**
Schwarz und weiß, rot und weiß, dreifarbig mit lohfarbenen Abzeichen.

**Gesundheit**
Anfällig für Nierenkrankheiten, Anämie, Netzhautatrophie und Leistenbrüche.

Geeignet für Fortgeschrittene.

## Geschichte

Der Basenji, manchmal auch lautgerecht Basendschi genannt, verkörpert einen uralten Hundetyp, wie er schon in steinzeitlichen Felsbildern und altägyptischen Grabmälern dargestellt worden ist. Als sein Herkunftsland wird Zentralafrika angegeben, wo er als so genannter Primitivhund weder gezielt gezüchtet noch regelmäßig gefüttert und in Notzeiten sogar geschlachtet wurde. Afrikaforscher brachten die ersten Basenjis im 19. Jahrhundert nach Europa, doch

**Größenvergleich**
(Mensch = 180 cm)

die Akklimatisierung und Zucht der Rasse gelangen erst um 1935 in England. In Deutschland wurde sie erst in den 1970er-Jahren bekannt und erfreut sich seither wachsender Beliebtheit.

## Eigenschaften

Trotz ihrer »wilden« Ursprünge können die intelligenten, aktiven Basenjis freundliche und fröhliche Hausgenossen abgeben, die vor allem durch ihre anmutigen, koboldhaften Bewegungen auffallen. Man kann sie einigermaßen zum Gehorsam erziehen, aber nicht abrichten. Ein bisschen eigensinnig bleiben sie immer. Basenjis bellen nicht, verfügen jedoch über eine modulationsfähige Stimme, die piepsen, kichern, grollen oder jodeln kann.

## Haltung

Die ausgefallene Rasse sollte Kennern mit einem ausgeprägten Sinn für Humor vorbehalten bleiben. Die Tiere sind ausgesprochen reinlich, riechen nicht und verlangen kaum Pflege, benötigen aber viel Auslauf und Beschäftigung, vor allem wenn sie in einer Stadtwohnung gehalten werden.

**Größenvergleich**
(Mensch = 180 cm)

## Geschichte
Die Entstehungsgeschichte des Hollandse Smoushond ist nicht restlos geklärt. Bekannt ist, dass der Hundehändler Abraas in Amsterdam um 1850 die »Holländischen Schnauzer« als Ratten- und Mäusefänger verkauft hat. Abraas hat nie verraten, aus welcher Quelle er seine Hunde bezog. Vermutlich kaufte er aus deutschen Zuchten gelbe Schnauzer auf. Damals waren salz-und-pfefferfarbene Schnauzer gefragt, gelbe jedoch verpönt und wurden beseitigt. Die Hunde erfreuten sich in den Niederlanden großer Beliebtheit und wurden 1905 als Rasse anerkannt. Ihr Bestand wurde aber durch die beiden Weltkriege fast ausgelöscht. Nach 1972 starteten Hundefreunde mit schnauzerähnlichen gelben Bauernhunden unter Einkreuzung des Border Terrier ein Rückzuchtprogramm.

## Eigenschaften
Der »Holländische Schnauzer« ist ein freundlicher, lebhafter Begleiter. Seine Jagdleidenschaft gilt Nagetieren, Wild interessiert ihn kaum. Er neigt nicht zum Streunen. Die Hunde sind sehr verträglich und können gut zu mehreren gehalten werden. Smoushonds sind gute Wächter, aber nie Kläffer.

# Hollandse Smoushond

## Haltung
Smoushonds sind ausdauernde Läufer, aber nicht auf tägliche weite Spaziergänge angewiesen. Sie können auch in einer Stadtwohnung gehalten werden und vertragen sich gut mit Kindern. Der gelehrige Hund ist mit liebevoller Konsequenz leicht zu erziehen. Das raue Haar macht den Smoushond unempfindlich gegen Witterungseinflüsse und ist pflegeleicht.

**Schulterhöhe**
Rüde 37–42 cm, Hündin 35–40 cm

**Gewicht**
8–12 kg

**Fellfarbe**
Gelb in allen Nuancen.

**Gesundheit**
Keine rassetypischen Krankheiten bekannt.

Geeignet für Anfänger.

Größenvergleich
(Mensch = 180 cm)

# Puli

**Schulterhöhe**
Ideal beim Rüden 40–44 cm, bei der Hündin 37–41 cm

**Gewicht**
Rüde 13–15 kg, Hündin 10–13 kg

**Fellfarbe**
Schwarz, oft mit rostrotem Anflug, grau in verschiedenen Tönungen oder weiß.

**Gesundheit**
Keine rassetypischen Krankheiten bekannt.

Geeignet für nicht ganz unerfahrene Anfänger.

## Geschichte

Der Puli gehört zur Gruppe der ungarischen Hirtenhunde. Sein Name taucht zwar erst 1751 erstmals in der Literatur auf, aber die Ursprünge der Rasse liegen sehr viel weiter zurück. Die tüchtigen Hüte-, Treib- und Wachhunde kamen wahrscheinlich, genauso wie der ähnliche, aber größere Komondor, schon vor mehr als einem Jahrtausend mit dem Nomadenvolk der Magyaren aus Asien nach Ungarn. Ihre eigentliche Heimat scheint Tibet zu sein, wie die Ähnlichkeit mit dem Tibet Terrier, von dem sie abstammen sollen, vermuten lässt. In Ungarn wurde der Puli bis in die Gegenwart hinein auf Gebrauchstüchtigkeit gezüchtet, doch außerhalb Ungarns hat er sich in einen beliebten, wenngleich ungewöhnlichen Familienhund verwandelt.

## Eigenschaften

Der Puli ist ein robuster, wetterfester und selbstbewusster Naturbursche geblieben, der von erblich bedingten Krankheiten und Wesensdefekten verschont wurde. Er ist temperamentvoll, flink und intelligent, misstrauisch gegenüber Fremden, aber nie oder nur selten aggressiv. Sein Hauptkennzeichen ist jedoch das lange, zottige und zum Verfilzen und Verschmutzen neigende Haar, das den ganzen Körper dicht umhüllt.

## Haltung

Der Puli eignet sich nur bedingt für das Stadtleben, viel lieber ist ihm ein freies Leben auf dem Lande, möglichst auf einem geräumigen Grundstück. Dann macht auch die Fellpflege etwas weniger Mühe.

**Größenvergleich**
(Mensch = 180 cm)

# Pumi

## Geschichte
Der Name »Pumi« ist in Ungarn seit 1801 nachzuweisen. Als eigenständige Rasse kennt man ihn aber erst seit den 1920er-Jahren. Um 1760 importierte man wegen ihrer größeren Wirtschaftlichkeit Merinoschafe aus Frankreich und Deutschland nach Ungarn. Die Herden wurden von stehohrigen Hütehunden begleitet, die sich bald mit den einheimischen Pulis mischten. Der Berger de Brie könnte zu den Verwandten des Pumis zählen. Angeblich wurden auch Foxterrier eingekreuzt. Der Pumi ist der am wenigsten bekannte ungarische Hütehund, obwohl er in seiner Heimat bis heute als anspruchsloser, vielseitiger Hofhund sehr häufig anzutreffen ist.

## Eigenschaften
Dem Terrierblut könnte der Pumi sein hitziges Temperament und eine gewisse Schärfe verdanken. Als Hüte- und Treibhund verrichtet er auch bei Rinder- und Schweineherden seine Arbeit. Auf dem Hof hält er Ratten und Mäuse kurz. Er ist äußerst wachsam und meldet jede Störung. Wegen seines Mutes wurde er sogar auf der Wildschweinjagd eingesetzt. Der Pumi ist sehr intelligent und gelehrig. Er ist schärfer als der Puli.

## Haltung
Dieser pfiffige kleine Quirl ist nichts für bequeme und lärmempfindliche Menschen. Seine Bellfreudigkeit geht leicht in ausdauerndes Kläffen über und ist nur durch sehr konsequente Erziehung einzudämmen. Das macht ihn für die Haltung in engen Siedlungen weniger geeignet. Aus dem mittellangen, lockigen Fell lässt sich Schmutz leicht ausbürsten.

**Schulterhöhe**
35–47 cm

**Gewicht**
8–15 kg

**Fellfarbe**
Grau, schwarz, weiß oder rötlich braun.

**Gesundheit**
Keine rassetypischen Krankheiten bekannt.

Geeignet für Fortgeschrittene.

# Mudi

**Schulterhöhe**
35–47 cm

**Gewicht**
8–13 kg

**Fellfarbe**
Schwarz, selten weiß, braun, aschfarben oder blue-merle.

**Gesundheit**
Keine rassetypischen Krankheiten bekannt.

Geeignet für fortgeschrittene Anfänger.

**Größenvergleich**
(Mensch = 180 cm)

## Geschichte

Der Mudi ist der am wenigsten bekannte ungarische Schäferhund. Als noch heute bewährter einheimischer Gebrauchshund hütet er Rinder und Pferde und wird sogar von den Zackelschafen akzeptiert. Der Mudi treibt nicht mit dem Fersenbiss, sondern ähnlich dem Border Collie mit einer Technik, bei der er druckvoll Stimme und Blicke einsetzt. Als unermüdlicher Arbeiter macht er sich auf dem Bauernhof auch als Nagetiervertilger nützlich. Der kleine, mutige Hund wurde sogar zur Wildschweinjagd verwendet. Hirten und Bauern interessiert bis heute in erster Linie die Gebrauchstüchtigkeit der Rasse. Weil auch gute Arbeitshunde ohne Ahnentafeln zur Zucht verwendet wurden, kommen Typabweichungen vor. So ist der Mudi eine ursprüngliche, nicht überzüchtete Rasse.

## Eigenschaften

Der etwas unscheinbare Arbeitshund ist sehr anpassungsfähig und kann auch gut als kinderfreundlicher Haus- und Familienhund gehalten werden. Durch seine hohe Lernbereitschaft, schnelle Auffassungsgabe und das lebendige Temperament ist er für viele Hundesportarten wie Agility und Obedience gut geeignet. Der Mudi ist wachsam und bellt gerne, neigt manchmal zum Kläffen, ist aber nicht so laut wie Pumi oder Puli.

## Haltung

Der Mudi ist anspruchslos in Haltung, Fütterung und Pflege. Als sehr aktiver Hund verlangt er aber eine Beschäftigung, die ihn auch geistig fordert. Dann kann er auch, wo seine Mitteilsamkeit nicht stört, in der Stadt gehalten werden.

# Kromfohrländer

## Geschichte

Der Kromfohrländer hat eine ebenso kurze wie kuriose Geschichte, die 1945 im Siegerland begann. Unmittelbar nach dem Zweiten Weltkrieg überließen amerikanische Soldaten dort einer gewissen Ilse Schleifenbaum einen undefinierbaren französischen Jagdhund, den die Dame mit einer ortsansässigen Drahthaar-Foxterrierhündin verpaarte. Das waren die Stammeltern einer neuen Rasse. Sie wurde bereits 1955 anerkannt und benannt nach einem hügeligen Landstrich in der Nähe von Siegen, der den Namen »Krom Fohr« (Krumme Furche) trägt.

## Eigenschaften

Die Kromfohrländer wurden von vornherein als Begleit- und Familienhunde gezüchtet, und als solche haben sie sich sehr gut bewährt. Es sind hübsche, lustige, intelligente und freundliche Tiere von handlicher Größe und gesunder Konstitution. Sie stammen ausschließlich aus kleinen Liebhaberzuchten und kommen in zwei Schlägen vor: rauhaarig mit kurzem oder mittellangem Fell und glatthaarig mit kurzem bis langem flachem Fell.

## Haltung

Der anpassungsfähige, mittelgroße Kromfohrländer fühlt sich in der Stadt ebenso wohl wie auf dem Lande, sofern er genügend Auslauf bekommt. Mit nicht zu kleinen Kindern versteht er sich prächtig, da er lebenslang gern spielt und herumtollt. Die Haarpflege ist bei beiden Schlägen einfach, die richtige Erziehung verlangt jedoch etwas mehr Aufwand.

**Schulterhöhe**
38–46 cm

**Gewicht**
10–14 kg

**Fellfarbe**
Weiß mit hell- bis dunkelbraunen Flecken.

**Gesundheit**
Etwas anfällig für Arthrose, sonst keine rassetypischen Krankheiten bekannt.

Geeignet für Anfänger.

# American Water Spaniel

**Größenvergleich**
(Mensch = 180 cm)

**Schulterhöhe**
38–46 cm

**Gewicht**
Rüde 13,5–20,5 kg, Hündin 11,5–18 kg

**Fellfarbe**
Einfarbig leber- oder schokoladenbraun, kleine weiße Abzeichen an Zehen und Brust erlaubt.

**Gesundheit**
Anfällig für Wachstumshormonmangel und Hüftgelenksdysplasie.

Geeignet für Jäger.

## Geschichte

Dieser Spaniel soll Ende des 19. Jahrhunderts im Gebiet des Mississippi/USA entstanden sein. Mit einiger Sicherheit gehören verschiedene europäische Wasserhunde, Spaniels und auch der Curly-Coated Retriever zu seinen Vorfahren. Die Rasse wurde überwiegend zum Apportieren von geschossenen Enten gezüchtet, aber auch zum Stöbern nach Wasservögeln eingesetzt. Seine relativ geringe Größe und braune »Tarnfarbe« erleichtern dem »Wasserspaniel« seine Arbeit. Er arbeitet flink und zuverlässig. Das dichte, lockige, wasserabweisende Fell schützt ihn vortrefflich vor Verletzungen im Schilf. Der American Water Spaniel ist ein exzellenter Schwimmer, den auch eisige Temperaturen nicht abschrecken können. Außerhalb Nordamerikas ist die Rasse bis heute kaum bekannt.

## Eigenschaften

Bei der Arbeit ist der American Water Spaniel ein Energiebündel. Dabei ist er jedoch ausgeglichen und nie nervös. Er will seinem Herrn gefallen. Im Grunde seines Wesens ist er stets freundlich, aber durchaus wachsam. Seine hohe Intelligenz will gefördert sein, sonst langweilt sich der Vierbeiner.

## Haltung

Mit Kenntnis der Eigenschaften eines Vollblutjagdhundes lässt sich der gelehrige Hund leicht erziehen. Bei richtiger Auslastung ist der wetterharte American Water Spaniel ein anpassungsfähiger Familienhund, der auch gerne mit größeren Kindern spielt. In der Stadt wäre dieser prächtige, sehr robuste Hund unglücklich.

**Größenvergleich**
(Mensch = 180 cm)

# Islandhund

## Geschichte
Die Wikinger brachten im 9. Jahrhundert ihre nordischen Hunde mit nach Island. In der dortigen rauen Natur und unter den harten Arbeitsbedingungen entwickelte sich eine widerstandsfähige, gesunde Rasse. Der in seiner Heimat Islenkur Fjarhundur genannte Hund hütete das Vieh, half beim Auftrieb und wachte über Haus und Hof. Nur in den kältesten Winternächten wurde er mit ins Haus genommen. Über die Jahrhunderte dienten Islandhunde in erster Linie als unentbehrliche Arbeitshunde der Bauern. In den einsamen Weiten waren sie oft aber auch der einzige Spielgefährte der Kinder. Gute Vererber wurden zu hohen Preisen gehandelt. Die ersten Islandhunde kamen mit den Islandponys nach Europa. Der Islandhund ist die einzige anerkannte Hunderasse der Insel.

## Eigenschaften
Da auf Island kein dem Vieh gefährlich werdendes Raubwild vorkommt, wurde kein wehrhafter Hund benötigt. Durch Selektion wurde dem Islandhund die Neigung zu Aggressivität genommen. Die wachsamen Hunde bellen aber gerne und laut.

## Haltung
Islandhunde sind freundliche und kinderliebe, sehr anpassungsfähige Familien- und Begleithunde, wenn sie ausreichend beschäftigt werden. Nicht ausgelastet, können sie lästige Hausgenossen werden. Naturfreunde und Reiter sind ihre bevorzugten Halter. Der robuste Allwetterhund lässt sich viel leichter als andere nordische Hunderassen erziehen und ist für hundesportliche Aktivitäten geeignet.

**Schulterhöhe**
Rüde 42–48 cm, Hündin 38–44 cm

**Gewicht**
Um 20 kg

**Fellfarbe**
Verschiedene Brauntöne, grau, schwarz, alle Farben mit Weiß (aber nicht mehr als 50%).

**Gesundheit**
Keine rassetypischen Krankheiten bekannt.

Geeignet für fortgeschrittene Anfänger.

# Finnenspitz

**Schulterhöhe**
Rüde 44–50 cm, Hündin 39–45 cm

**Gewicht**
14–16 kg

**Fellfarbe**
Rot- oder gelbbraun, weiße Abzeichen an Brust und Pfoten erlaubt.

**Gesundheit**
Keine rassetypischen Krankheiten bekannt.

Geeignet für Fortgeschrittene.

## Geschichte

Die Vorfahren des finnischen Nationalhundes (Suomenpystykorva) waren vermutlich russische Laikas, die bei der Besiedelung Finnlands mit aus dem Osten eingewandert waren. Der Name ist etwas irreführend, denn mit den deutschen Spitzrassen, die als gute Hofhunde ohne Jagdleidenschaft gelten, haben die Finnenspitze nichts gemeinsam. Finnenspitze sind in erster Linie Jagdhunde auf Birk- und Auerwild. Sie stöbern die großen Vögel auf, jagen sie in die Baumkrone und führen den Jäger durch ihr charakteristisches lautes Gebell zu den Vögeln, die sich in Sicherheit wiegen und eisern sitzen bleiben. Ihren Mut beweisen Finsk Spets, wie sie in ihrer Heimat heißen, bei der Jagd auf Elch und Bär, die sie laut bellend stellen.

**Größenvergleich**
(Mensch = 180 cm)

## Eigenschaften

Wie alle nordischen Hunderassen sind Finnenspitze recht eigenständig und neigen unbeaufsichtigt auch zu selbstständigen Jagdausflügen. Fremden gegenüber zeigen sie freundliche Zurückhaltung. Das durchdringende Bellen wurde den Hunden für die Arbeit auf der Jagd angezüchtet.

## Haltung

Die lebhaften und bellfreudigen Hunde sind nichts für nervöse Menschen und lärmempfindliche Nachbarn. Man darf von ihnen keine Unterwürfigkeit erwarten. Der arbeitsfreudige Finnenspitz braucht als robuster Allwetterhund viel Auslauf und eine Beschäftigung, die ihn auslastet. Er hält sich gerne im Freien auf. Mit Kindern verträgt er sich gut. Finnenspitze sind sehr reinliche Hunde ohne den typischen Hundegeruch.

**Größenvergleich**
(Mensch = 180 cm)

# Österreichischer Kurzhaariger Pinscher

## Geschichte

Schon auf Gemälden des 17. Jahrhunderts kann man die Vorfahren dieses alten Hofhundes sehen. Vor allem im Gebiet des heutigen Österreich wurde der Österreichische Glatthaarpinscher, wie er damals genannt wurde, als vielseitiger Bauernhund gehalten. Auf dem Hof hielt er Wache, jagte Nagetiere und half beim Viehtreiben. An einer planmäßigen Zucht war niemand interessiert. Die Hunde mussten gesund, arbeitsfreudig und billig im Unterhalt sein. Das Aussehen war Nebensache und somit recht uneinheitlich. Diese schlichte Hunderasse wurde allgemein kaum beachtet. Sie wäre wohl untergegangen, hätte sie nicht Anfang des 20. Jahrhunderts Liebhaber gefunden. 1928 wurde dann der daraus gezüchtete Österreichische Kurzhaarige Pinscher offiziell als Rasse anerkannt.

## Eigenschaften

Der Österreichische Pinscher findet seit einigen Jahren immer mehr Freunde, die einen unkomplizierten, pflegeleichten, gegen Krankheiten widerstandsfähigen Familienhund suchen. Als ehemaliger Hofhund mit großer Bindung an sein Revier wildert und streunt der Österreichische Pinscher nicht. Er ist immer noch ein vorzüglicher Wachhund und schlägt daher sehr leicht und lautstark an. Das Misstrauen des Wachhundes gegenüber Fremden hat sich erhalten.

## Haltung

Obwohl dieser Hund nicht viel Platz benötigt, kann seine Bellfreudigkeit doch ein Hindernis für die Haltung in einer Etagenwohnung sein. Er ist etwas dickköpfig und erfordert eine konsequente Erziehung.

**Schulterhöhe**
35–50 cm

**Gewicht**
12–18 kg

**Fellfarbe**
Gelbtöne, hirschrot, schwarz, schwarz und braun, auch gestromt, mit oder ohne weiße Abzeichen.

**Gesundheit**
Keine rassetypischen Krankheiten bekannt.

Geeignet für Anfänger.

# Perro de Agua Español

**Schulterhöhe**
Rüde 40–50 cm, Hündin 38–45 cm

**Gewicht**
Rüde 16–20 kg, Hündin 12–16 kg

**Fellfarbe**
Einfarbig: weiß, schwarz, braun; zweifarbig: weiß-schwarz, weiß-braun.

**Gesundheit**
Keine rassetypischen Krankheiten bekannt.

Geeignet für Anfänger.

## Geschichte

Den Spanischen Wasserhund findet man hauptsächlich in Andalusien. Dort ist er auch als Turco andaluz (Andalusischer Türkenhund) bekannt. Eine Erklärung für diesen Namen könnte sein, dass er mit türkischen Schiffen nach Spanien kam, die um die Wende zum 19. Jahrhundert spanische Schafe nach Australien transportierten. Die tüchtigen Treibhunde halfen beim Verladen der großen Herden, blieben im Land oder paarten sich mit einheimischen Hütehunden.

**Größenvergleich**
(Mensch = 180 cm)

Vermutlich besitzt der Spanische Wasserhund die gleichen Vorfahren wie der Portugiesische Wasserhund und der Barbet. Sein Einsatz war äußerst vielseitig: Meist hütete er Schafe und Ziegen, als Jagdhund apportierte er geschossene Wasservögel. Den Fischern half er beim Einholen der Netze, und im Hafen brachte er die Anlegetaue der Schiffe an Land.

## Eigenschaften

Diese sehr anpassungsfähigen und freundlichen Wuschel sind ideale Familienhunde. Ihre hohe Intelligenz, das fröhliche, offene Wesen und ausgeglichene Temperament machen sie zu angenehmen Begleitern und guten Kameraden für Kinder. Fremde werden nach kurzem Zögern akzeptiert.

## Haltung

Die robuste und noch vollkommen unverzüchtete Rasse findet zu Recht immer mehr Freunde. Der Perro de Agua ist leicht zu erziehen und eignet sich durch seine Geschicklichkeit bestens für hundesportliche Aktivitäten wie Agility. Das zottelige Fell wird nur zurechtgezupft und darf gelegentlich geschoren werden.

**Größenvergleich**
(Mensch = 180 cm)

## Geschichte
Urspitze sind schon seit der Steinzeit bekannt. Auch die nordischen Bauern kennen seit Jahrhunderten in ihrer Erscheinung kaum veränderte Hunde dieses Typs. Seit Ende des 17. Jahrhunderts ist für die norwegischen Hunde die Bezeichnung »Buhund« gebräuchlich. Das norwegische Wort »Buh« bedeutet Wohnplatz, Hof, aber auch Vieh. Wie alle nordischen Hunde wurden auch die Norsk Buhunde sehr vielseitig als Wach-, Viehtreib- und auch mutige Jagdhunde eingesetzt. Heute findet man sie vor allem im Südwesten Norwegens bei der Arbeit an Schafherden. Zunehmend schätzt man die Rasse auch als Haus- und Familienhund. In ihrer Heimat hat sie den Status eines Kulturgutes.

## Eigenschaften
Wie die meisten spitzartigen Hunde sind Buhunde unbestechliche und bellfreudige Wächter. Stets fröhlich und aufmerksam, freut sich dieser Vierbeiner, am Leben seiner Familie teilhaben zu können. Er ist robust, wetterhart und verfolgt energisch seine Ziele. Heute wird er auch gerne als Gehörlosenhund eingesetzt.

# Norwegischer Buhund

## Haltung
In diesem ursprünglichen Hund steckt eine große Portion Energie. Der intelligente Buhund lernt gerne und schnell. Bei der Erziehung benötigt er eine feste Hand. Man kann ihn in vielen Hundesportarten einsetzen, eintönige Übungen sind ihm aber zuwider. Buhunde sind kinderlieb und mit anderen Haustieren verträglich. Während des Fellwechsels müssen abgestorbene Haare regelmäßig entfernt werden, ansonsten ist das Haarkleid pflegeleicht.

**Schulterhöhe**
Rüde 43–47 cm, Hündin 41–45 cm

**Gewicht**
12–18 kg

**Fellfarbe**
Hell bis dunkel weizenfarben oder schwarz; oft kleine weiße Abzeichen und schwarze Maske.

**Gesundheit**
Keine rassetypischen Krankheiten bekannt.

Geeignet für fortgeschrittene Anfänger.

# Schwarzer Norwegischer Elchhund

**Schulterhöhe**
Rüde um 47 cm, Hündin um 44 cm

**Gewicht**
10–12 kg

**Fellfarbe**
Schwarz mit weißen Abzeichen.

**Gesundheit**
Keine rassetypischen Krankheiten bekannt.

Geeignet für Fortgeschrittene.

## Geschichte

Der Schwarze Norwegische Elchhund ist der kleinste der drei Elchhundrassen. Er ist etwas leichter gebaut als der schwedische Jämthund und auch kleiner und beweglicher als der weit verbreitete Graue Schwedische Elchhund. Wie seine beiden Vettern gehört der Norsk Elghund sort, wie er in seiner Heimat heißt, als Spezialist für die Pirsch auf Bären und Elche zu den nordischen Jagdhunden. Er arbeitet nicht frei, sondern sucht das Wild möglichst lautlos an der Leine (»Bandhund«) und verhält sich dabei so ruhig, dass er dem Jäger mehrere Elche zeigen kann, ohne diese zu beunruhigen. Den ausgewählten Elch bannt der kleine Hund dann durch mutige Scheinangriffe, bis der Jäger zum Schuss kommt. Er kann auch zur Nachsuche eingesetzt werden. Bei uns ist die Rasse nahezu unbekannt.

**Größenvergleich**
(Mensch = 180 cm)

## Eigenschaften

Obwohl wie alle nordischen Jagdhunde auch eigenständig im Wesen, ist der Schwarze Elchhund Anweisungen seines Herrn gegenüber zugänglicher als die beiden anderen Elchhundrassen. Er ist selbstsicher, ausgeglichen, nervenfest und wachsam. Seiner Familie schließt er sich eng an und ist geduldig im Umgang mit Kindern. Fremde Eindringlinge werden verbellt, aber nicht angegriffen.

## Haltung

Wenn man als Nichtjäger Freude an dieser unverbrauchten Rasse haben will, muss man den Hund von klein auf gründlich erziehen und gemäß seiner Veranlagung ersatzweise mit Sucharbeiten beschäftigen. Seine Jagdpassion ist dennoch nicht zu unterschätzen.

**Größenvergleich**
(Mensch = 180 cm)

# Irish Terrier

## Geschichte

Die Ahnenreihe dieser Rasse ist bunt gemischt und etwas undurchsichtig. In seiner modernen Erscheinungsform entstand der Irish Terrier erst im 19. Jahrhundert im Süden Irlands, und beteiligt waren vor allem alte schwarz-lohfarbene englische und weizengelbe irische Terrier. Er wurde ursprünglich für die Bekämpfung von Ratten und Raubzeug und für die Jagd gezüchtet, manchmal auch für Hundeschaukämpfe. Für die Jagd und andere Gebrauchshundzwecke wird er nach wie vor verwendet.

## Eigenschaften

Der Irish Terrier ist ein Energiebündel mit einem freundlichen und fröhlichen Gemüt. Im Haus gibt er sich liebevoll, ja zärtlich und verschmust, doch im Freien kommen bei entsprechender Gelegenheit seine angeborene Schärfe und sein Mut zum Vorschein, der ihm den Spitznamen »daredevil« (Teufelskerl) eingetragen hat. Raufereien mit fremden Hunden geht er ungern aus dem Weg, und kleines Wild – oder was er dafür hält – ist selten vor ihm sicher, weshalb man ihn fast immer anleinen muss.

## Haltung

Für einen solchen charmanten Hitzkopf braucht man viel Zeit und eine feste Hand, denn nur bei konsequenter Erziehung zum Gehorsam gibt er einen wirklich angenehmen Hausgenossen ab. Er möchte sich draußen ausgiebig austoben und ist deswegen für die Stadt nur bedingt geeignet. Das Fell wird regelmäßig getrimmt.

**Schulterhöhe**
Etwa 46 cm

**Gewicht**
Um 11–12 kg

**Fellfarbe**
Einfarbig kräftig rot, rötlich gestromt oder rotweizenfarbig.

**Gesundheit**
Etwas anfällig für Hautbeschwerden und Pfotendeformation.

Geeignet für Fortgeschrittene.

# Pinscher

**Schulterhöhe**
43–48 cm

**Gewicht**
Bis ca. 16 kg

**Fellfarbe**
Einfarbig schwarz oder braun in verschiedenen Tönungen bis hirschrot; zweifarbig schwarz und lohfarben.

**Gesundheit**
Keine rassetypischen Krankheiten bekannt.

Geeignet für Anfänger.

## Geschichte

Der Pinscher, mit vollem Namen Deutscher Pinscher, hat eine lange, aber nicht genau dokumentierte Ahnenreihe. Hunde vom Pinschertyp gab es schon vor Jahrhunderten als wachsame Hofhunde und tüchtige Rattenbeißer. Auf letztere Funktion verweist auch der vom englischen Verb »to pinch« (zwicken, kneifen) abgeleitete Name, den man dieser urdeutschen Rasse schon früh verliehen hat. Erst um 1900 wurde der glatthaarige Pinscher als eigene Rasse vom nah

**Größenvergleich**
(Mensch = 180 cm)

verwandten rauhaarigen Schnauzer unterschieden. Vielleicht ist der unschöne Name mit schuld daran, dass der Pinscher längst nicht so bekannt und verbreitet ist, wie er es verdient hätte.

## Eigenschaften

Der Pinscher ist ein kraftvoller, harmonisch gebauter Hund mit einem verlässlichen, unverdorbenen Charakter. Er hat ein lebhaftes, schneidiges Temperament ohne übertriebene Schärfe, begegnet Fremden mit gesundem Misstrauen, schließt sich aber eng an seine Bezugsperson und die restliche Familie an. Mit Kindern kann er nicht viel anfangen. Dafür ist er ein ausgezeichneter Wachhund, was allerdings zur Folge hat, dass er bei der geringsten Störung lautstark und ausgiebig bellt.

## Haltung

Die anpassungsfähige, relativ leicht erziehbare Rasse eignet sich auch für eine Stadtwohnung, sofern ihr Hang zum Kläffen nicht allzu sehr stört. Das kurze Haarkleid ist ausgesprochen pflegeleicht.

# American Staffordshire Terrier

## Geschichte
1860 brachten britische Einwanderer »Bull and Terrier« mit nach Amerika. Dort wurden die Hunde durch Selektion auf Größe und Einkreuzung anderer Rassen schnell größer. Man nannte diese Hunde unter anderem Staffordshire Terrier (nicht zu verwechseln mit dem kleineren englischen Staffordshire Bullterrier). 1972 wurde die Rasse in American Staffordshire Terrier umbenannt. Der American Staffordshire Terrier wurde lange und wird leider auch heute noch illegal für Hundekämpfe missbraucht. In Amerika spalteten sich kurz nach dem Zweiten Weltkrieg die Freunde der Rasse: Die einen wollten aus dem Hund einen Ausstellungs- und Familienhund formen, die anderen hielten an den grausamen Hundekämpfen fest; sie nannten ihre Tiere meist Pit Bullterrier nach der »pit«, der Hundekampfarena.

## Eigenschaften
Hundekämpfe verlangen nach einem harten, kompromisslosen Hund, der nicht selten bis zum Tod seines Gegners hart zubeißt. Oft geht es dabei um hohe Wetteinsätze. Die von der FCI anerkannten Zuchten stammen ausschließlich aus Schau- und nicht aus Kampflinien (wobei auch vom Kampfhund erwartet wurde, dass er sich Menschen gegenüber sehr freundlich verhielt).

## Haltung
Der selbstbewusste, temperamentvolle und gelehrige Hund braucht eine sehr konsequente, aber gewaltfreie Erziehung. Leider fallen vor allem Rüden trotz aller Bemühungen durch Rauflust auf. Steht auf der Liste der »gefährlichen Hunderassen«.

**Schulterhöhe**
Rüde 46–48 cm, Hündin 43–46 cm

**Gewicht**
17–20 kg

**Fellfarbe**
Alle Farben außer reinweiß; black and tan und leberfarben unerwünscht.

**Gesundheit**
Anfällig für Hüftgelenksdysplasie, Patellaluxation und Nierenerkrankungen.

Geeignet für Fortgeschrittene.

# Schwedischer Lapphund

**Schulterhöhe**
Rüde 45–50 cm, Hündin 40–45 cm

**Gewicht**
Um 20 kg

**Fellfarbe**
Schwarz, bärenbraun oder schwarzbraun, kleine weiße Abzeichen gestattet.

**Gesundheit**
Eine sehr gesunde Rasse.

Geeignet für fortgeschrittene Anfänger.

**Größenvergleich**
(Mensch = 180 cm)

## Geschichte

Die Geschichte der Lapphunde ist eng verbunden mit dem Volksstamm der Samen (Lappen), der vor Jahrtausenden das skandinavische Tundragebiet nördlich des Polarkreises besiedelte. Lappland gehört heute in Teilen zu Schweden, Finnland und Norwegen.
Die von den Samen gezüchteten Hunde hießen je nach Region Schwedische oder Finnische Lapphunde (Suomenlapinkoira). Die Unterschiede zwischen den beiden FCI-anerkannten Rassen sind äußerst gering und beschränken sich in erster Linie auf die Fellfarbe.

## Eigenschaften

Lapphunde waren unentbehrliche Helfer beim Hüten und Treiben der Rentierherden. Sie bewachten die Lagerstätten, zogen die Schlitten und dienten auch als Jagdhunde. Die Zucht der Lapphunde orientierte sich lange Zeit ausschließlich an Gebrauchstüchtigkeit. Bei Wind und Wetter leisteten sie Schwerstarbeit und wurden nur im Freien gehalten. Dies formte einen ausdauernden, witterungsunempfindlichen, robusten und genügsamen Hund. Lapphunde stecken voll Temperament und Arbeitseifer und wollen beschäftigt werden. Als gute Wachhunde sind sie recht bellfreudig. Dabei sind sie menschenfreundlich und sehr geduldig im Umgang mit Kindern. Als Schutzhunde eignen sie sich nicht.

## Haltung

Der kluge Schwedische Lapphund, auch Lappenspitz genannt, versucht hin und wieder seinen Kopf durchzusetzen. Mit Konsequenz erzogen und geistig wie körperlich gefordert, ist dieser urige Nordhund ein guter Familienhund.

# Field Spaniel

## Geschichte

Bis Ende des 19. Jahrhunderts wurden der Cocker und der schwerere Field Spaniel sowie andere Spanielrassen einheitlich als Field Spaniels bezeichnet, 1892 Cocker und Field Spaniel dann als eigenständige Rassen anerkannt. Züchterische Fehlentscheidungen machten aus dem Field Spaniel in der Folgezeit einen plumpen, für die Jagd untauglichen Hund auf krummen Beinen. Obwohl es durch sinnvolle Einzüchtung von Cocker und English Springer Spaniel gelungen ist, die Arbeitsfähigkeit der Rasse wieder herzustellen und ihr ein gefälligeres Aussehen zu verleihen, hat der Field Spaniel weder in England noch im Ausland weitere Verbreitung erlangt.

## Eigenschaften

Der Field Spaniel ist ein kräftiger, aber dennoch beweglicher und ausdauernder Jagdhund mit guter Nase. Dank seiner robusten Konstitution ist er auch für raues Gelände gut geeignet. Er sucht stets in Sichtverbindung zum Jäger offenes Gelände ruhig ab. Aufgestöbertes Niederwild kommt so in den Schussbereich. Der Field Spaniel apportiert auch aus dem Wasser. Flüchtigem Wild darf er nicht nachsetzen.

## Haltung

Obwohl der freundliche Field Spaniel ein anhänglicher Familienhund ist, sollte man ihm Gelegenheit geben, seine Jagdpassion artgerecht auszuleben. Die Rasse braucht viel Bewegung und Beschäftigung. Field Spaniels gelten als etwas dickköpfiger als die anderen Spanielrassen. Sie brauchen eine liebevolle, aber konsequente Erziehung.

**Schulterhöhe**
Um 45 cm

**Gewicht**
16–22,5 kg

**Fellfarbe**
Einfarbig schwarz, leberbraun oder schimmelfarbig mit oder ohne Brand.

**Gesundheit**
Gelegentlich anfällig für Hüftgelenksdysplasie.

Geeignet für Fortgeschrittene.

# Soft-Coated Wheaten Terrier

**Schulterhöhe**
Rüde 46–48 cm, Hündin etwas kleiner

**Gewicht**
16–18 kg

**Fellfarbe**
Hell- bis goldgelbe Weizenfarbe.

**Gesundheit**
Anfällig für Hüftgelenksdysplasie, Netzhautatrophie und Hautallergien.

Geeignet für nicht ganz unerfahrene Anfänger.

## Geschichte

Der »weich behaarte weizenfarbene Terrier«, wie der umständliche Name zu übersetzen wäre, hat seinen Ursprung in Irland. Über die Entstehung und Frühgeschichte der Rasse wissen wir kaum etwas, doch es scheint so gewesen zu sein, dass sie im 18. Jahrhundert aus verschiedenen irischen Terriertypen erzüchtet worden ist, und zwar als vielseitig verwendbarer Hüte-, Wach-, Jagd- und schließlich Familienhund. Als eigenständige Rasse fand dieser Terrier erst 1943 seine offizielle Anerkennung, und seither ist er in Europa und Amerika immer beliebter geworden, sodass heute fast die Gefahr einer Massenvermehrung droht.

**Größenvergleich**
(Mensch = 180 cm)

## Eigenschaften

Beim Soft-Coated Wheaten Terrier steckt in der weichen Schale auch ein weicher Kern: Er gilt als sanftester Terrier, der engen Kontakt zu seinen Bezugspersonen hält und mit Kindern und allen andersartigen Haustieren gut zurechtkommt. Für einen Terrier ist er verhältnismäßig leicht zu erziehen, doch er bleibt immer ein wenig eigensinnig, misstrauisch und wachsam. Obendrein verfügt er über ein lebhaftes Temperament und viel Energie.

## Haltung

Dieser hübsche, kompakt gebaute Terrier fühlt sich auch in der Stadt wohl, wenn er fleißig ausgeführt wird. Er braucht viel Ansprache und Zuwendung und regelmäßige gründliche Pflege seines langen, seidenweichen Haarkleids.

# Clumber Spaniel

**Größenvergleich**
(Mensch = 180 cm)

## Geschichte

Eine Theorie zur Entstehung dieser Rasse führt nach Frankreich. Dort soll der Herzog von Noailles im 18. Jahrhundert aus Cocker Spaniels und Bassets, vielleicht sogar Bluthunden, einen Jagdhund speziell zum ruhigen Stöbern in dichtem Unterholz gezüchtet haben. Während der Französischen Revolution kamen einige dieser Hunde nach England und wurden zur Lieblingsrasse des Herzog von Newcastle, dessen Schloss »Clumber Park« sie ihren Namen verdanken. Heute findet man den Clumber Spaniel meistens als Haus- und Begleithund. Bei uns ist die Rasse selten.

## Eigenschaften

Der Clumber Spaniel ist der längste, massivste und niederläufigste unter allen Spaniels. Er arbeitet langsam und bedächtig. Trotz seiner Schwere ist er aber erstaunlich beweglich und ausdauernd. Er zeigt ausgezeichnete Nasenleistungen und eignet sich auch zum Apportieren geschossenen Wildes. Seine zielgerichtete Durchsetzungskraft darf nicht mit Phlegma verwechselt werden.

## Haltung

Dieser Spaniel braucht regelmäßigen Auslauf, sonst neigt er zu Fettleibigkeit. Der würdevolle Hund hat seinen eigenen Kopf, ist aber mit liebevoller Konsequenz gut zu erziehen. Fremde betrachtet er im Vergleich mit anderen Spanielrassen zurückhaltender, aber nicht aggressiv. Er sabbert. Sein seidenweiches, sehr dichtes Fell bedarf regelmäßiger Pflege, sonst verfilzt es schnell. Ein ruhiger und freundlicher Familienhund.

**Schulterhöhe**
Rüde um 48 cm, Hündin um 46 cm

**Gewicht**
Rüde ideal 34 kg, Hündin 29,5 kg

**Fellfarbe**
Weiß mit zitronengelben und orangefarbenen Flecken.

**Gesundheit**
Neigt zu Fettleibigkeit.

Geeignet für fortgeschrittene Anfänger.

# Welsh Springer Spaniel

**Schulterhöhe**
Rüde um 48 cm, Hündin um 46 cm

**Gewicht**
16–20 kg

**Fellfarbe**
Rot und weiß.

**Gesundheit**
Keine rassetypischen Krankheiten bekannt.

Geeignet für fortgeschrittene Anfänger.

## Geschichte

Der Welsh (Walisische) Springer Spaniel gehört zu den alten Spanielrassen, die auf mittelalterliche Vogelhunde zurückgehen. Er dürfte den gleichen Ursprung haben wie der English Springer Spaniel. In England wurde der Welsh Springer Spaniel durch den schwarzen Field Spaniel verdrängt. In Wales jedoch züchteten Jäger den Welsh Springer Spaniel weiter. Der Züchter A.T. Williams trug maßgeblich dazu bei, dass die Rasse 1902 gleichzeitig mit dem

**Größenvergleich**
(Mensch = 180 cm)

English Springer Spaniel anerkannt wurde. Typisch für den Walisischen Springer Spaniel sind seine rotweiße Farbe und die für einen Spaniel relativ kurzen Ohren ohne übermäßigen Fellbehang. Der Welsh Springer Spaniel ist bis heute eine Arbeitsrasse geblieben und hat nicht wie der English Springer eine zweifelhafte Showkarriere gemacht.

## Eigenschaften

Dieser harte und ausdauernde Spaniel ist den Anforderungen der Jagd im hügeligen Gelände seiner Heimat Wales bestens angepasst. Er stöbert zu Wasser und zu Land weitläufig, drückt das Wild heraus und apportiert nach dem Schuss zuverlässig. Ein sehr umgänglicher Hund ohne Aggressionen.

## Haltung

Dieser hübsche Spaniel kann durch sein fröhliches und freundliches Wesen und die angenehme Größe zum liebenswerten Familien- und Begleithund werden. Sein Temperament verlangt allerdings nach einer Beschäftigung, und seine große Jagdpassion muss man als Nichtjäger erst einmal beherrschen können.

# Schapendoes

**Größenvergleich**
(Mensch = 180 cm)

## Geschichte

Schapendoes, zu deutsch »Schafpudel«, waren jahrhundertelang die Hütehunde der niederländischen Heidelandschaften. Die unersetzlichen Helfer der Schäfer mussten zuverlässige, gesunde und anspruchslose Arbeitstiere sein. Eine Auslese erfolgte nach Gebrauchstüchtigkeit. Kein Mensch kümmerte sich um eine geregelte Zucht. Nach dem Verschwinden der großen Herden ging die Rasse fast unter. Als der holländische Kynologe Toepoel 1940 die einheimischen Hunderassen der Niederlande katalogisierte, stieß er nur noch auf wenige Exemplare des Schapendoes. Die Zucht wurde wiederbelebt, die Rasse 1968 von der FCI offiziell anerkannt.

## Eigenschaften

Dem Schapendoes steht eine große Zukunft als netter Familienhund bevor. Die Rasse kennt keine Überzüchtungserscheinungen. Die fröhlichen Naturburschen sind zu Mensch und Tier freundlich, immer wachsam, aber ohne Schärfe und lieben es, nah bei ihren Menschen zu sein. Ihr unermüdlicher Spieltrieb macht sie zu guten Kameraden der Kinder. Als ehemaliger Hütehund ist ein Schapendoes sehr wendig und ausdauernd und empfiehlt sich damit für schnelle Hundesportarten wie Agility.

## Haltung

Der temperamentvolle, sehr gelehrige und arbeitswillige Hund ist leicht zu erziehen. Man muss allerdings damit rechen, dass er ab und zu versucht, seinen Dickkopf durchzusetzen. Richtig ausgelastet, verhält er sich im Haus angenehm ruhig. Die Fellpflege ist nur in der Jugendzeit aufwändig.

**Schulterhöhe**
Rüde 43–50 cm, Hündin 40–47 cm

**Gewicht**
15–20 kg

**Fellfarbe**
Alle Farben zugelassen.

**Gesundheit**
Keine rassetypischen Krankheiten bekannt.

Geeignet für Anfänger.

# Entlebucher Sennenhund

**Schulterhöhe**
40–50 cm

**Gewicht**
25–30 kg

**Fellfarbe**
Schwarz mit gelbem bis rostbraunem Brand und symmetrischen weißen Abzeichen.

**Gesundheit**
Keine rassetypischen Krankheiten bekannt.

Geeignet für Anfänger.

## Geschichte

Wie alle Sennenhunde geht auch der Entlebucher, der kleinste von ihnen, auf die antiken Molosser zurück, die vor rund 2000 Jahren mit den römischen Legionen durch die Schweiz nach Norden gezogen sind. Benannt wurde die Rasse nach der Region Entlebuch im Kanton Luzern, wo ihre Vorläufer als gewöhnliche Bauernhunde offenbar besonders häufig anzutreffen waren. Der schon früh rein gezüchtete Entlebucher Sennenhund wäre zu Beginn des 20. Jahrhunderts beinahe ausgestorben, konnte aber von engagierten Schweizer Hundekennern vor dem Untergang gerettet werden.

**Größenvergleich**
(Mensch = 180 cm)

## Eigenschaften

Der derbe Arbeitshund hat sich längst in einen robusten, aufgeweckten, lernfreudigen und freundlichen Familienhund verwandelt, der wegen seiner guten Eigenschaften größere Beachtung verdient. Er gibt einen guten Wachhund ab, bellt aber nicht übermäßig viel und ist den Kindern ein hervorragender Beschützer und Spielkamerad.

## Haltung

Der Entlebucher Sennenhund ist ein unkomplizierter, zuverlässiger Hausgenosse, mit dem auch ein Anfänger gut zurechtkommen kann. Allerdings sollte man ihm durch eine liebevolle Erziehung rechtzeitig den Hang zum Eigensinn austreiben. Dass er viel Bewegung braucht, versteht sich bei seiner Arbeitshundvergangenheit von selbst; wenn dafür gesorgt ist, kann man ihn auch in der Stadt halten. Das kurze Fell ist sehr pflegeleicht.

# Shar Pei

**Größenvergleich**
(Mensch = 180 cm)

## Geschichte

Shar Peis sollen seit 2000 Jahren in Chinas südlichen Provinzen als Jagdhunde für die Wildschweinjagd, Hüter der Herden und vor allem als wachsame Haus- und Hofhunde gehalten worden sein. Als die Engländer im 18. Jahrhundert China besetzten, wurde der Hundekampf populär und auch der Shar Pei zu Kampfzwecken missbraucht. Nach der Machtergreifung der Kommunisten 1949 galt Hundehaltung als »bürgerliche Dekadenz« und wurde praktisch verboten. 1971 veröffentlichte ein gewisser Matgo Law in den USA einen Aufruf zur Rettung der vor dem Aussterben stehenden Rasse. Daraufhin fand die exotische Rasse als Statussymbol dort reißenden Absatz. Für besonders faltenreiche Welpen wurden astronomische Preise gezahlt.

## Eigenschaften

Der Name Shar Pei bedeutet »Hund mit dem rauen Fell«. Nur Welpen zeigen eine starke Faltenbildung. Bei erwachsenen Hunden ist sie Anzeichen einer Hormonstörung, die Hautprobleme verursacht. Extreme Kopffalten führen zu schmerzhaften Augenentzündungen. Vom Charakter ist der Chinesische Faltenhund, wie er auch genannt wird, ein Individualist, friedlich gegenüber allen freundlichen Menschen, dominant gegenüber Artgenossen.

## Haltung

Obwohl ein typischer Ein-Mann-Hund, liebt der Shar Pei seine Familie. Seine stolze Natur duldet keinen Zwang bei der Erziehung. Ein ruhiger Hausgenosse, der aber auch in fröhlicher Ausgelassenheit spielen kann, wenn er will.

**Schulterhöhe**
40–51 cm

**Gewicht**
20–26 kg

**Fellfarbe**
Schwarz, lohfarben, braun, beige oder cremefarben.

**Gesundheit**
Anfällig für Hüftgelenksdysplasie, Patellaluxation, vielfältige Hautprobleme und Augenlidabnormitäten; empfindlich gegen Narkosemittel.

Geeignet für Fortgeschrittene.

**Größenvergleich**
(Mensch = 180 cm)

# Großspitz

**Schulterhöhe**
42–50 cm

**Gewicht**
Um 20 kg

**Fellfarbe**
Weiß, schwarz oder braun.

**Gesundheit**
Keine rassetypischen Krankheiten bekannt.

Geeignet für Anfänger.

## Geschichte

Der Großspitz, offiziell Deutscher Großspitz, repräsentiert keine eigene Rasse, sondern nur einen Größenschlag der mit dem Sammelnamen Deutscher Spitz bezeichneten Rasse. Er gehört zu den ältesten und urtümlichsten Vertretern der Spitzrasse, die von den Torfhunden der jungsteinzeitlichen Pfahlbauern hergeleitet wird. Der Name »Spitzhunt« taucht erstmals 1450 in einem niederrheinischen Dokument auf. Seit jeher werden die größeren Spitze als tüchtige und vielseitig verwendbare Arbeitshunde eingesetzt: Sie bewachten sehr energisch Haus und Hof und sind bis in die Gegenwart als typische Hofhunde weit verbreitet, und sie leisten auch als so genannte Hütespitze Vorzügliches.

## Eigenschaften

Der Großspitz ist, wie alle seine Rassegenossen, ein robuster, selbstbewusster, intelligenter, temperamentvoller und sehr wachsamer Hausgenosse, der sich dank seiner Anpassungsfähigkeit und Anhänglichkeit im Familienkreis wohl fühlt, aber fremden Zwei- und Vierbeinern mit gesundem Misstrauen begegnet, ohne übermäßig aggressiv zu werden.

## Haltung

Der Großspitz kann auch in einer Stadtwohnung gehalten werden, sofern dort das für alle Spitze typische Kläffen nicht allzu störend wirkt, doch besser bekommt ihm sicherlich das Landleben. Er liebt gemächliche Spaziergänge und hält nicht viel von wildem Herumtoben. Das sehr üppige Haarkleid ist in Maßen schmutzabweisend, muss aber regelmäßig gepflegt werden.

**Größenvergleich**
(Mensch = 180 cm)

# Polski Owczarek Nizinny (PON)

## Geschichte

Die Heimat des PON sind die polnischen Ebenen. Mittelgroße, zotthaarige Hunde hüteten hier schon im Mittelalter die großen Schafherden. Über den Ursprung und die verwandtschaftlichen Beziehungen des PON streiten sich die Experten. Dieser anspruchslose Hütehund lebte bei den Hirten und Bauern. Nur wetterharte Hunde mit großer Ausdauer und Lernbereitschaft hatten bei der gnadenlosen Auslese auf Gebrauchstüchtigkeit eine Überlebenschance. Die Reinzucht begann in Polen nach dem Zweiten Weltkrieg. 1963 wurde der Polnische Niederungshütehund, wie er auf Deutsch heißt, von der FCI anerkannt.

## Eigenschaften

Die unverzüchtete Rasse zeigt heute ihre Qualitäten in erster Linie als beliebter Begleit- und Familienhund. Der selbstbewusste Vierbeiner sucht eine enge Beziehung zu seinen Menschen. Fremde akzeptiert er nicht ohne weiteres, ist aber nie aggressiv und bissig. Bei Gefahr kann er zum zuverlässigen Beschützer werden. Er ist verträglich mit anderen Hunden, neigt kaum zum Wildern und Streunen. Seine Lebendigkeit behält er bis ins hohe Alter. Angeborene Stummelrute kommt vor.

## Haltung

Als wetterfester Dauerläufer begleitet er gerne Jogger und liebt hundesportliche Aktivitäten. Eintönige Unterordnungsübungen machen ihn stur. Wenn man ihm klare Regeln vorgibt, ist der PON leicht zu erziehen. Der gute Futterverwerter neigt zu Fettansatz. Das harsche Haar muss regelmäßig gebürstet werden.

**Schulterhöhe**
Rüde 45–50 cm, Hündin 42–47 cm

**Gewicht**
20–25 kg

**Fellfarbe**
Alle Farben, auch Schecken (außer Merlefaktor).

**Gesundheit**
Anfällig für Hüftgelenksdysplasie.

Geeignet für Anfänger.

# Kerry Blue Terrier

**Größenvergleich**
(Mensch = 180 cm)

**Schulterhöhe**
Rüde 46–49 cm, Hündin etwas kleiner

**Gewicht**
Bis 18 kg

**Fellfarbe**
Blau in allen Tönungen mit oder ohne schwarze Abzeichen; die Welpen werden schwarz geboren.

**Gesundheit**
Etwas anfällig für Hüftgelenksdysplasie.

Geeignet für Fortgeschrittene.

## Geschichte

Der »blaue Terrier aus Kerry«, einer Grafschaft im Süden Irlands, ist der amtlich approbierte Nationalhund seines Heimatlandes, weil man ihm eine »urirische« Abstammung nachsagt. Zu seinen Vorfahren zählen wahrscheinlich der urtümliche Irish Wolfhound und andere irische Terrier- und Jagdhundschläge. Der Kerry Blue Terrier wurde ursprünglich für die Jagd auf Ratten und Mäuse und sogar für Hundeschaukämpfe gezüchtet.

## Eigenschaften

Der ebenso robuste wie intelligente Jagd- und Wachhund hat sich bis heute eine gewisse Schärfe und Rauflust bewahrt, gibt aber trotzdem einen angenehmen und zuverlässigen Hausgenossen ab, der allerdings ziemlich launenhaft und eigensinnig sein kann. Der eigenen Familie ist er treu ergeben, doch Fremde, zumal fremde Vierbeiner, mag er nicht besonders, was nicht selten zu handfesten Streitereien und Beißereien führt. Verblüffend ist, dass dieser derbe Naturbursche ein feines seidiges Lockenhaar besitzt, das sich ganz weich anfühlt. In seiner Heimat lässt man ihn in seiner aparten Naturwolle herumlaufen, bei uns wird das Haar regelmäßig ausgekämmt und in Form geschnitten.

## Haltung

Dies ist ein Hund für Fortgeschrittene, die ihrem Hausgenossen, seiner konsequenten Erziehung und seiner aufwändigen Fellpflege, viel Zeit widmen können. Leider muss man ihn meist an der Leine führen.

# Mittelschnauzer

**Größenvergleich**
(Mensch = 180 cm)

## Geschichte

Der Schnauzer mit seinem namengebenden Schnauzbart ist eine alte süddeutsche Rasse, deren Vorläufer wohl schon im Mittelalter als Bauernhunde und Rattenbeißer verbreitet waren. Lange Zeit war der Schnauzertyp nicht genau definiert; er wurde sogar bis um 1900 mit dem glatthaarigen Pinscher in einen Topf geworfen. Der heutige Standardschnauzer wird offiziell Mittelschnauzer genannt – zur Unterscheidung von zwei anderen Schnauzerrassen, die nach ihm gekommen sind: der Riesenschnauzer (s. S. 220), der mit ihm genetisch wenig gemein hat, und der Zwergschnauzer (s. S. 58), der eine verkleinerte Ausgabe des Mittelschnauzers ist.

## Eigenschaften

Der Schnauzer verkörpert eine urwüchsige, redliche und zuverlässige Rasse. Er ist ein lebhafter, fröhlicher und intelligenter Hausgenosse, der seinem Herrn treu ergeben ist und auch mit Kindern gut zurechtkommt. Er benimmt sich zwar zuweilen etwas eigensinnig oder streitlustig, aber kaum jemals wirklich aggressiv und bissig. Perfekt erfüllt er seine Aufgabe als Wachhund, weil er rastlos aufmerksam und misstrauisch ist.

## Haltung

Ein Mittelschnauzer kann auch einem Anfänger empfohlen werden. Schnauzer passen sich mühelos an ein Leben in der Stadt an, wünschen sich aber reichlich Bewegung. Das Haar muss regelmäßig getrimmt werden.

**Schulterhöhe**
45–50 cm

**Gewicht**
Um 15 kg

**Fellfarbe**
Schwarz oder pfeffersalzfarben; Zwergschnauzer auch zweifarbig schwarz-lohfarben.

**Gesundheit**
Etwas anfällig für Hüftgelenksdysplasie.

Geeignet für Anfänger.

# Epagneul Breton

**Schulterhöhe**
Rüde 48–50 cm, Hündin 47–49 cm

**Gewicht**
Um 20 kg

**Fellfarbe**
Weiß-orange, weiß-schwarz, weiß-braun, auch dreifarbig.

**Gesundheit**
Selten anfällig für Hüftgelenksdysplasie.

Geeignet für Jäger.

## Geschichte

Der Epagneul Breton ist die älteste französische Vorstehhundrasse. Seine Wurzeln dürften bei den mittelalterlichen Vogelhunden zu suchen sein. Um die jagdlichen Fähigkeiten zu verbessern und den Typ zu verfeinern, kreuzte man Ende des 19. Jahrhunderts den Laverack Setter ein. Der Epagneul Breton ist die weltweit am weitesten verbreitete französische Jagdhundrasse.

**Größenvergleich**
(Mensch = 180 cm)

## Eigenschaften

Die heute kleinste bekannte Vorstehhundrasse steht ihren großen Brüdern in nichts nach. Trotz der äußerlichen Ähnlichkeit gehört der Epagneul Breton nicht zu den Stöberhunden. Er sucht ruhig und zielstrebig mit hoher Nase in weiten Bögen und steht fest vor. Nach dem Schuss apportiert er sicher und ist bedingt auch für die Schweißarbeit (Suche nach angeschossenem Wild) geeignet. Robust und reaktionsschnell, bereiten ihm schwieriges Gelände und Wasserarbeit keinerlei Probleme. Seine Raubzeugschärfe ist wenig ausgeprägt. Viele Epagneul Breton werden mit Stummelrute geboren.

## Haltung

Dieser sanfte, überaus umgängliche Hund ist bestens für Jäger geeignet, die einen vielseitig begabten vollwertigen Vorstehhund für beengtere Wohnverhältnisse suchen. Im Haus und in der Familie verhält er sich ruhig und unauffällig. Er bellt wenig. In der Natur entfaltet das bewegungsfreudige Energiebündel seine große Jagdpassion. Er ist ausgesprochen leichtführig und kinderfreundlich.

# Australian Kelpie

**Größenvergleich**
(Mensch = 180 cm)

## Geschichte

Um 1870 brachten schottische Auswanderer kurzhaarige Collies nach Australien. Um eine Rasse zu züchten, die sich bestmöglich für das Hüten der riesigen Schafherden in dem weiten Land eignete, wurden andere europäische Hütehunde eingekreuzt. 1872 gewann eine Hündin namens Kelpie (gälisch = Wassergeist) den ersten nationalen Hütewettbewerb. Ihre Nachfahren gaben der neuen Rasse ihren Namen.

## Eigenschaften

Der Kelpie ist ein leidenschaftliches Arbeitstier, dem auch extrem hohe Temperaturen nichts anhaben können. Störrische Schafe bringt er unerbittlich zur Räson. Menschen gegenüber zeigt der Kelpie eine sehr geringe Aggressivität. Beim Treiben im Pferch scheut sich der eifrige, aber dennoch ruhige Hund auch nicht, über die Rücken der Schafe zu laufen.

## Haltung

Große Ausdauer, Bewegungsfreude und hohe Konzentrationsfähigkeit verleihen dem Kelpie auch die Eignung für anspruchsvolle Aufgaben wie die Rettungshundearbeit. Seine Bewegungsfreude könnte der agile Vierbeiner im Agility-Sport ausleben. Obwohl es der Kelpie gewohnt ist, selbstständig zu arbeiten, und er durchaus auch einen gewissen Dickkopf hat, zeigt er sich bei konsequenter Erziehung seinem Herrn gegenüber folgsam und eignet sich auch für Obedience-Übungen. In der Stadt und als reiner Familienhund ohne Aufgabe fühlt sich der Kelpie nicht wohl. Unterforderte Hunde können Verhaltensauffälligkeiten entwickeln.

**Schulterhöhe**
Rüde 46–51 cm, Hündin 43–48 cm

**Gewicht**
16–22 kg

**Fellfarbe**
Rot, rot-loh, schwarz, schwarz-loh, schokoladenbraun oder rauchblau.

**Gesundheit**
Anfällig für Ellenbogengelenksdysplasie.

Geeignet für nicht ganz unerfahrene Anfänger.

# Whippet

**Größenvergleich**
(Mensch = 180 cm)

**Schulterhöhe**
Rüde 47–51 cm, Hündin 44–47 cm

**Gewicht**
Etwa 9–12 kg

**Fellfarbe**
Alle Farben und Farbkombinationen sind zugelassen.

**Gesundheit**
Keine rassetypischen Krankheiten bekannt, doch etwas anfällig für Verletzungen.

Geeignet für Anfänger.

## Geschichte

Zierliche, schlanke Windhunde vom Whippet-Typ gab es schon im 17. Jahrhundert, doch die heutige Rasse entstand erst im späten 19. Jahrhundert. Sie wurde in Nordengland von Bergleuten und Fabrikarbeitern aus kleinwüchsigen Greyhounds und Windspielen sowie kurzhaarigen Terriern erzüchtet und zunächst für die – meist illegale – Hasenhatz verwendet. Später stieg dieser proletarische Wildererhund, der wie eine verkleinerte Ausgabe des vornehmen Greyhounds aussieht und deshalb als »Windhund des kleinen Mannes« bezeichnet wird, zum beliebten Rennhund auf, der ein Tempo von mehr als 60 km/h vorlegen kann.

## Eigenschaften

Der vierbeinige Jäger und Sprinter gibt erstaunlicherweise einen sehr sympathischen Familienhund ab, der zwar nach wie vor gern rennt, aber sich auch bereitwillig in das häusliche Leben einfügt. Er ist anhänglich, intelligent, leise, sauber, kinderfreundlich und dabei, seiner zerbrechlich wirkenden Erscheinung zum Trotz, recht widerstandsfähig, wenig krankheitsanfällig und langlebig. Er lässt sich gern verwöhnen, hält jedoch stets ein wenig auf Distanz. Typisch für die Rasse ist die eingeklemmt getragene Rute, was kein Zeichen von Ängstlichkeit, sondern ein normales Verhaltensmerkmal ist.

## Haltung

Einem Whippet gefällt es auch in der Stadt, wenn er sich draußen genügend austoben kann. Er geht aber auch brav bei Fuß oder an der Leine.

# Nova Scotia Duck Tolling Retriever

**Größenvergleich**
(Mensch = 180 cm)

## Geschichte

Die Heimat dieser kleinsten Retrieverrasse ist die Halbinsel Neuschottland im Süden Kanadas. Die Indianer dieser Gegend beobachteten Füchse, die schwanzwedelnd mit spielerischen Gebärden Wildenten anlockten, bis diese in die Reichweite von versteckt lauernden Füchsen gelangten. Mit ihren Hunden ahmten die Indianer diese Jagdart nach. Der Nova Scotia Duck Tolling Retriever, kurz »Toller« genannt, entstand Anfang des 19. Jahrhunderts. Zu seinen Ahnen gehören die rotbraunen Indianerhunde und verschiedene andere Retrieverrassen, aber auch Cocker Spaniels, Setter und Shelties. Die Rasse wurde 1982 anerkannt. Sie wird auch in Europa als Familienhund immer beliebter.

## Eigenschaften

Bei der Jagd versteckt sich der Jäger im Gebüsch, während sein Hund unermüdlich am Ufer herumtollen soll. Das lustige Schwanzwedeln scheint für die neugierigen Enten besonders anziehend zu sein. Sind die Enten nahe genug herangeschwommen, ruft der Jäger seinen Hund zurück und schießt die auffliegenden Wasservögel. Der Toller apportiert sie mit großer Begeisterung. Auch bei uns kann diese Rasse auf Jagdprüfungen für Retriever geführt werden.

## Haltung

Der Toller ist ein intelligenter, lebhafter, robuster Allwetterhund, der gerne sportliche Menschen begleitet. Er fügt sich, wenn er genügend Auslauf hat, problemlos ins Familienleben ein und spielt auch gerne mit Kindern. Er ist leicht zu erziehen und neigt nicht zum Wildern und Streunen.

**Schulterhöhe**
Rüde 48–51 cm, Hündin 45–48 cm (jeweils ± 3 cm)

**Gewicht**
Rüde 20–23 kg, Hündin 17–20 kg

**Fellfarbe**
Verschiedene Rottöne oder orange mit weißen Abzeichen an Kopf, Brust, Pfoten und Rute.

**Gesundheit**
Anfällig für Hüftgelenksdysplasie und Ellenbogengelenksdysplasie.

Geeignet für Anfänger.

**Größenvergleich**
(Mensch = 180 cm)

# Finnischer Lapphund

**Schulterhöhe**
Rüde 46–52 cm, Hündin 40–46 cm

**Gewicht**
20–21 kg

**Fellfarbe**
Alle erlaubt.

**Gesundheit**
Keine rassetypischen Krankheiten bekannt.

Geeignet für fortgeschrittene Anfänger.

## Geschichte

In den Tundragebieten Skandinaviens stellten die Samen (Lappen) seit jeher mit nordischen Jagdhunden dem Rentier nach. Nach der Domestikation des Rentiers war jedoch ein anderer Hundetyp verlangt, und die nordischen Spitze wurden mit europäischen Hütehunden gekreuzt. Dadurch entstanden an die arktischen Bedingungen bestens angepasste Hütehunde für die oft riesigen Rentierherden. Charakteristisch sind eine große Variationsbreite im Erscheinungsbild der Rasse. Heute wird der Finnische Lapphund auch in seiner Heimat kaum mehr zum Hüten eingesetzt, findet aber immer mehr Freunde als Haus- und Familienhund. Bei uns ist diese aparte Rasse fast unbekannt.

## Eigenschaften

Der Suomenlapinkoira, wie er in seiner Heimat heißt, ist ein robuster, selbstständig arbeitender Hof- und Hütehund. Laut Standard soll er auch ein zuverlässiger Wachhund sein. Sein Jagdinstinkt ist nur schwach ausgeprägt. Er meldet Ungewöhnliches, ist Fremden gegenüber aber freundlich eingestellt. Auf Umwelteinflüsse reagiert er mutig, gelassen und ausgeglichen. Er hängt sehr an seiner Familie und liebt Kinder.

## Haltung

Der Lapphund ist ein lerneifriger, intelligenter, wetterfester »Outdoorhund«. Er braucht unbedingt eine Beschäftigung, die den intelligenten, bewegungsfreudigen Vierbeiner auslastet. Agility-Aufgaben können ihm Freude bereiten. Sture Unterordnungsübungen sind nichts für ihn. Kein Hund für Stubenhocker und bequeme Menschen.

# Deutsche Bracke

## Geschichte

Von alters her sind in Deutschland viele lokale Brackenrassen bekannt. Seit 1900 trägt das Kreuzungsprodukt aus der größeren Steinbracke und der kleinen, zierlicheren Holzbracke den offiziellen Namen Deutsche Bracke. Nach ihrem Hauptzuchtort im sauerländischen Olpe heißt sie auch Sauerländische oder Olper Bracke. In den Niederlanden kennt man die Rasse als Steenbracke.

## Eigenschaften

Das so genannte Brackieren ist eine Jagdart für weites Gelände. Die Hunde, früher nur in Meuten eingesetzt, stöbern das Wild auf und verfolgen es ausdauernd spurlaut, bis sie es dem Jäger vor die Flinte treiben können. Das typische Brackieren kann in den heute viel kleineren Jagdrevieren kaum noch durchgeführt werden. Inzwischen kommen Deutsche Bracken meist bei großräumigen Jagden auf Schalenwild zum Einsatz. Sie leisten mit ihren sehr feinen Nasen auch bei der Schweißarbeit Hervorragendes und apportieren kleines Wild sicher. Deutsche Bracken jagen mit lautem Gebell (spurlaut) und unbedingtem Finderwillen.

## Haltung

Die spurlaut jagende Deutsche Bracke ist ein feinfühliger und wesensfester Hund und leichter zu erziehen als andere Bracken. Im Haus verhält sich dieser Hund angenehm ruhig. In der freien Natur zeigt sich allerdings seine sehr große Jagdpassion. Daher ist die Deutsche Bracke nur sehr eingeschränkt als Begleithund tauglich. Ohne jagdliche Aufgabe sollte diese Rasse nicht gehalten werden.

**Schulterhöhe**
40–53 cm

**Gewicht**
Um 20 kg

**Fellfarbe**
Rot bis gelb mit schwarzem Mantel, weiße Brackenabzeichen.

**Gesundheit**
Keine rassetypischen Krankheiten bekannt.

Geeignet bevorzugt für Jäger.

# Berger des Pyrénées

**Größenvergleich**
(Mensch = 180 cm)

**Schulterhöhe**
Etwa 40–54 cm

**Gewicht**
Um 15 kg

**Fellfarbe**
Sandfarben bis rotbraun, grau, schwarz, auch gestromt oder getigert.

**Gesundheit**
Keine rassetypischen Krankheiten bekannt.

Geeignet für nicht ganz unerfahrene Anfänger.

## Geschichte

Auf Deutsch wird die Rasse Pyrenäenschäferhund genannt (»berger« bedeutet sowohl Schäfer als auch Schäferhund), doch international verbindlich und gebräuchlich ist der französische Name. Dieser robuste Vierbeiner gilt als ältester Schäferhund Frankreichs, aber seine heutige Form hat sich wohl erst seit dem 18. Jahrhundert herausgebildet. Die flinken, zähen und ausdauernden Hunde hüteten und trieben die Herden, die in einer Art Arbeitsteilung von den viel größeren Pyrenäenberghunden vor Wölfen geschützt wurden. Der Berger des Pyrénées wird von jeher in zwei Haarschlägen gezüchtet: langhaarig (»à poil long«) und, seltener, mit kurzem Gesichtshaar (»à face rase«).

## Eigenschaften

In den letzten Jahrzehnten hat der Berger des Pyrénées als Familienhund immer mehr Freunde gewonnen, vor allem der schöne langhaarige Schlag. Man muss sich allerdings darauf einstellen, dass man es hier mit einem aktiven, temperamentvollen, selbstbewussten und energiegeladenen ehemaligen Arbeitshund zu tun hat, der sich zuweilen etwas misstrauisch und ruppig gebärdet. Er schlägt bei jeder Störung an, ist aber kein Kläffer.

## Haltung

Sie ist auch in der Stadt möglich, sofern er frühzeitig konsequent, aber behutsam zum Gehorsam erzogen wird und sehr viel Auslauf bekommt. Das Fell ist pflegeleicht, sollte aber regelmäßig gebürstet werden.

# Bayerischer Gebirgsschweißhund

## Geschichte

Der Bayerische Gebirgsschweißhund entstand in der zweiten Hälfte des 19. Jahrhunderts aus Kreuzungen der Tiroler- und Brandlbracke mit dem Hannoverschen Schweißhund, der für den Einsatz im extremen Berggelände zu schwer und massig war. So erhielt man einen Jagdhund, der auch in unwegsamem Felsengelände mit extremer Passion überwiegend in freier Suche der Schweißfährte angeschossenen Wildes folgte. Seine Mannschärfe half gerade in Zeiten der Wilderei dem Jäger bei seiner gefährlichen Arbeit.

## Eigenschaften

Nach einem strengen Ehrenkodex darf ein Jäger angeschossenes, flüchtiges Wild nicht einfach verenden lassen. Schweißhunde sind die Spezialisten für diese so genannte Nachsuche. Der schneidige Bayerische Gebirgsschweißhund wird auch gerne an Schwarzwild eingesetzt. Er ist ein sicherer Totverbeller und -verweiser, der dem Jäger den Weg zum Gefundenen zeigt. Sein Charakter ist ruhig, selbstsicher und ausgeglichen. Fremden Menschen gegenüber verhält er sich reserviert, in friedlichen Situationen aber nicht aggressiv. Seine Arbeitsbefähigung muss er in strengen Prüfungen beweisen.

## Haltung

Dieser Vollblutjagdhund wird noch heute zu Recht nur an Jäger abgegeben. Er muss seine Hetzleidenschaft ausleben können, sonst verkümmert der edle Hund. Entsprechend seinen Veranlagungen ausgelastet, ist er ein angenehmer und pflegeleichter Familienhund, der auch nichts gegen Kinder einzuwenden hat.

**Schulterhöhe**
Rüde 47–52 cm, Hündin bis 48 cm

**Gewicht**
Um 30 kg

**Fellfarbe**
Rehbraun, rot, rot gestromt oder schwarz gestromt; kleiner heller Brustfleck zulässig.

**Gesundheit**
Keine rassetypischen Krankheiten bekannt.

Geeignet nur für Jäger.

# English Springer Spaniel

**Schulterhöhe**
Um 51 cm

**Gewicht**
22–24 kg

**Fellfarbe**
Schwarz-weiß oder braun-weiß, mit oder ohne rote Abzeichen.

**Gesundheit**
Anfällig für Augenprobleme.

Geeignet für Anfänger.

## Geschichte

Schon 1570 wird ein Springer Spaniel von Dr. Caius, einem Arzt von Eduard VI., schriftlich erwähnt. Zunächst war das Aufstöbern von Wild (englisch: »springing game«) für die Jagd mit dem Falken oder Habicht die Aufgabe des Springer Spaniels. Später wurde mit Netzen gejagt. Inzwischen scheucht der Springer das Wild für den Schuss mit der Flinte auf. Heute ist der Springer Spaniel in England eine der beliebtesten Jagdhundrassen. Allerdings hat sich die Zucht in zwei Linien aufgespalten, die sich sehr unterscheiden: Arbeitshunde werden selten Schönheitschampions, und Schauhunde taugen nicht mehr viel zur Jagd. Als Familienhund gewinnt der Springer Spaniel immer mehr Freunde.

**Größenvergleich**
(Mensch = 180 cm)

## Eigenschaften

Tiere aus Jagdlinien sind hervorragende Gebrauchshunde. Mit feiner Nase stöbern sie gründlich, sprengen das Wild auf und apportieren nach dem Schuss sauber. Springer Spaniels stehen nicht vor und jagen stumm. Daher verwendet man sie hauptsächlich zum Buschieren. Kaninchen- und Fasanenjagd sowie Wasserarbeit liegen ihnen im Blut. Im Wesen sind sie freundlich und umgänglich. Diese Eigenschaft wird besonders bei der Zuchtlinie der Familienhunde gefördert.

## Haltung

Wenn man mit seiner Jagdpassion umgehen kann, ist der Springer Spaniel auch ein anhänglicher und leichtführiger Familien- und Begleithund. Er braucht aber viel Bewegung und eine Beschäftigung, die ihn ausfüllt. Das lange Fell und die Ohren müssen regelmäßig gepflegt werden.

# Bullterrier

**Größenvergleich**
(Mensch = 180 cm)

## Geschichte

Der Name Bullterrier verrät die Abstammung dieser Rasse, die um die Mitte des 19. Jahrhunderts entstanden ist: Ein gewisser James Hinks kreuzte damals die alte englische Bulldogge mit dem inzwischen ausgestorbenen White Terrier (und mit anderen Terriern) und schuf so einen stämmigen, ungewöhnlich willens- und muskelstarken Kraftprotz, den man nur mit einigem Wohlwollen als schön bezeichnen kann. Gleichzeitig entwickelte sich neben dem Standardmodell als eigene Rasse der so genannte Zwergbullterrier, der eine exakte Verkleinerung des Bullterriers darstellt, aber mit einer maximalen Schulterhöhe von 35,5 cm etwas niedlicher wirkt.

## Eigenschaften

Der Bullterrier ist ein Hund mit zwei Gesichtern: Einerseits gibt er einen liebenswerten, intelligenten, anhänglichen, sanftmütigen und kinderfreundlichen Familienhund ab, andererseits kann dieses sympathische Wesen unverhofft ausrasten. Dann geht sein kaum noch zu zügelnder Aggressionstrieb mit ihm durch, der sich scheinbar unmotiviert gegen einen vermeintlichen vier- oder zweibeinigen Widersacher richtet, zuweilen sogar gegen Mitglieder der eigenen Familie. Da das ungemein kraftvolle Gebiss nicht mehr loslässt, was es einmal gepackt hat, sind die Folgen meist katastrophal.

## Haltung

Ein Bullterrier muss stets unter Kontrolle gehalten werden. In etlichen Bundesländern ist die Haltung verboten oder unterliegt Beschränkungen. Sonst ist die Rasse unproblematisch.

**Schulterhöhe**
Nicht vorgeschrieben, meist 40–55 cm

**Gewicht**
20–32 kg, aber ebenfalls nicht vorgeschrieben

**Fellfarbe**
Reinweiß, weiß mit dunklen Abzeichen am Kopf, falb, rot, gestromt oder dreifarbig.

**Gesundheit**
Anfällig für Herz- und Nierenkrankheiten, Hautleiden und Taubheit (bei weißen Tieren).

Geeignet nur für sehr verantwortungsvolle Fortgeschrittene.

# Podengo Português medio

**Schulterhöhe**
40–55 cm

**Gewicht**
16–20 kg

**Fellfarbe**
Gelb, hell- bis dunkelfalb, mattschwarz, einfarbig oder mit weißen Abzeichen.

**Gesundheit**
Keine rassetypischen Krankheiten bekannt.

Geeignet für fortgeschrittene Anfänger.

**Größenvergleich**
(Mensch = 180 cm)

## Geschichte

Der Podengo Português gehört zu den Laufhunden des Mittelmeerraumes. In Portugal wird er in kleiner, mittlerer und großer Form, jeweils kurz- und rauhaarig gezüchtet. Hunde dieses Typs sind schon auf altägyptischen, griechischen und römischen Darstellungen abgebildet. Ursprünglich wurden die windhundartigen Jagdhunde wohl vom ägyptischen Raum ausgehend durch phönizische Händler im Mittelmeerraum verbreitet. Der mittelgroße Podengo Português medio ist in seiner Heimat ein weit verbreiteter Jagd- und Wachhund. Einzeln oder in der Meute gilt er als unermüdlicher Kaninchenjäger. In letzter Zeit gelangt er als Urlaubsmitbringsel oder über Tierschutzorganisationen vermehrt nach Deutschland.

## Eigenschaften

Im Haus verhält sich der Podengo Português angenehm ruhig. Draußen entfaltet der freundliche, robuste Hund ein erstaunliches Temperament – vor allem wenn es ums Jagen geht. Die Rasse ist robust, genügsam und pflegeleicht.

## Haltung

Wenn sich der mittelgroße Podengo Português selbst konsequenten Erziehungsversuchen widersetzt, hat das nichts mit mangelnder Intelligenz, sondern mit seinem eigenständigen Wesen zu tun. Der Hund braucht viel Bewegung, kann aber in der freien Natur kaum von der Leine gelassen werden, da er bei der geringsten Wildwitterung jeglichen Gehorsam vergisst. Hundesportliche Aktivitäten können ihn nur bedingt begeistern. Das macht die Haltung in unseren Breiten schwierig.

**Größenvergleich**
(Mensch = 180 cm)

# Cão da Serra de Aires

## Geschichte

Im südlichen Portugal, zwischen dem Fluss Tejo und der Algarve, hütet der Cão da Serra de Aires Schafe, Ziegen, Pferde, ja sogar Schweine und Stiere. Sein genauer Ursprung liegt im Dunkeln. Er wanderte wohl mit den Schafherden auf die Iberische Halbinsel ein und dürfte mit anderen europäischen zottigen Hütehunden verwandt sein. Vermutlich ist er ein Vetter des Gos d'Atura. Planmäßig gezüchtet wird der Cão da Serra de Aires noch nicht lange. In Portugal erfreut er sich wachsender Beliebtheit und wird langsam auch außerhalb der Landesgrenzen bekannt.

## Eigenschaften

Der Portugiesische Schäferhund, wie er bei uns auch genannt wird, hat sich seine ursprüngliche Robustheit bis jetzt noch erhalten können. Er ist ein unverfälschter, anspruchsloser, wachsamer Hütehund. Voll Eifer, Temperament und Ausdauer geht er seiner Arbeit nach. Misstrauen gegenüber Fremden ist ihm angeboren. Seiner Familie aber ist er liebevoll und treu ergeben und akzeptiert auch deren Freunde.

## Haltung

Kann dieser agile und arbeitswillige Hund seinen Beschäftigungsdrang nicht stillen, entwickeln sich bei ihm leicht Verhaltensstörungen wie Zerstörungswut. Er ist sehr gut für bewegungsintensive Hundesportarten wie z. B. Agility geeignet. Der Cão da Serra de Aires erkennt bei seiner Erziehung nur echte Autorität an. Das Fell des anpassungsfähigen Familienhundes muss regelmäßig gebürstet werden, sonst verfilzt es leicht.

**Schulterhöhe**
Rüde 45–55 cm, Hündin 42–52 cm

**Gewicht**
12–18 kg

**Fellfarbe**
Gelb, braun, lohfarben, wolfsgrau oder schwarz, mit rotbraunen Abzeichen.

**Gesundheit**
Keine rassetypischen Krankheiten bekannt.

Geeignet für fortgeschrittene Anfänger.

**Größenvergleich**
(Mensch = 180 cm)

# Steirische Rauhaarbracke

**Schulterhöhe**
Rüde 47–53 cm, Hündin 45–51 cm

**Gewicht**
19–22 kg

**Fellfarbe**
Rot und fahlgelb.

**Gesundheit**
Keine rassetypischen Krankheiten bekannt.

Geeignet für Jäger.

## Geschichte

Um das Jahr 1880 schuf der Züchter Karl Peintinger durch die Kreuzung von Hannoverschem Schweißhund mit der rauhaarigen Istrianer Bracke und vermutlich auch der Brandlbracke die »Steirische Rauhaarige Hochgebirgsbracke«. Vom Schweißhund erbte die Peintingerbracke, wie sie auch heißt, die rote Fellfarbe und die vorzüglichen jagdlichen Fähigkeiten. Die Istrianer Bracke brachte das raue Haarkleid, die körperliche Befähigung zur Jagd in schwierigstem Gebirgsgelände und den Spurlaut. Da bei der Zucht in erster Linie die Gebrauchstüchtigkeit zählt, können die Hunde etwas uneinheitlich ausfallen. Züchter geben ihre Welpen nur an Jäger ab.

## Eigenschaften

Die sehr seltene Peintingerbracke ist ein unempfindlicher, harter Jagdhund. Wichtig für die Jagd im unübersichtlichen Gebirgsgelände ist ein lockerer, lauter Hals bei der Verfolgung des Wildes und auf der Wundspur. Ihr unbedingter Spurwille und die Spurtreue, gepaart mit einer exzellenten Nasenleistung, zeigt sich auch in hervorragenden Nachsuchen. Die Rauhaarbracke ist unempfindlich gegen Regen, Schnee und Kälte, erträgt aber auch Hitze und Durst über längere Zeit, ohne Schaden zu nehmen. Diese Hunde besitzen ein freundliches Wesen und sind nicht schwer zu führen.

## Haltung

Der vielseitige passionierte Jagdhund muss seiner Veranlagung gemäß arbeiten, um seinem Wesen gerecht zu werden. Als reiner Familien- und Begleithund wäre dieser intelligente Vierbeiner unglücklich.

**Größenvergleich**
(Mensch = 180 cm)

# Deutscher Wachtelhund

## Geschichte

Seit dem Aufkommen der Feuerwaffen verlangten die Jäger immer mehr nach Vorstehhunden. Die alten deutschen Stöberhunde, in der Jagdliteratur schon zu Beginn des 18. Jahrhunderts als dem »Wachtel« sehr ähnlich beschrieben, verschwanden allmählich. Erst mit dem Niedergang der Hochwildjagd in weiten Teilen Deutschlands und der zunehmenden Bedeutung der Niederwildjagd um 1900 wuchs der Bedarf nach laut jagenden Stöberhunden wieder. Die Neuzucht des alten Wachtelhundes begann mit einer Restpopulation auf der Oberbayerischen Seenplatte. Seine heutige Beliebtheit hat der Wachtel vor allem Rudolf Friess zu verdanken, der die Rasse unermüdlich förderte. In angelsächsischen Ländern wird der Wachtel auch »German Spaniel« genannt.

## Eigenschaften

Der Deutsche Wachtelhund ist ein vielseitiger Gerbrauchshund für den Förster und Waldjäger. Feldarbeit liegt ihm weniger. Er gilt als spur- und fährtensicherer Lautstöberer, der auch eine gute Wasserarbeit zeigt. Bei der Nachsuche apportiert er kleines Wild sicher. Dem Wachtel ist eine ausgeprägte Raubzeugschärfe angeboren. Er darf weder ängstlich noch Menschen gegenüber aggressiv sein.

## Haltung

Der gelehrige, lebhafte Hund ist voll Jagdpassion, hart, mutig und selbstbewusst. Aufstöbern und Finden von Wild liegt ihm im Blut. Er kann kein reiner Begleithund sein.

**Schulterhöhe**
Rüde 48–54 cm, Hündin 45–51 cm

**Gewicht**
Um 20 kg

**Fellfarbe**
Einfarbig dunkelbraun mit oder ohne weiße Abzeichen und Brand; Braunschimmel oft mit braunem Kopf, braunen Platten oder braunem Mantel; Tiger mit weiß gesprenkelter oder getupfter Grundfarbe.

**Gesundheit**
Keine rassetypischen Krankheiten bekannt.

Geeignet nur für Jäger.

# Gos d'Atura Català

**Schulterhöhe**
Rüde 47–55 cm, Hündin 45–53 cm

**Gewicht**
Um 20 kg

**Fellfarbe**
Braun, sandfarben, grau oder schwarz mit hellen Abzeichen.

**Gesundheit**
Keine rassetypischen Krankheiten bekannt.

Geeignet für Anfänger.

## Geschichte

Die Heimat des Gos d'Atura Català (auch Perro de Pastor Catalan genannt) ist Katalonien. In dieser Region im Nordosten Spaniens ist die Rasse im 18. Jahrhundert entstanden. Der Katalanische Schäferhund, wie er bei uns heißt, ist eng mit anderen europäischen Schäferhunden verwandt. »Gos« bedeutet in katalanischer Mundart Hund und »d'Atura« bezieht sich auf die Arbeitsweise der Tiere bei den Schafherden. Die Rasse wurde nie auf Schönheit, sondern nach Arbeitstauglichkeit gezüchtet und fällt daher regional im Typ etwas unterschiedlich aus. 1929 wurde der erste Standard von der FCI anerkannt.

**Größenvergleich**
(Mensch = 180 cm)

## Eigenschaften

Der Gos d'Atura ist es seit Jahrhunderten gewohnt, sehr eng mit seinen Menschen zusammenzuarbeiten. Gut geführt, folgt er jedem Wink des Hirten, kann aber, wenn nötig, auch selbstständig Entscheidungen treffen. In der Ausbildung erscheint er daher manchmal etwas stur. Fremden gegenüber bleibt er misstrauisch und sehr wachsam. Diese wetterfesten Hunde vertragen sowohl große Kälte als auch Hitze gut.

## Haltung

Dieser lauffreudige Hund braucht einen sportlichen Herrn, der mit ihm bei Wind und Wetter lange Spaziergänge und Wanderungen unternimmt oder joggt. Hundesportarten, bei denen es mehr auf schnelle Bewegungen als auf exakten Gehorsam ankommt (Agility, Turnierhundesport), sind gut geeignet, den gelehrigen, quirligen Hund auch geistig auszulasten. Dann ist er ein angenehmer Familienhund.

# Cão de Agua Português

## Geschichte

Der Cão de Agua ist eine sehr alte portugiesische Wasserhundrasse. An der gesamten Küste war der überaus gelehrige Hund ein hoch geschätzter Helfer der Fischer. Er half beim Einholen der Netze und fing sogar Fische, die aus dem Netz gesprungen waren. Dazu apportierte er alle möglichen Gegenstände, die unbeabsichtigt über Bord gegangen waren, und scheute sich dabei auch nicht zu tauchen. Cão de Aguas wurden auch über weite Entfernungen als Meldebringer vom Boot zum Land und umgekehrt benutzt. Die Schur war früher rein zweckbestimmt. Im vorderen Teil des Körpers blieb das lange Fell als Schutz vor dem kalten Wasser stehen, um die Beweglichkeit beim Schwimmen nicht zu mindern, wurde das Hinterteil geschoren. Als Gehilfe des Fischers ist er heute kaum mehr gefragt.

## Eigenschaften

Unter den harten Arbeitsbedingungen konnten nur robuste und gesunde Rassevertreter überleben. Der Cão de Agua Português gilt auch heute noch als sehr widerstandsfähig. Die Technik hat den Einsatz der Rasse überflüssig gemacht, doch den Mut und das Draufgängertum, das sie bei ihrer gefährlichen Arbeit brauchte, ist erhalten geblieben. Dabei bereitet es dem sehr intelligenten Hund Freude, die Anweisungen seines Herrn schnell und zuverlässig auszuführen.

## Haltung

Der portugiesische Wasserhund ist leicht erziehbar. Mit seinem umgänglichen, fröhlichen Wesen ist er ein beliebter Haus- und Familienhund und Freund der Kinder.

**Schulterhöhe**
Rüde 50–57 cm (ideal 54 cm), Hündin 43–52 cm (ideal 46 cm)

**Gewicht**
Rüde 19–25 kg, Hündin 16–22 kg

**Fellfarbe**
Schwarz, weiß, braun, schwarz-weiß oder braun-weiß.

**Gesundheit**
Keine rassetypischen Krankheiten bekannt.

Geeignet für Anfänger.

# Border Collie

**Schulterhöhe**
Beim Rüden idealerweise 53 cm, Hündin etwas kleiner

**Gewicht**
14–22 kg

**Fellfarbe**
Meist schwarz-weiß, aber alle Farben und Farbkombinationen sind erlaubt, wobei Weiß nie überwiegen darf.

**Gesundheit**
Anfällig für Netzhautatrophie, Hüftgelenksdysplasie und Gehirnerkrankungen.

Geeignet für aktive Fortgeschrittene.

## Geschichte

Mit dem »Border« im Namen ist die Grenze zwischen England und Schottland gemeint, wo diese altbewährte Hütehundrasse ihren Ursprung hat. Der Border Collie war – und ist noch immer – ein ausgesprochener Arbeitshund, der seine Aufgabe, das Hüten und Treiben der Schafherden, sehr ernst nimmt und perfekt beherrscht. Mit der Funktion als Begleithund, die man ihm neuerdings immer häufiger zumutet, scheint er sich noch nicht ganz abgefunden zu haben.

**Größenvergleich**
(Mensch = 180 cm)

## Eigenschaften

Der Border Collie ist ein bildschöner, harmonisch proportionierter Vierbeiner, dem man nicht auf Anhieb ansieht, wie viel Kraft, Arbeitseifer und Ausdauer in ihm steckt. Die Rasse zeichnet sich aus durch Robustheit, Intelligenz, Unerschrockenheit und ein schnelles Auffassungs- und Reaktionsvermögen, aber auch durch eine gewisse angeborene Schärfe, die sich unangenehm bemerkbar machen kann, wenn der Hund nicht genügend gefordert wird und keine echte Aufgabe hat.

## Haltung

Ein Border Collie eignet sich nur für fortgeschrittene Hundekenner, die auf dem Lande leben und viel Zeit haben, um mit ihrem freiheitsliebenden Gefährten im Gelände herumzutollen. Wird ein solcher vierbeiniger Naturbursche ständig eingesperrt, neigt er zu destruktivem Verhalten und anhaltendem lautstarkem Bellen. Die Pflege des Haarkleids ist relativ einfach.

# Chow-Chow

**Größenvergleich**
(Mensch = 180 cm)

## Geschichte

Der imposante Chow-Chow kommt aus China zu uns, wo sein Name nichts anderes als »lecker-lecker« bedeutet. In seiner fernöstlichen Heimat wurde und wird er jedoch nicht nur als Fleischlieferant, sondern auch und vor allem als Wach-, Jagd- und Schlittenhund verwendet. Seine Ursprünge liegen im Dunkeln, doch es steht fest, dass er von nordischen Spitzen abstammt und dass die Ahnen der heutigen Rasse bereits vor 4000 Jahren existierten.

## Eigenschaften

Der Chow-Chow sieht zwar aus wie ein wuschliger großer Teddybär, ist aber alles andere als ein Schmusetier, was man bei genauerem Hinsehen schon an seinem stets mürrisch wirkenden Gesichtsausdruck erkennt. Er ist das, was der Fachmann einen »Ein-Mann-Hund« nennt, also einer, der sich nur einem überlegenen und konsequenten Herrn unterordnet. Selbst seinen zweibeinigen Rudelgefährten gegenüber bleibt er meist reserviert, und Fremden begegnet er mit abweisendem Misstrauen. Er kann sogar blitzschnell zuschnappen, wenn er sich belästigt fühlt. Andererseits besitzt dieser Aristokrat mit der blauen Zunge ein ruhiges, gelassenes Naturell. Vom Spielen und Herumtollen hält er sowieso nichts.

## Haltung

Dies ist ein Hund für Fortgeschrittene mit einer starken Hand. Er nimmt, da er wenig bewegungsfreudig ist, auch mit einer Stadtwohnung vorlieb. Sein üppiges Haarkleid verlangt intensive Pflege.

**Schulterhöhe**
Rüde 48–56 cm, Hündin 46–51 cm

**Gewicht**
Um 30 kg

**Fellfarbe**
Einfarbig schwarz, rot, blau, zimt, creme oder weiß.

**Gesundheit**
Anfällig für Entropium, Hautkrankheiten und Hüftgelenksdysplasie.

Geeignet für Fortgeschrittene.

# Wolfsspitz

**Schulterhöhe**
45–55 (–60) cm, idealerweise 50 cm

**Gewicht**
Um 25 kg

**Fellfarbe**
Wolfsgrau.

**Gesundheit**
Keine rassetypischen Krankheiten bekannt.

Geeignet für nicht ganz unerfahrene Anfänger.

**Größenvergleich**
(Mensch = 180 cm)

## Geschichte

Der (Deutsche) Wolfsspitz verkörpert keine eigene Rasse, sondern nur den größten Schlag der Rasse Deutscher Spitz. Über diese Zuordnung könnte man streiten, denn der Wolfsspitz fällt zweifellos ein wenig aus der Rolle: Einerseits gerät er ungewöhnlich groß, andererseits wird er, im Unterschied zu den kleineren Schlägen, nur in einer einzigen Farbe (Wolfsgrau) gezüchtet, wodurch er in die Nähe des sehr ähnlichen, ebenfalls stets wolfsgrau gefärbten holländischen Keeshond rückt. Wolfsspitz und Keeshond werden in mehreren Ländern als getrennte Rassen aufgefasst, aber die FCI erklärt beide für identisch und schlägt somit den Keeshond kurzerhand dem Wolfsspitz zu. Wie dem auch sei, der Wolfsspitz geht gleichfalls auf die so genannten Torfhunde der jüngeren Steinzeit zurück und dient seit Jahrhunderten den Bauern als treuer Wächter von Haus und Hof.

## Eigenschaften

Heute ist der Wolfsspitz ein freundlicher, zuverlässiger, intelligenter, anhänglicher und äußerst wachsamer Familienhund, der keine Neigung zum Wildern oder Jagen und zum Herumstreunen zeigt.

## Haltung

Ein Wolfsspitz fühlt sich in ländlichen Regionen wohler als in der Großstadt, wo er sich allerdings dank seiner großen Anpassungsfähigkeit mühelos eingewöhnen kann. Seine Kläfflust lässt sich durch konsequente Früherziehung vielleicht etwas eindämmen. Das prachtvolle Haarkleid muss regelmäßig gebürstet werden.

**Größenvergleich**
(Mensch = 180 cm)

# Barbet

## Geschichte

Hunde, die dem Barbet ähneln, wurden schon in Aufzeichnungen aus dem 16. Jahrhundert beschrieben. Sein Name wird von »barbe«, französisch für »Bart«, abgeleitet. Dieser französische Vorsteh- und Wasserhund gilt als Vorfahr aller europäischen Wasserhunde, einschließlich des Pudels. Einst war es nicht nur seine Aufgabe, Enten und anderes Wild aus dem Wasser zu apportieren, sondern er suchte auch die vom Jäger verschossenen Pfeile und half Fischern bei ihrer Arbeit. Heute ist die Rasse auch in Frankreich selten anzutreffen.

## Eigenschaften

Die Arbeitsweise des Barbet ist ruhig und bedächtig, aber sehr zielstrebig und zuverlässig.
Bei der Wasserarbeit schützt ihn sein welliges Haarkleid mit der dichten Unterwolle vor eisigen Temperaturen und Verletzungen durch scharfe Schilfhalme.
Bei der Arbeit im freien Feld ist er etwas hitzeempfindlich, im Umgang mit Menschen freundlich und sensibel.

## Haltung

Der Barbet eignet sich mit seiner feinen Nase für den Jagdgebrauch, ist aber vielen Jägern heute zu langsam in seiner Arbeitsweise. Der stets aufmerksame und lernbegierige Hund fühlt sich auch in der Familie mit Kindern wohl und ist ein angenehmer Begleithund. Die Pflege des Haarkleides ist aufwändig. Das dichte, wollige Fell schützt den Hund vor Kälte und Verletzungen, verfilzt aber leicht und sollte einmal im Jahr zur warmen Zeit geschoren werden.

**Schulterhöhe**
45–58 cm

**Gewicht**
Um 25 kg

**Fellfarbe**
Weiß, kastanienbraun, rehbraun, grau oder schwarz.

**Gesundheit**
Keine rassetypischen Krankheiten bekannt.

Geeignet für Anfänger.

**Größenvergleich**
(Mensch = 180 cm)

# Kleiner Münsterländer

**Schulterhöhe**
Rüde 50–56 cm, Hündin 48–54 cm

**Gewicht**
Um 15 kg

**Fellfarbe**
Weiß oder Schimmel mit braunen Platten.

**Gesundheit**
Etwas anfällig für Entropium und Hüftgelenksdysplasie.

Geeignet für nicht ganz unerfahrene Anfänger.

## Geschichte

Diese Rasse, die zuweilen auch als Heidewachtel bezeichnet wird, wurde im 19. Jahrhundert im westfälischen Münsterland als ausgesprochener Jagdgebrauchshund, genauer: als Stöber-, Vorsteh- und Apportierhund, erzüchtet. Ihr Typus ist freilich schon seit dem Mittelalter bekannt; als ihre Vorfahren gelten vor allem die alten, längst ausgestorbenen Wachtel- und Habichtshunde. Diese Namen deuten darauf hin, dass die fernen Ahnen des Kleinen Münsterländers vornehmlich für die Vogeljagd und speziell die Beizjagd verwendet wurden. Im Gegensatz zu seinem sehr ähnlichen größeren Vetter, dem Großen Münsterländer (Schulterhöhe ca. 60 cm), hat sich der Kleine Münsterländer zu einem vorzüglichen Familienhund gewandelt, obwohl er noch immer vorwiegend als Jagdhund eingesetzt wird.

## Eigenschaften

Der bildschöne Kleine Münsterländer ist ein robuster, aktiver und intelligenter Hausgenosse, der seinem Herrn und der ganzen Familie loyal ergeben ist. Sein Bewegungsdrang ist zwar nicht ganz so stark ausgeprägt wie bei den meisten anderen Jagdhunden, aber er braucht reichlich körperliche Betätigung: lange Spaziergänge, Apportieren, Schwimmen oder ausgiebige Spiele mit den Kindern des Hauses, denen er sehr zugetan ist.

## Haltung

Die Rasse liebt das Landleben und eignet sich kaum für die Stadt. Ansonsten ist sie unkompliziert, leicht erziehbar und pflegeleicht.

## Geschichte

Der Chodsky Pes gehört zu den erst seit kurzem wiederentdeckten alten Schäferhundrassen. Der Volksstamm der Choden aus dem südlichen Böhmen ist seit Anfang des 14. Jahrhunderts schriftlich bekannt. Mit ihren treuen Hunden bewachten sie die südlichen Grenzen der heutigen Tschechischen Republik. 1984 suchte Jan Findejs Hunde des ursprünglichen Typs zusammen, um die alte Rasse vor dem Aussterben zu bewahren. Es fanden sich einige Liebhaber, die bei der Rückzüchtung der alten Rasse halfen, und man eröffnete ein Zuchtstammbuch. 1991 wurde die Rasse als Arbeitshund national anerkannt.

## Eigenschaften

Der Chodenhund ist ein robuster, zuverlässiger und kerngesunder Arbeitshund von idealer Mittelgröße. Er kann als Wach-, Schutz- und Begleithund, im Hundesport, als Hirtenhund und dank seiner ausgezeichneten Nase auch in der Rettungshundearbeit eingesetzt werden. Selbst als Blindenführhund eignet er sich. Der Chodsky Pes ist von lebendigem, aber sehr ausgeglichenem Charakter. Er ist furchtlos, nervenstark, sehr wachsam, aber nicht aggressiv.

# Chodsky Pes

## Haltung

Der widerstandsfähige und pflegeleichte Chodsky Pes braucht viel Bewegung und Beschäftigung. Seiner Familie und besonders den Kindern gegenüber ist er sehr anhänglich. Fremde betrachtet er mit einem gewissen Abstand. Stets aufmerksam gegenüber seiner Umwelt, ist der gelehrige Hund leicht zu erziehen und zu führen. Er braucht aber eine Beschäftigung.

**Schulterhöhe**
Rüde 52–56 cm, Hündin 49–53 cm

**Gewicht**
16–25 kg

**Fellfarbe**
Schwarz-braun.

**Gesundheit**
Keine rassetypischen Krankheiten bekannt.

Geeignet für Anfänger.

**Größenvergleich**
(Mensch = 180 cm)

# Bearded Collie

**Schulterhöhe**
Rüde 53–56 cm, Hündin 51–53 cm

**Gewicht**
Etwa 25 kg

**Fellfarbe**
Vorzugsweise schiefergrau oder rötlichblond, aber auch grau, blau und sandfarben in allen Tönen, mit oder ohne weiße Abzeichen.

**Gesundheit**
Etwas anfällig für Hüftgelenksdysplasie.

Geeignet für Anfänger.

## Geschichte

Der Bearded Collie, dessen Name etwa mit »bärtiger Schäferhund« zu übersetzen wäre, hat seinen Ursprung in Großbritannien, genauer in Schottland, wo sein Typ seit dem 16. Jahrhundert nachweisbar ist. Der Legende zufolge geht die Rasse nicht nur auf altschottische Schäferhunde zurück, sondern auch auf drei polnische Niederungshütehunde, die dazumal per Schiff auf die Britischen Inseln gelangten.

## Eigenschaften

Aus dem tüchtigen, wetterfesten Arbeitshund, der im schottischen Hochland jahrhundertelang Schafe hütete, ist heute ein modischer Begleithund geworden, nachdem eine englische Züchterin die fast ausgestorbene Rasse um 1950 erneuert hat. Temperamentvoll, schnell und lauffreudig ist er geblieben, und wenn er nicht genügend Bewegung und Beschäftigung bekommt, beginnt er sich zu langweilen und stellt womöglich einigen Unsinn an. An entsprechenden Einfällen mangelt es dem ebenso intelligenten wie verspielten Burschen nur selten.

## Haltung

Der Bearded Collie gibt einen unkomplizierten, liebenswürdigen und anhänglichen Hausgenossen ab, braucht jedoch eine liebevolle, aber konsequente Erziehung und natürlich sehr viel Auslauf bei jedem Wetter. Dank seiner Anpassungsfähigkeit kann er auch in der Stadt gehalten werden. Die Pflege des attraktiven Fells ist sehr aufwändig.

# Pharaonenhund

## Geschichte

Seit mindestens 5000 Jahren sind Jagdhunde dieses Typs im Nahen Osten bekannt. Die Ähnlichkeit mit Abbildungen des ägyptischen Totengottes Anubis ist unverkennbar. Durch phönizische Händler dürfte sich die Rasse vor ungefähr 2000 Jahren im gesamten Mittelmeerraum ausgebreitet haben. In relativ isolierten Regionen wie auf Malta, den Balearen und Sizilien hat sich die Rasse über die Zeiten rein erhalten. Bei der FCI ist Malta als das Ursprungsland eingetragen (Anerkennung 1968). 1974 wurde der Kelb tal Fenek (Kaninchenhund), wie er dort heißt, zum Nationalhund Maltas erklärt.

## Eigenschaften

Pharaonenhunde zählen trotz ihres Aussehens nicht zu den Windhunden, sondern werden als Hunde des Urtyps angesehen. Sie sind schnelle Jäger von enormer Ausdauer und setzen nicht nur das Gehör, sondern auch die Nase ein. Stundenlang hetzen sie das Wild einzeln oder in der Meute, auch in schwerem Gelände und bei großer Hitze. Pharaonenhunde sind freundlich, verspielt und vertrauten Menschen gegenüber anhänglich. Fremde betrachten sie mit Reserviertheit. Die Hunde melden mit energischem Bellen und sind auch sonst sehr mitteilsam.

## Haltung

Pharaonenhunde sind wegen ihrer großen Jagdpassion nichts für Menschen, die geruhsame Spaziergänge in der freien Natur lieben. Die Tiere sind durchaus intelligent, aber von eigenwilligem Wesen und nicht leicht zu erziehen. Im Haus sind sie sehr sauber.

**Schulterhöhe**
Rüde 56–63,5 cm, Hündin 52–61 cm

**Gewicht**
Bis zu 20 kg

**Fellfarbe**
Kräftige Brauntöne mit weißen Abzeichen.

**Gesundheit**
Empfindlich gegen Narkosemittel und Medikamente.

Geeignet für Fortgeschrittene.

# Xoloitzcuintle

**Schulterhöhe**
Varietät Standard 35–58 cm, Varietät Mini max. 35 cm

**Gewicht**
9–14 kg (Minis auch leichter)

**Fellfarbe**
Schwarz, anthrazit, schiefer, rötlichgrau, leberfarben, bronze, rosé oder goldgelb, gefleckt erlaubt.

**Gesundheit**
Anfällig für fehlende Zähne und andere Gebissanomalien.

Geeignet für Fortgeschrittene. Eine Alternative für Menschen mit Hundehaarallergie.

## Geschichte

In Mexiko wurde eine figürliche Darstellung eines Xoloitzcuintle (sprich: Scholo-ietz-kwintli) aus dem Jahr 3700 v.Chr. gefunden. Der Name deutet auf den hundsköpfigen Aztekengott Xolotl hin. Im Glauben der Azteken mussten Verstorbene auf ihrem Weg ins Totenreich von einem Hund geführt werden. Die Xoloitzcuintle dienten so als Opfergabe, waren aber auch lebende Wärmflaschen und eine begehrte kulinarische Delikatesse.

**Größenvergleich**
(Mensch = 180 cm)

## Eigenschaften

Mexikanische Nackthunde, so der deutsche Populärname, sind bis auf vereinzelte, borstige Haare auf der Stirn und dem Ende der Rute haarlos. Ihre sich wie feines Leder anfühlende Haut ist empfindlich gegen Verletzungen, die allerdings schnell heilen. Die Haut des Perro sin pelo mexicano, wie er auf Spanisch heißt, ist im Winter rosa oder hellgrau und färbt sich im Sommer dunkelbraun bis schwarz. Solange sich die Hunde bewegen können, sind sie erstaunlich widerstandsfähig gegen Nässe und Kälte. Der lebhafte Vierbeiner eignet sich als ausdauernder Begleiter. Vertrauten schmiegt sich der fröhliche und intelligente Exot liebevoll an. Fremden begegnet er gleichgültig bis freundlich.

## Haltung

Der Xoloitzcuintle ist der ideale Hund für wärmeliebende Wohnungsinhaber. Die Pflege der Tiere beschränkt sich auf gelegentliche Duschen. Hin und wieder sollte die Haut eingecremt werden. Die Erziehung ist problemlos. Hundeliebhaber mit einer Tierhaarallergie finden in dem Nackthund eine gesundheitsschonende Alternative.

# Hannoverscher Schweißhund

**Größenvergleich**
(Mensch = 180 cm)

## Geschichte

Diese Rasse geht vermutlich bis auf brackenartige Hunde der Kelten zurück, die schon um 500 v. Chr. Wild aufspürten. Die neueren Wurzeln liegen in den Leithunden des Mittelalters. Die Leithunde waren die ruhigsten und feinnasigsten aus einer Brackenmeute. Sie wurden ausschließlich dazu verwendet, die Fährte gesunden Hochwildes, meist starker Hirsche, aber auch Keiler, Wölfe und Bären, bis zu ihrem Einstand zu verfolgen. Das Wild wurde dann mit der restlichen Hundemeute zu Pferde gehetzt. Die Einführung von Feuerwaffen veränderte die Jagdmethoden. Man benötigte nun Hunde zur Nachsuche auf angeschossenes Wild, die auch bis zum Fangschuss spurlaut hetzen konnten. Um wieder Hetzpassion und Lautfreudigkeit in die Leithunde zu bringen, kreuzte man sie vor allem mit der Roten Hannoverschen Haidbracke. So entstand der Hannoversche Schweißhund, den es nun seit ungefähr 200 Jahren in fast unveränderter Form gibt.

## Eigenschaften

Der Hannoversche Schweißhund ist ein hoch spezialisierter Jagdhund zur Nachsuche angeschossenen Wildes (»Schweiß« bedeutet in der Jägersprache Blut). Er wird nur nach Bedarf und Gebrauchswert gezüchtet und ausschließlich an Jäger abgegeben.

## Haltung

Die Ausbildung und Führung eines Schweißhundes erfordert viel Erfahrung. Als reiner Familienhund ist der Hannoversche Schweißhund nicht geeignet. Er verlangt regelmäßigen jagdlichen Einsatz. Sonst ein angenehmer Hausgenosse.

**Schulterhöhe**
Rüde 50–55 cm, Hündin 48–53 cm

**Gewicht**
38–44 kg

**Fellfarbe**
Hell- bis dunkelhirschrot, gestromt mit oder ohne Maske, kleiner weißer Brustfleck erlaubt.

**Gesundheit**
Selten anfällig für Hüftgelenksdysplasie.

Geeignet nur für Jäger.

# Australischer Schäferhund

**Schulterhöhe**
Rüde 46–58 cm, Hündin etwas kleiner

**Gewicht**
Um 20 kg

**Fellfarbe**
Blau- oder rot-merle, schwarz, rot, mit oder ohne weiße oder lohfarbene Abzeichen.

**Gesundheit**
Etwas anfällig für Hüftgelenksdysplasie und Augenerkrankungen.

Geeignet für Fortgeschrittene.

## Geschichte

Der »Australian Shepherd« ist keine australische, sondern eindeutig eine nordamerikanische Rasse. Sie entstand im späten 19. Jahrhundert in Kalifornien, und zu ihren Vorfahren gehörten neben Collies auch aus Australien und Neuseeland importierte Hütehunde, was die offenkundige Falschbenennung erklärt. Der Australian Shepherd ist ein tüchtiger, zuverlässiger Hütehund und wird als solcher von amerikanischen Cowboys noch immer verwendet, doch gleichzeitig gibt er einen attraktiven Familienhund ab, der in Amerika sehr beliebt ist und inzwischen auch in Europa die Herzen der Hundefreunde erobert.

**Größenvergleich**
(Mensch = 180 cm)

## Eigenschaften

Der Hüte- und Schutztrieb ist beim Australian Shepherd stark ausgeprägt, und das bedeutet, dass er seine Familie in jeder Lebenslage beschützt und Weisungen bereitwillig befolgt. Er ist ausdauernd, temperamentvoll, intelligent, gelehrig, wachsam und kinderfreundlich, dabei stets etwas misstrauisch gegenüber Fremden, aber nie von sich aus aggressiv.

## Haltung

Ein solcher Hund gehört in eine ländliche Umgebung, in der er seinen Bewegungsdrang abreagieren und täglich etwas Neues erleben kann. Er lässt sich leicht erziehen, braucht aber, damit er keinen Unsinn anstellt, eine echte Aufgabe. Das Fell ist relativ pflegeleicht, sollte aber regelmäßig ausgebürstet werden.

# Appenzeller Sennenhund

## Geschichte

Dass diese Hunde ihren Ursprung in der Schweiz haben, verrät schon ihr Name. Als ihr Vorläufer gelten die Molosser, die römische Soldaten vor 2000 Jahren in der Schweiz zurückgelassen haben. Die heutige Rasse mit dem schlankeren und fast quadratischen Gebäude und der lustigen Posthornrute entstand allerdings erst in den letzten 100 bis 150 Jahren.

## Eigenschaften

Von Hause aus ist der muskulöse und robuste Appenzeller Sennenhund ein unermüdliches Arbeitstier, das den Almhirten als Viehtreiber hervorragende Dienste leistete und noch immer leistet. Er bewacht und beschützt aber nicht nur zuverlässig die Rinder seines Herrn, sondern auch dessen Haus und Hof. Als Familienhund braucht der Naturbursche ebenfalls eine echte Aufgabe als Bewacher und Beschützer und außerdem reichlich Auslauf und körperliche Betätigung, damit er nicht verkümmert. Das wäre doch schade bei einem Hund, der so viel natürliche Schönheit, gesundes Selbstbewusstsein und menschenfreundliche Lernbereitschaft in sich vereint.

## Haltung

Das Zusammenleben mit einem Appenzeller Sennenhund ist unkompliziert, aber eigentlich nur auf dem Lande möglich. Das kurzhaarige, dicht anliegende Fell benötigt nur wenig Pflege. Vor der Anschaffung eines solchen Hundes ist jedoch zu bedenken, dass er als aufmerksamer Wächter gern und ziemlich lautstark bellt.

**Schulterhöhe**
Rüde 52–58 cm, Hündin 48–54 cm

**Gewicht**
25–32 kg

**Fellfarbe**
Schwarz oder dunkelbraun mit deutlich abgesetzten und symmetrisch verteilten rostbraunen und weißen Abzeichen.

**Gesundheit**
Keine rassetypischen Krankheiten bekannt.

Geeignet für nicht ganz unerfahrene Anfänger.

**Größenvergleich**
(Mensch = 180 cm)

# Elo®

**Schulterhöhe**
46–60 cm, Klein-Elo 35–45 cm

**Gewicht**
20–30 kg, Klein-Elo 10–15 kg

**Fellfarbe**
Keine Farbe festgelegt.

**Gesundheit**
Zuchtziel ist der erbgesunde Hund.

Geeignet für Anfänger.

## Geschichte

1987 gingen Marita und Heinz Szobries daran, einen neuen Typ Hund zu züchten, der sich auch in unserer beengten Umwelt wohl fühlt und problemlos in der Familie zu halten ist. Als Ausgangsrassen dienten Eurasier, Bobtail und Chow-Chow. Die kleinere Form der Elos geht auf Kreuzungen zwischen Pekinese, Mittelspitz und Elo zurück. Gezüchtet wird vor allem nach Charaktereigenschaften. So ist das äußere Bild der Elos noch relativ uneinheitlich. Der Name Elo ist geschützt. Gezüchtet werden darf nur nach den strengen Bestimmungen der Elo-Zucht- und Forschungsgemeinschaft.

## Eigenschaften

Zuchtziel ist je nach Schlag ein kleiner bis mittelgroßer Hund mit gefälligem Äußeren. Besonderer Wert wird auf Erbgesundheit und ein unkompliziertes Wesen gelegt. Vom Welpenalter an werden Elos immer wieder überprüft, ob sie den strengen Vorstellungen entsprechen. Elos sollen von ruhigem bis mittlerem Temperament sein, selbstsicher und ausgeglichen mit einer hohen Reizschwelle. Zur Zucht gelangen vor allem Tiere, die kein Interesse am Jagen und Wildern zeigen und besonders kinderfreundlich sind. Elos sollen unauffällig, aber auch wachsam sein. Auf keinen Fall dürfen sie unnötig kläffen.

## Haltung

Der Elo ist ein idealer Familienhund. Leicht zu erziehen, verträglich mit anderen Hunden und Haustieren, gutmütig im Umgang mit Kindern, präsent, aber unaufdringlich. Das mittellange glatt- oder rauhaarige Fell ist pflegeleicht.

**Größenvergleich**
(Mensch = 180 cm)

## Geschichte

Der Eurasier ist eine der jüngsten und erfolgreichsten Neuzüchtungen und wurde erst 1973 als eigene Rasse anerkannt. Seine Entstehung verdankt er dem Weinheimer Julius Wipfel, dessen Zuchtziel ein mittelgroßer, attraktiver, robuster, ausgeglichener und freundlicher moderner Familienhund war. Er griff dabei auf solide Ausgangsrassen zurück: Zunächst verpaarte er Chow-Chow und Wolfsspitz, und später wurde dann, zur Stabilisierung des Erscheinungsbilds und zur »Verfeinerung« des Wesens, der sanftmütige Samojede eingekreuzt. Von diesen drei Rassen, die aus Europa und Asien stammen, leitet sich auch der Name Eurasier her.

## Eigenschaften

Im Idealfall verkörpert der Eurasier alle guten Eigenschaften der Ausgangsrassen, während man bestrebt war, ihm die weniger guten wegzuzüchten. Die neue Rasse hat sich als angenehmer und wesensfester Begleithund erwiesen, der sich an seine unmittelbaren Bezugspersonen eng anschließt, Fremden gegenüber jedoch stets Distanz bewahrt. Er ist wachsam, aber nicht aggressiv, und er bellt nur, wenn ein konkreter Grund gegeben ist.

## Haltung

Für einen Eurasier braucht man viel Zeit, denn er möchte ständig in der Nähe seines Herrchens oder Frauchens bleiben. Da sich seine Bewegungsfreude in Grenzen hält, nimmt er auch mit einer Stadtwohnung vorlieb. Das Haar ist relativ pflegeleicht.

# Eurasier



**Schulterhöhe**
Rüde 52–60 cm, Hündin 48–56 cm

**Gewicht**
Rüde 23–32 kg, Hündin 18–26 kg

**Fellfarbe**
Rot bis falb, wolfsgrau, schwarz und schwarz mit andersfarbigen Abzeichen.

**Gesundheit**
Keine rassetypischen Krankheiten bekannt, doch etwas anfällig für Hüftgelenksdysplasie.

Geeignet für nicht ganz unerfahrene Anfänger.

# Labrador Retriever

**Schulterhöhe**
Rüde idealerweise 56–57 cm, Hündin 54–56 cm

**Gewicht**
Um 30 kg

**Fellfarbe**
Einfarbig schwarz, gelb oder schokoladenbraun; ein kleiner weißer Brustfleck ist erlaubt.

**Gesundheit**
Anfällig für Hüftgelenksdysplasie, Netzhautatrophie, Epilepsie und Hautallergien.

Geeignet für Anfänger.

## Geschichte

Als Herkunftsland der Rasse wird Großbritannien angegeben, doch ihr Ursprung liegt auf der großen kanadischen Insel Neufundland. Dort, in der Gegend von St. John's im Südostzipfel der Insel, hielten die Fischer arbeitsfreudige und wasserliebende Hunde, die zunächst St.-John's-Hunde genannt wurden. Um 1830 brachten englische Fischer solche Hunde mit in ihre Heimat, wo sie von adligen Grundbesitzern erworben und durch geschickte Zuchtwahl und Einkreuzung von englischen Vorstehhunden zur modernen Rasse veredelt wurden. Aus dem ehemaligen Arbeitshund ist inzwischen ein überaus beliebter Familienhund geworden.

**Größenvergleich**
(Mensch = 180 cm)

## Eigenschaften

Der Labrador ist ein passionierter Wasserhund geblieben, der für sein Leben gern schwimmt, taucht und aus dem Wasser apportiert (der englische Begriff »retrieve« bedeutet ja so viel wie apportieren). Ansonsten ist er ein sehr angenehmer Hausgenosse, gutmütig, freundlich gegenüber Groß und Klein, Freund und Feind, lebhaft, aber innerlich ausgeglichen, gelehrig und leicht erziehbar, anhänglich und frei von Aggressivität. Auch als Jagd-, Blinden- und Drogensuchhund leistet er Hervorragendes.

## Haltung

Sie ist unkompliziert und auch in der Stadt möglich. Die Rasse braucht jedoch viel Auslauf und möglichst oft eine Gelegenheit zum Schwimmen. Das kurze Fell ist pflegeleicht.

# Irish Water Spaniel

**Größenvergleich**
(Mensch = 180 cm)

## Geschichte

Schon im 16. Jahrhundert kannte man Wasserapportierhunde, die für die Jagd auf Wasservögel eingesetzt wurden. Die genaue Herkunft des Irish Water Spaniel ist ungeklärt. Der Begründer der Reinzucht, der Ire Justin McCarthy, gab die Herkunft seiner Stammhunde nie preis. Seit 1830 verwendete er wohl verschiedene irische Wasserhunde, wahrscheinlich auch französische Jagdhunde und Pudel. Der Irish Water Spaniel ist seiner Arbeitsweise nach eher den Retrievern vergleichbar, und seinem Aussehen nach könnte man ihn für einen Pudel halten. Charakteristisch für die Rasse sind die unbehaarte Rute und das bartlose Gesicht. In Deutschland ist sie selten zu sehen.

## Eigenschaften

Auf der Jagd wird der Irish Water Spaniel gern in sumpfigem Gebiet eingesetzt. Sein Haarkleid schützt ihn selbst vor eisigem Meerwasser. Man sagt dem robusten Jagdhund nach, die Klugheit des Pudels mit der guten Nase des Setters und der Jagdleidenschaft des Spaniels in sich zu vereinen. Seiner Familie ist er zugetan, Fremden gegenüber aber misstrauisch und wachsam.

## Haltung

Der temperamentvolle Irish Water Spaniel hat ein großes Bewegungsbedürftnis. Er braucht eine Beschäftigung, die ihn auch geistig auslastet. Wird er nicht jagdlich geführt, ist er ein guter Kumpel für verschiedene hundesportliche Aktivitäten. Das etwas ölige, ca. 10 cm lange gelockte Fell reinigt sich am besten selbst beim Bad in sauberem Wasser.

**Schulterhöhe**
Rüde 53–59 cm, Hündin 51–56 cm

**Gewicht**
20–29 kg

**Fellfarbe**
Braun.

**Gesundheit**
Keine rassetypischen Krankheiten bekannt.

Geeignet für Fortgeschrittene.

# Samojede

**Größenvergleich**
(Mensch = 180 cm)

**Schulterhöhe**
Rüde 57 cm, Hündin 53 cm
(jeweils ± 3 cm)

**Gewicht**
20–30 kg

**Fellfarbe**
Weiß, cremefarben oder weiß mit leichten biskuitfarbenen Abzeichen.

**Gesundheit**
Anfällig für Hüftgelenksdysplasie.

Geeignet für Anfänger.

## Geschichte

Der Samojede wurde benannt nach dem nordsibirischen Nomadenvolk der Samojeden, die solche arbeitsfreudigen und genügsamen Polarspitze über Jahrhunderte hinweg als Rentierhüter und Schlittenhunde züchteten. Dabei blieben die typischen Merkmale der Hunde weitgehend rein erhalten. Die moderne standardisierte Rasse entwickelte sich erst im 19. Jahrhundert, nachdem die ersten Samojeden nach England und Nordamerika gelangt waren.

## Eigenschaften

Der Samojede, der als Arbeitshund im unwirtlichen hohen Norden einen langen, harten Ausleseprozess durchgemacht hat, ist ein sehr kraftvoller, widerstandsfähiger, gesunder und wesensfester Hund, der zugleich jeden Tierfreund mit seinem wunderschönen Aussehen und seinem lächelnden Gesichtsausdruck bezaubert. Samojeden sind intelligent, selbstbewusst und ein wenig eigensinnig, ungemein gutmütig und menschenfreundlich, anhänglich und kinderlieb und dabei frei von jeder Aggressionslust.

## Haltung

Der Samojede ist von Natur aus anspruchslos, stellt aber als Familienhund von heute einige Ansprüche: Er braucht viel Bewegung und Beschäftigung, möchte am liebsten bei Schlittenrennen mitmachen und fühlt sich im Freien viel wohler als in der geheizten Wohnung. Außerdem ist sein Haarkleid sehr pflegeintensiv.

# Canaan Dog

**Größenvergleich**
(Mensch = 180 cm)

## Geschichte

Der Kelev K'naani, wie er in seiner Heimat heißt, gehört zu den Hunden vom Urtyp. Er wurde seit 1930 in Israel aus halbwild lebenden Pariahunden zunächst als Wachhund für militärische Zwecke gezüchtet. Dabei wurden die wohl in dieser Region in biblischer Zeit verwilderten Haushunde wieder domestiziert. Die Tiere zeigten sich dem extremen Klima weit besser angepasst als europäische Gebrauchshundrassen. Heute ist der Kanaan Hund, wie er auf Deutsch genannt wird, in Israel und den USA auch ein beliebter Haus- und Familienhund. In Europa sieht man ihn selten.

## Eigenschaften

Die Zuchtbasis der Rasse waren durch eine harte, natürliche Auslese sehr gesunde, an die extremen Klimabedingungen der Wüste angepasste und auch gegen Infektionskrankheiten unempfindliche Tiere. Die scharfen Sinne des Canaan Dog zeigen sich vor allem durch angeborene Wachsamkeit und hervorragende Ergebnisse in der Nasenarbeit. Heute noch leistet er als Rettungshund und bei der Minenräumung sehr gute Dienste. Auch Hütehundeigenschaften zeigt der Canaan Dog als Erbe der alten Beduinenhunde.

## Haltung

Ein vielseitig einsetzbarer, angenehmer Begleithund. Im Haus fällt seine besondere Reinlichkeit auf. Er braucht viel Auslauf und eine Beschäftigung. Einfühlsamen Menschen gilt er als leicht erziehbar, Kadavergehorsam ist ihm aber fremd. Das kurze Fell ist pflegeleicht.

**Schulterhöhe**
50–60 cm, Rüden deutlich größer und kräftiger als Hündinnen

**Gewicht**
18–25 kg, je nach Größe

**Fellfarbe**
Alle Farben außer grau, gestromt, black and tan und dreifarbig.

**Gesundheit**
Sehr gesunde Rasse ohne genetische Defekte.

Geeignet für Fortgeschrittene.

# Griffon Korthals

**Größenvergleich**
(Mensch = 180 cm)

**Schulterhöhe**
Rüde 55–60 cm, Hündin 50–55 cm

**Gewicht**
23–27 kg

**Fellfarbe**
Blaugrau, grau mit braunen Platten, braun, gestichelt oder weiß mit braun.

**Gesundheit**
Keine rassetypischen Krankheiten bekannt.

Geeignet für fortgeschrittene Anfänger.

## Geschichte

Griffon war in Frankreich, Belgien und Deutschland schon seit dem Mittelalter eine Sammelbezeichnung für rauhaarige Jagdhunde. Der Griffon d'arrêt à poil dur Korthals wurde in der zweiten Hälfte des 19. Jahrhunderts von dem Holländer Korthals in Deutschland gezüchtet. Korthals, der enge Beziehungen zu Frankreich unterhielt, verwendete stichel- und rauhaarige deutsche Vorstehhunde, französische Griffons und holländische rauhaarige Wasserhunde. In nur 15 Jahren schuf er einen erbfesten Typ. Der Griffon Korthals ist leicht mit dem Deutsch Drahthaar bzw. Stichelhaar zu verwechseln. In der FCI gilt Frankreich als das Ursprungsland der Rasse. Bei der Beerdigung von Fürst Rainer III. von Monaco wurde sein treuer Griffon Korthals hinter dem Sarg geführt.

## Eigenschaften

Der Griffon Korthals ist ein vielseitig einsetzbarer Jagdgebrauchshund auch für raues Gelände und Wasser. Seine feine Nase und absolute Spurtreue zeichnen ihn ebenso aus wie die robuste Konstitution. Sein harsches Fell macht ihn wetterfest. Weil in der rauen Schale ein weicher Kern steckt, ist der Griffon Korthals auch für unerfahrenere Hundeführer geeignet.

## Haltung

Der Griffon Korthals ist ein leichtführiger, freundlicher Jagdbegleiter. Er gilt wegen seiner Sanftmut auch als guter Familienhund, der freilich gemäß seiner Veranlagung beschäftigt werden will und viel Auslauf braucht.

**Größenvergleich**
(Mensch = 180 cm)

# Husky

## Geschichte

Der Siberian oder Sibirische Husky wird meist schlicht Husky genannt. Diese Kurzform genügt vollkommen, denn es gibt keine andere Rasse, die ebenfalls das Wort Husky im Namen führt. Husky ist übrigens eine leicht herablassende englische Bezeichnung für Eskimo oder Inuit und verweist auf die Herkunft der Hunde. Es sind urtümliche Nordlandhunde, die den nomadisierenden Rentierzüchtern, vor allem in Nordsibirien, seit Jahrhunderten als Schlittenhunde dienen. 1909 tauchten sie in Alaska auf, das damals schon den USA gehörte, und wurden mit großem Erfolg für Schlittenrennen verwendet. Daraufhin hat der American Kennel Club die Huskys, die sich in ihrer subpolaren Heimat sehr typrein erhalten haben, als Rasse anerkannt.

## Eigenschaften

Der Husky ist ein robuster, eifriger und ungemein ausdauernder Arbeitshund geblieben, der sich in unseren Breiten nur bedingt als Familienhund eignet, obwohl er wegen seiner Schönheit und Eleganz immer häufiger gehalten wird. Als ehemaliger Schlittenhund ist er ausgesprochen menschenbezogen und freundlich zu Mensch und Tier, zugleich aber ziemlich eigensinnig und unabhängig.

## Haltung

Einen Husky sollte man sich nur dann anschaffen, wenn man ihn konsequent zu leidlichem Gehorsam erziehen und ihm sehr viel Bewegung und Beschäftigung im Freien bieten kann. Das kurze Fell ist pflegeleicht.

**Schulterhöhe**
Rüde 53–60 cm, Hündin 51–56 cm

**Gewicht**
Rüde bis 28 kg, Hündin bis 23 kg

**Fellfarbe**
Alle Farben erlaubt, meist schwarz oder grau und weiß.

**Gesundheit**
Anfällig für Netzhauterkrankungen und Entropium.

Geeignet für Fortgeschrittene.

**Größenvergleich**
(Mensch = 180 cm)

# Westsibirischer Laika

**Schulterhöhe**
Rüde 54–60 cm, Hündin 52–58 cm

**Gewicht**
18–23 kg

**Fellfarbe**
Weiß, pfeffersalzfarben, rot oder grau in allen Schattierungen, schwarz, einfarbig oder gescheckt.

**Gesundheit**
Keine rassetypischen Krankheiten bekannt.

Geeignet für Fortgeschrittene.

## Geschichte

Laiki sind russische Jagdhunde und haben mit den Schlittenhunden wenig gemeinsam. Der Name lässt sich vom russischen »lajaj« = bellen herleiten. Laiki stöbern lautlos nach dem Wild und verfolgen die Spur ohne Hetzlaut. Erst wenn sie Elch, Bär, Rentier oder Schwarzwild gestellt haben, rufen sie mit lautem, weitklingendem Gebell den Jäger heran, der dann zum Schuss kommt. Die Arbeit erfordert einen ungeheuer zähen, ausdauernden Hund, der auch bei widrigsten Bedingungen in Eis und Schnee auf stundenlangen Jagden nicht aufgibt. Ob die Laiki Wolfsblut führen, ist strittig. Von den drei offiziell anerkannten Laikarassen (Russisch-Europäisch, Ostsibirisch und Westsibirisch) ist der Zapadno-Sibirskaia Laika am häufigsten auch im Ausland anzutreffen. In der Öffentlichkeit wurde die Rasse durch die Hündin »Laika« bekannt, die von der Sowjetunion 1957 als erstes Lebewesen in eine Erdumlaufbahn geschossen wurde. Eine Reise ohne Wiederkehr.

## Eigenschaften

Laiki sind noch sehr ursprüngliche und robuste Hunde, die sich, geprägt von ihrer gefährlichen und anstrengenden Arbeit, große Unabhängigkeit bewahrt haben. Sie sind menschenfreundlich und schließen sich ihrem Besitzer eng an, wenn dieser ihre Freiheit nicht zu sehr beschneidet.

## Haltung

Als reine Familien- und Begleithunde sind sie wegen ihres ausgeprägten Jagdtriebes und großen Bewegungsdrangs nicht geeignet. Spaß und Erfolgen im Hundesport steht ihr Dickkopf im Weg.

**Größenvergleich**
(Mensch = 180 cm)

# Collie

## Geschichte

Als Collie bezeichnen wir durchweg den als »Lassie« berühmt gewordenen langhaarigen Collie, der offiziell auf Deutsch Collie Langhaar und auf Englisch Rough Collie heißt. (Daneben existiert ein sehr ähnlicher, viel seltenerer Collie Kurzhaar oder Smooth Collie, der eine eigenständige Rasse darstellt.) Der Collie entstand als perfekter Hütehund im 19. Jahrhundert in Nordschottland und wurde vor allem durch Königin Victoria, die eine Vorliebe für ihn hatte, populär gemacht. Die ungeheure Beliebtheit, die er durch die »Lassie«-Filme erlangte, hat der Rasse infolge verantwortungsloser Massenzucht erheblichen Schaden zugefügt.

## Eigenschaften

Als Gebrauchshund hatte der Collie kürzere Läufe, eine kürzere Schnauze und eine kürzere Behaarung als der heutige elegante Luxushund. Ein Tier aus gesunder Zucht zeichnet sich durch seine dekorative Schönheit und charaktervolle Würde, seine Treue und Gelehrigkeit aus. Der Collie ist aber weder ein Wunder- noch ein Schmusetier, sondern ein ganz normaler robuster, intelligenter und arbeitswilliger, aber auch ein wenig eigensinniger Hausgenosse, der sich als Wachhund und Kinderfreund bewährt.

## Haltung

Der Collie liebt das Landleben, fühlt sich aber auch in der Stadt leidlich wohl. Er braucht eine liebevoll-konsequente Erziehung und eine regelmäßige intensive Fellpflege.

**Schulterhöhe**
Rüde 56–61 cm, Hündin 51–56 cm

**Gewicht**
Um 30 kg

**Fellfarbe**
Gelb-weiß, tricolor (dreifarbig) und blue-merle (überwiegend silberblau gefleckt und schwarz marmoriert).

**Gesundheit**
Anfällig für verschiedene Augenerkrankungen.

Geeignet für Anfänger.

**Größenvergleich**
(Mensch = 180 cm)

# Golden Retriever

**Schulterhöhe**
Rüde 56–61 cm, Hündin 51–56 cm

**Gewicht**
Bis 37 kg

**Fellfarbe**
Jede Tönung von Gold und Creme, aber nie rot oder mahagoni; etwas Weiß auf der Brust ist erlaubt.

**Gesundheit**
Anfällig für Hüftgelenksdysplasie, Augenerkrankungen und Epilepsie.

Geeignet für Anfänger.

## Geschichte

Der Golden Retriever entstand erst im späten 19. Jahrhundert. Als Begründer der Rasse gilt Lord Tweedham, der um 1870 die Zucht mit einem wellig behaarten gelben Retriever, einem Irish Setter und dem inzwischen ausgestorbenen Tweed Water Spaniel aufbaute. Sein Zuchtziel war ein zuverlässiger Apportierhund (Retriever = Apportierer), der sich vor allem für die Wasserarbeit eignete. Auch heute wird der Golden Retriever noch häufig für die Jagd verwendet, doch wegen seiner Schönheit und seines sympathischen Wesens ist er zu einem sehr beliebten Familienhund avanciert.

## Eigenschaften

Dass der Golden Retriever mittlerweile ein ausgesprochener Modehund geworden ist, hat vielfach eine Massenzucht mit entsprechenden negativen Begleiterscheinungen zur Folge gehabt. Ein Hund aus einer soliden Zucht gibt jedoch nach wie vor einen fast perfekten Hausgenossen ab, ganz abgesehen davon, dass sich die Rasse hervorragend zum Gebrauchshund im Dienste von Jägern, Zoll, Polizei, Blinden und Behinderten abrichten lässt. Der Golden Retriever ist sanft, ausgeglichen, gelassen, gelehrig und kinderlieb.

## Haltung

Der Golden Retriever ist ein unkomplizierter, leicht erziehbarer Hund, der sogar in der Stadt gehalten werden kann, wenn er reichlich Auslauf bekommt. Er bellt nur, wenn es sein muss, schwimmt aber für sein Leben gern. Das Fell wird regelmäßig gebürstet.

**Größenvergleich**
(Mensch = 180 cm)

## Geschichte

Schon aus der Zeit der Völkerwanderung belegen Knochenfunde die Existenz von Spürhunden im heutigen Ungarn. Wesentlich zur Entstehung der Rasse haben im 18. Jahrhundert semmelgelbe türkische Jagdhunde beigetragen. Später kreuzte man zur Veredelung Pointer und Deutsch Kurzhaar ein. Die seltenere rauhaarige Variante tauchte nach Einkreuzung des Deutsch Drahthaar in den 1930er-Jahren auf. 1936 wurde der Magyar Viszla offiziell als Rasse anerkannt.

## Eigenschaften

Dieser edle ungarische Vorstehhund ist ein weit verbreiteter, vielseitiger Jagdgebrauchshund mit ausgezeichneter Nase. Nach schneller Suche ohne Spurlaut steht er sicher vor und apportiert nach dem Schuss auch aus Wasser freudig. Für die erfolgreiche Schweißarbeit hat er die nötige Ruhe. Der drahthaarige Typ ist im Jagdgebrauch etwas härter. Magyar Viszlas sind besonders unempfindlich gegen Hitze. Der leichtführige Hund schließt sich seinem Herrn besonders eng an. Er ist ein bereitwilliger Arbeiter, verträgt aber keine Grobheiten im Umgang.

# Magyar Viszla

## Haltung

Der freundliche, lebhafte, für einen Jagdgebrauchshund sensible Hund findet als reiner Familien- und Begleithund immer mehr Freunde. Man darf aber nicht vergessen, dass er für die Arbeit gezüchtet worden ist. Führt man ihn nicht auf der Jagd, muss man ihm eine Ersatzbeschäftigung bieten, die ihn auch geistig auslastet. Wenn man seine Jagdpassion in den Griff bekommt, eignet er sich gut als Rettungshund.

**Schulterhöhe**
Rüde 58–61 cm, Hündin 52–57 cm (± 4 cm erlaubt)

**Gewicht**
30 kg

**Fellfarbe**
Dunkles Semmelgelb.

**Gesundheit**
Keine rassetypischen Krankheiten bekannt.

Geeignet für Fortgeschrittene.

# Dalmatiner

**Schulterhöhe**
Rüde 58–61 cm, Hündin 55–58 cm

**Gewicht**
23–30 kg

**Fellfarbe**
Reinweiß mit runden, klar abgegrenzten und möglichst gleichmäßig verteilten schwarzen oder braunen Tupfen.

**Gesundheit**
Anfällig für Taubheit, Hautprobleme, Harnsteine, Hüftgelenksdysplasie und Übergewicht.

Geeignet für nicht ganz unerfahrene Anfänger.

## Geschichte

Ob der Dalmatiner tatsächlich aus Dalmatien stammt, ist nach wie vor ungeklärt. Im FCI-Standard wird vage das »zentrale Mittelmeergebiet« als Herkunftsregion angegeben, und mehrfach ist durch Dokumente belegt, dass die Vorläufer der Rasse schon im Mittelalter in Kroatien bekannt waren. Ihre große Zeit erlebten die Dalmatiner jedoch im 19. Jahrhundert in England, wo sie Kutschen und Reiter begleiteten, um sie vor Wegelagerern und Räubern zu schützen. In England erhielt die Rasse vermutlich auch ihre heutige Gestalt.

**Größenvergleich**
(Mensch = 180 cm)

## Eigenschaften

Der Dalmatiner mit seinem schlanken, muskulösen Gebäude ist ein typischer Laufhund, der sich viele Jahrhunderte lang als Gebrauchshund hervorragend bewährt hat. Heute hat er seinen Wirkungsbereich in ländliche Einfamilienhäuser und sogar Großstadtwohnungen verlegt, und der Radfahrer, der Jogger oder der Hobbyreiter müssen ihm die Kutschen von anno dazumal ersetzen. Der Dalmatiner ist ein aufgeweckter, lebhafter und wachsamer Familienhund, der mit seiner markanten Färbung überall Aufsehen erregt. Er bellt wenig, ist kinderfreundlich, sensibel und gutwillig.

## Haltung

Die Rasse fühlt sich auf dem Lande und in der Stadt gleichermaßen wohl, wenn sie sehr viel Auslauf bekommt. Da Dalmatiner ziemlich verfressen sind, sollten sie knapp gefüttert werden. Das kurze Fell ist pflegeleicht.

**Größenvergleich**
(Mensch = 180 cm)

## Geschichte

Der Name verweist auf die Herkunft: Im Tal (»dale«) des mittelenglischen Flusses Aire wurde die heute in aller Welt beliebte Rasse um die Mitte des 19. Jahrhunderts von Arbeitern und Bauern erzüchtet, und zwar aus lokalen Arbeitsterriern und dem Otter Hound. Der Airedale Terrier diente zunächst ebenfalls als Gebrauchshund, der Fischotter aufspüren und Haus und Hof vor zwei- und vierbeinigen Eindringlingen schützen musste.

## Eigenschaften

Der kraftvolle und intelligente Airedale, der den Ehrennamen »König der Terrier« trägt, lässt sich auch heute noch leicht als Wach-, Polizei-, Zoll- oder Blindenführhund abrichten, wird aber meist als angenehmer und zuverlässiger Begleit- und Familienhund gehalten. Er ist ein gutmütiger, anhänglicher, wachsamer, lebhafter und fröhlicher Bursche, der sehr gut in einen Haushalt mit Kindern passt. Der ständige enge Kontakt zu Zweibeinern aller Altersstufen ist ihm offenbar ein Herzensbedürfnis. Sympathisch ist auch, dass er nur selten ohne Grund bellt und wenig krankheitsanfällig ist.

# Airedale Terrier

## Haltung

Der Airedale ist kein Hund für Anfänger. Er fühlt sich in ländlicher Umgebung am wohlsten, begnügt sich aber auch mit einer Stadtwohnung, sofern man ihm genügend Bewegung im Freien garantieren kann. Er verliert praktisch keine Haare, aber das dichte, drahtige Fell sollte regelmäßig gebürstet und viermal im Jahr fachmännisch getrimmt werden.

**Schulterhöhe**
Rüde 58–61 cm, Hündin 56–59 cm

**Gewicht**
Etwa 20 kg

**Fellfarbe**
Der Mantel ist schwarz oder dunkelgrau, ebenso die Oberseite des Halses und der obere Teil der Rute, alle anderen Bereiche sind lohfarben.

**Gesundheit**
Etwas anfällig für Hüftgelenksdysplasie.

Geeignet für Fortgeschrittene.

# Großpudel

**Größenvergleich**
(Mensch = 180 cm)

**Schulterhöhe**
Über 45 cm (bis 60 cm)

**Gewicht**
Bis 22 kg

**Fellfarbe**
Schwarz, weiß, braun, silber oder apricot.

**Gesundheit**
Anfällig für Hüftgelenksdysplasie, Netzhautatrophie, Hautleiden, Star, Epilepsie und Magendrehung.

Geeignet für Anfänger.

## Geschichte

Alle Pudel gehören einer einzigen Rasse an, die vier verschiedene Größenschläge ausgebildet hat. Der größte ist der hier vorgestellte Großpudel, der als ursprünglichster Vertreter der Rasse gilt. Der Pudel hat eine lange, aber ziemlich undurchsichtige Geschichte. Pudelähnliche Hunde gab es vermutlich schon im Altertum, doch erst seit dem 16. Jahrhundert ist der Vorläufertypus der Rasse belegt. Die großen Pudel waren anfangs apportierfreudige Jagdhunde, die vor allem für die Entenjagd verwendet wurden, worauf auch ihre französische Benennung Caniche (von »canard« = Ente) verweist. Auf diese »Wasserarbeit« gehen übrigens auch die Schuren oder Frisuren zurück, die man bis heute den Pudeln verpasst: Teile des üppigen Haarkleids wurden geschoren, damit sich die Hunde im Wasser leichter bewegen konnten.

## Eigenschaften

Ein gesunder Pudel ist ein wunderbarer Familienhund: immer liebenswürdig und fröhlich, überdurchschnittlich intelligent und gelehrig, anhänglich und leicht erziehbar, wozu allerdings bei diesem recht großen Vierbeiner auch einige Konsequenz gehört. Die Liste der guten Eigenschaften ließe sich fortsetzen; nur noch zwei seien genannt: Pudel bellen wenig und haaren gar nicht.

## Haltung

Sie ist unkompliziert. Mühe macht nur die Pflege des Fells. Ob und wie es geschoren wird, ist Geschmackssache.

# Boxer

**Größenvergleich**
(Mensch = 180 cm)

## Geschichte

Trotz seines englisch klingenden Namens hat der Boxer seinen Ursprung in Deutschland, genauer: in Bayern. Deshalb wird er auch offiziell als Deutscher Boxer bezeichnet. Als Rasse wurde er erst 1904 anerkannt, doch in seinen Adern fließt das Blut alter Bullenbeißer und Doggen.

## Eigenschaften

Obwohl sein zerknautschtes, stets kummervoll dreinblickendes Gesicht »vor Hässlichkeit schön« ist, zählt der Boxer seit längerem zu den beliebtesten Rassen überhaupt. Das verdankt er vor allem seinen reichlich vorhandenen inneren Werten. Boxer sind einerseits lebhaft, schneidig und in Maßen kampfeslustig, andererseits liebenswert, gutmütig, fröhlich, gelehrig und treu wie Gold. Zudem eignen sie sich hervorragend als Spielgefährten für Kinder. Die oft beklagte »Untugend« der Rasse, nämlich der Hang zum Sabbern, ist ihr inzwischen weggezüchtet worden.

## Haltung

Einen Boxer kann man ohne große Schwierigkeiten auch in einer Stadtwohnung halten, weil er im Haus ruhig und sauber und außerdem sehr wachsam ist. Er braucht jedoch viel Auslauf, denn er ist bewegungsfreudiger, als es auf den ersten Blick scheint. Wenn er sich nicht ausreichend körperlich betätigen kann, neigt er zum Dickwerden, was seiner an sich schlanken Figur gar nicht bekommt. Der kurzhaarige Hund braucht kaum Pflege; nur nach einem Spaziergang im Regen sollte man das Fell gründlich trockenreiben.

**Schulterhöhe**
Rüde 57–63 cm, Hündin 53–59 cm

**Gewicht**
25–32 kg

**Fellfarbe**
Gelb, von dunkelkirschrot bis hellgelb, oder gestromt mit schwarzer Maske; weiße Abzeichen sind erlaubt.

**Gesundheit**
Anfällig für Hüftgelenksdysplasie, Ektropium, Herzkrankheiten und Nervenleiden.

Geeignet für nicht ganz unerfahrene Anfänger.

**Größenvergleich**
(Mensch = 180 cm)

# Flat-Coated Retriever

**Schulterhöhe**
Um 60 cm

**Gewicht**
Um 35 kg

**Fellfarbe**
Schwarz oder leberfarben.

**Gesundheit**
Etwas anfällig für Hüftgelenksdysplasie, sonst keine rassetypischen Krankheiten bekannt.

Geeignet für Anfänger.

## Geschichte

Der Flat-Coated Retriever, auf Deutsch etwa »Apportierhund mit flach anliegendem Fell«, ist eine relativ junge Rasse. Sie wurde gegen Ende des 19. Jahrhunderts in England erzüchtet. Die Ausgangsrassen sind nicht im Einzelnen bekannt, doch wahrscheinlich waren Labrador Retriever, Neufundländer, Setter und auch Collies beteiligt. Das Zuchtziel war ein harmonisch gebauter, temperamentvoller und leichtführiger Jagdhund, der sich vor allem für das Apportieren von erlegtem Wild im offenen Gelände und aus dem Wasser eignet. Die Rasse fand bald als Gebrauchs- und Begleithund eine große Verbreitung, wurde aber dann durch den Golden und den Labrador Retriever von ihrer Spitzenposition verdrängt, erlebt jedoch neuerdings eine kleine Renaissance.

## Eigenschaften

Der Flat-Coated Retriever gibt einen wunderbaren Familienhund ab, weil er freundlich, lernwillig, folgsam, anpassungsfähig und kinderlieb ist – und obendrein bildschön! Zu seinen Gunsten spricht auch, dass er noch nicht so überzüchtet ist wie manche Modehunde von heute.

## Haltung

Man kann die Rasse auch in der Stadt halten, doch besser gefällt es ihr auf dem Lande. Dieser ehemalige Gebrauchshund braucht viel Auslauf und will körperlich und geistig gefordert werden. Er tummelt sich gern in jedem Gewässer und liebt Ball- und Apportierspiele über alles. Das glatte, glänzende Fell braucht kaum Pflege.

**Größenvergleich**
(Mensch = 180 cm)

# Bobtail

## Geschichte

Alle sagen Bobtail (»Stummelschwanz« – wegen der auffallend kurzen Rute) zu ihm, doch offiziell heißt er Old English Sheepdog, und als »altenglischer Schäferhund«, als Hüter und Beschützer der Herden und als Viehtreiber, hat er einst seine Karriere begonnen. Sie endete im 19. Jahrhundert, als solche Dienstleistungen nicht mehr so sehr gefragt waren, und aus dem derben Arbeitshund wurde die Hundeschönheit von heute.

## Eigenschaften

Der Bobtail ist inzwischen fast überall in der Welt zu einem Modehund geworden, was zur Massenzucht mit Wesensschwächen wie gesteigerter Aggressivität oder Schüchternheit geführt hat. Ein Bobtail aus einer gesunden Zucht ist dagegen ein sehr sympathischer Hausgenosse. Er besitzt ein ausgeglichenes, treues, furchtloses, aber nicht aggressives Naturell, ist klug, gelehrig, wachsam, lebhaft, fröhlich und kinderlieb. Unverwechselbar sind die wiegenden, bärenartigen Bewegungen des Hundes und seine eigenwillige Stimme.

## Haltung

Für die Stadtwohnung ist der Bobtail nur bedingt geeignet, denn er braucht sehr viel Auslauf bei jedem Wetter. Das entsprechend wetterfeste, dichte und zottige Haarkleid wird oft zu einem Problem. Es sollte täglich gebürstet und gekämmt werden, aber man kann es auch auf eine vernünftige Länge kürzen, was die Pflege sehr erleichtert.

**Schulterhöhe**
Rüde mind. 61 cm, Hündin 56 cm

**Gewicht**
Um 30 kg

**Fellfarbe**
Grau, grau meliert oder bläulich mit Weiß.

**Gesundheit**
Anfällig für Hüftgelenksdysplasie.

Geeignet für nicht ganz unerfahrene Anfänger.

# Holländischer Schäferhund

**Schulterhöhe**
Rüde 57–62 cm, Hündin 55–60 cm

**Gewicht**
Rüde um 28 kg, Hündin um 23 kg

**Fellfarbe**
Dunkelbraun oder grau mit heller Stromung, Rauhaar auch blaugrau, pfeffersalzfarben.

**Gesundheit**
Anfällig für Hüftgelenksdysplasie.

Geeignet für fortgeschrittene Anfänger.

## Geschichte

Die Holländischen Schäferhunde sind dem Belgischen und dem Deutschen Schäferhund sehr ähnlich und von diesen wohl auch kaum zu trennen. In ihrer heutigen Form kennt man die Rasse seit Beginn des 18. Jahrhunderts. Die fleißigen Hunde hüteten die Schafe und hielten sie davon ab, die kostbaren Äcker zu beschädigen. In alten Quellen wird davon berichtet, dass sie den meist armen Hirten halfen, ihren kargen Speisezettel aufzubessern, indem sie sie beim Wildern unterstützten. Bis zur Gründung eines Clubs 1898 verstand man unter den Hollandse Herdershonde, wie sie in ihrer Heimat heißen, keine rein gezüchteten Rassehunde, sondern Bauern- und Schäferhunde ohne bekannte Anstammung. Dann wurden erste Rassekennzeichen festgelegt. Bis 1960 wurde der Standard mehrmals revidiert, es folgte die Anerkennung durch die FCI. Die Rasse ist eher selten.

## Eigenschaften

Wie sein deutscher und seine belgischen Vettern hat der Holländische Schäferhund viele gute Eigenschaften eines Gebrauchshundes. Als die großen Herden verschwanden, fand er Arbeit bei der Polizei und der Armee als Wach-, Schutz- und Suchhund. Auch als Blindenführhund hat sich die Rasse bewährt. Sie wird in den drei Schlägen Kurzhaar, Langhaar und Rauhaar gezüchtet.

## Haltung

Dieser arbeitseifrige Hund braucht viel Auslauf und eine Beschäftigung. Er soll etwas schwieriger zu erziehen und auszubilden sein als der Deutsche Schäferhund.

# Bergamasker Hirtenhund

**Größenvergleich**
(Mensch = 180 cm)

## Geschichte

Die Herkunft des Bergamasker Hirtenhundes (Cane da Pastore Bergamasco) lässt sich nicht eindeutig belegen. Schafe hütende Hunde dieses Typs wurden aber schon seit Jahrhunderten in Norditalien gehalten. Sie sind Abkömmlinge der alten Bauen- und Hirtenhunde, die überall auftraten, wo der Mensch sesshaft wurde und Viehzucht betrieb. Die typische zottige Fellstruktur machte den Gehilfen des Hirten nicht nur extrem wetterhart, sondern schützte ihn auch vor Bissen wilder Tiere, gegen die er seine Herde verteidigte. Namensgeber der Rasse war ein Züchter aus der Region Bergamo.

## Eigenschaften

Ihrer Herkunft nach sind Vertreter dieser Rasse sehr selbstständig. Geprägt von der engen Zusammenarbeit mit dem Hirten, sind die Tiere menschlichen Einflüssen gegenüber sensibel, können aber auch dickköpfig und verletzlich reagieren. Der intelligente Bergamasker strahlt bei richtiger Behandlung Ruhe und Ausgeglichenheit aus. Er ist sehr wachsam und verteidigt zur Not sein Revier und seine Familie.

## Haltung

Der genügsame Hund braucht den engen Kontakt zu seinem Herrn. Er benötigt eine liebvolle, aber auch konsequente Führung. Für die reine Wohnungshaltung ist er nicht geeignet. Hat er einen Garten zur Verfügung, ist er ein guter Familienhund, der sich aber viel Bewegung und Beschäftigung wünscht. Das lange Zotthaar verfilzt von selbst und trägt viel Schmutz ins Haus.

**Schulterhöhe**
Rüde 58–62 cm, Hündin 54–58 cm

**Gewicht**
Rüde 32–38 kg, Hündin 26–32 kg

**Fellfarbe**
Einfarbig grau und schwarz oder grau gefleckt.

**Gesundheit**
Anfällig für Taubheit und Sehschäden bei der Merle-Problematik.

Geeignet für Fortgeschrittene.

**Größenvergleich**
(Mensch = 180 cm)

# Alano

**Schulterhöhe**
Rüde 58–63 cm, Hündin 55–60 cm

**Gewicht**
35–45 kg

**Fellfarbe**
Weiß mit anderen Farben gefleckt, gestromt, grau oder falbfarben.

**Gesundheit**
Keine rassetypischen Krankheiten bekannt.

Geeignet für Fortgeschrittene.

## Geschichte

Schon im Mittelalter wurde diese alte Rasse in Jagdbüchern beschrieben. Ursprungsland des Alano ist Spanien. Er gehört zu den Molossern und gilt als Stammvater der südeuropäischen und südamerikanischen doggenartigen Hunde.
Der Alano (auch Alaunt) wurde vor allem für die Jagd auf Wildschweine eingesetzt, die er furchtlos und ohne Rücksicht auf das eigene Leben stellte und packte. Traditionsgemäß ist er aber auch ein guter Treibhund und Bewacher von Großvieh und Gehöften. 1963 galt die Rasse als ausgestorben. Mit sehr wenigen, in abgelegenen Gebieten erhaltenen Exemplaren erfolgte eine Rückzüchtung. Seit 1980 bemüht man sich um eine Reinzucht.

## Eigenschaften

Der Alano hat sich alle guten Eigenschaften eines Arbeitshundes bewahrt. Das Muskelpaket ist ein ernst zu nehmender Wächter und Schutzhund für Personen und Besitz. Dabei ist er nie feige und kein hinterhältiger Wadenbeißer. Solange er nicht gereizt wird, ist der Alano umgänglich. Bei Gefahr greift er aber blitzschnell an. Seine Ziele verfolgt er mit viel Durchsetzungsvermögen, aber ohne Falschheit. Er ist ruhig, ausgeglichen und nervenstark.

## Haltung

Der Alano ist ein durchaus umwelttauglicher Begleiter seiner Familie. Kindern gegenüber zeigt er sehr viel Geduld. Sein kurzes Fell ist pflegeleicht. Leider steht er in vielen Bundesländern auf der Liste der »gefährlichen Hunderassen«. Seine Haltung unterliegt somit vielerlei Einschränkungen.

# Chesapeake Bay Retriever

## Geschichte

Die Chesapeake Bay/USA war schon immer ein gutes Jagdgebiet für Enten. Die Urahnen der Chesapeake Bay Retriever waren vermutlich zwei neufundländerähnliche Hunde, eine schwarze Hündin und ein brauner Rüde, die 1807 mit der Besatzung eines englischen Schiffes vor der Küste des US-Bundesstaates Maryland strandeten und sich als hervorragende Wasserapportierhunde erwiesen. Man kreuzte sie mit Curly-Coated und Flat-Coated Retriever, Irish Water Spaniel und vermutlich auch verschiedenen Setterrassen. 1878 wurde die Rasse offiziell anerkannt. In Europa ist dieser Retriever relativ unbekannt.

## Eigenschaften

Diesen nervenfesten Hund kann man insbesondere in Jägerhänden finden. Er stöbert vor allem nach Enten und apportiert sie mit großer Passion. Durch sein öliges Fell ist er bei der Wasserarbeit gut gegen Nässe und große Kälte geschützt. Der Chesapeake hat einen für einen Retriever stark ausgeprägten Schutztrieb, den man beherrschen können muss.

## Haltung

Dieser Retriever ist im Gegensatz zu seinen Vettern ein Gebrauchshund geblieben. Er ist seinem Wesen nach eher ein Ein-Mann-Hund, kann aber auch in der Familie gehalten werden. Seine Erziehung ist nicht ganz einfach und verlangt standhaftes Durchsetzungsvermögen, da er zu Dominanz und Dickköpfigkeit neigt. Der Chesapeake Bay Retriever braucht unbedingt eine auslastende Beschäftigung und viel Bewegung. Seine Pflege ist anspruchslos.

**Schulterhöhe**
Rüde 58–66 cm, Hündin 53–61 cm

**Gewicht**
Rüde 29–35 kg, Hündin 25–32 kg

**Fellfarbe**
Dunkelbraun bis blassrot, Färbung von trockenem Gras.

**Gesundheit**
Anfällig für Hüftgelenksdysplasie und Netzhautatrophie.

Geeignet für Fortgeschrittene.

# Tosa

**Schulterhöhe**
Rüde mind. 60 cm, Hündin mind. 55 cm

**Gewicht**
Rüde mind. 37,5 kg, Hündin mind. 30 kg (ideal sind 60 kg)

**Fellfarbe**
Falbfarben, apricot oder schwarz, auch gestromt.

**Gesundheit**
Keine rassetypischen Krankheiten bekannt.

Geeignet für Fortgeschrittene.

## Geschichte

Der Tosa entstand im 19. Jahrhundert in der namensgebenden Region Tosa (heute Kochi) Japans. Man verpaarte einheimische Spitzrassen mit europäischen Hunderassen wie Deutscher Dogge, Mastiff, Bernhardiner und English Bulldog, um einen Kampfhund der ganz besonderen Art zu erhalten. In dem einzigen noch heute legalen Hundekampf begegnen sich die Tosas ähnlich wie die Sumo-Ringer zu einem ritualisierten Kampf. Sobald ein Hund Unterordnungsbereitschaft signalisiert, wird der Kampf abgebrochen. Die Hunde sollen sich beim Kampf leise verhalten und dürfen auf keinen Fall zubeißen. Siegreiche Hunde werden hoch verehrt und mit kostbaren Schärpen geschmückt. Auf Fotografien solcher Champions sieht man deutlich ihr makelloses, unverletztes Fell.

**Größenvergleich**
(Mensch = 180 cm)

## Eigenschaften

Dieser sehr geduldige, gelassene Hund lässt sich nicht so schnell aus der Ruhe bringen, kann aber dennoch viel Temperament entwickeln. Seiner Familie gegenüber ist er loyal und würde sie auch jederzeit mutig verteidigen, ohne unangebracht scharf zu sein. Der Tosa ist wachsam, bellt aber nie unnötig. Gleichgeschlechtlichen Artgenossen gegenüber verhält er sich dominant bis aggressiv.

## Haltung

Um solch einen mächtigen Hund beherrschen zu können, muss man ihn von klein auf konsequent erziehen. In manchen Bundesländern steht der Tosa auf der Liste der »gefährlichen« Hunde und seine Haltung unterliegt Auflagen.

**Größenvergleich**
(Mensch = 180 cm)

# Ogar Polski

## Geschichte

Zu der Zeit, als zwischen dem ehemaligen Königreich Polen und Frankreich freundschaftliche Beziehungen gepflegt wurden, fand auch ein reger Austausch von Hunden statt. Aus der Verpaarung französischer St. Hubertushunde mit polnischen und vermutlich auch russischen Lauf- und Windhunden entstand der Ogar Polski (Polnische Bracke). Anders als in Frankreich war in Polen die Jagd mit großen Meuten unüblich. Der Jäger führte den Hund allein oder höchstens in einer Zweierkoppel bevorzugt auf Schalenwild. Nach dem Zweiten Weltkrieg musste die Rasse mühsam wieder aufgebaut werden.

## Eigenschaften

Die kräftigen Laufhunde jagen eher bedächtig, sind aber auch unter schwierigsten Bedingungen sehr ausdauernd. Im Gegensatz zu den meisten anderen Bracken ist der Ogar Polski sehr führerbezogen und sucht den ständigen Kontakt zu seinem Herrn. Ein sehr freundlicher und liebenswerter Jagdhund, der sich auch gut als anhänglicher Familienhund eignet. Seine gewisse Selbstständigkeit, Freiheitsliebe und der nicht extrem ausgeprägte Jagdtrieb lassen sich durch einfühlsame und konsequente Erziehung sinnvoll begrenzen. Der sensible Hund ist sehr lernbereit und verträgt keinen Zwang. Er neigt nicht zum Streunen.

## Haltung

Diese leichtführige Bracke verhält sich im Haus absolut ruhig.
Der Bewegungsdrang des Ogar Polski ist nicht übermäßig ausgeprägt. Dennoch ist er ein ausdauernder Begleiter auf langen Spaziergängen.

**Schulterhöhe**
Rüde 56–65 cm, Hündin 55–60 cm

**Gewicht**
Rüde 25–32 kg, Hündin 20–32 kg

**Fellfarbe**
Rotbraun mit schwarzem Mantel.

**Gesundheit**
Keine rassetypischen Krankheiten bekannt.

Geeignet für fortgeschrittene Anfänger.

# Wäller

**Schulterhöhe**
Rüde 60–70 cm, Hündin 55–65 cm

**Gewicht**
Rüde 28–38 kg, Hündin 20–30 kg

**Fellfarbe**
Alle Farben erlaubt, sie sollten aber intensiv und klar sein.

**Gesundheit**
Keine rassetypischen Krankheiten bekannt.

Geeignet für Anfänger.

## Geschichte

1994 begann die ehemalige Briard-Züchterin Karin Wimmer-Kieckbusch im Westerwald, dessen Bewohner mundartlich Wäller genannt werden, Briards mit Australian Shepherds zu paaren. Ihre Idee war, die positiven Charakter- und Arbeitseigenschaften des Briards mit denen des Australian Shepherds zu verbinden, bevor die Ausgangsrassen der reinen Schönheitszucht zum Opfer fallen. Ausschlaggebend für die Zuchtverwendung sind Leistungsfähigkeit, Gesundheit und Charakter der Tiere. Man legt Wert auf eine breite genetische Basis, um die negativen Folgen der Inzucht vermeiden zu können. Dadurch sind die Wäller zurzeit in Größe, Aussehen und Charakter noch nicht einheitlich. Die Zuchttiere werden auf Hüftgelenksdysplasie und erbliche Augenkrankheiten geprüft. In einem praxisnahen Gehorsams- und Wesenstest wird das Verhalten auch gegenüber anderen Hunden und Kindern beurteilt.

**Größenvergleich**
(Mensch = 180 cm)

## Eigenschaften

Das Ziel ist ein gesunder, unkomplizierter Familienhund, der sich für vielerlei hundesportliche Aktivitäten eignet. Wäller sind gelassen und gutartig im Umgang mit Mensch und Tier und verträglich mit Artgenossen. Die Zuchtauslese nach Gesundheit und Leistungsfähigkeit strebt Vitalität und Langlebigkeit an.

## Haltung

Wäller sollen angenehme Begleiter und gute Kameraden der Kinder, leicht erziehbar und lenkbar sein. Ein robuster Familienhund, der aber eine Beschäftigung braucht.

# Berger de Picardie

**Größenvergleich**
(Mensch = 180 cm)

## Geschichte

Der rauhaarige Picard, wie er kurz genannt wird, ist wohl die älteste Variante der vier französischen Schäferhunde (Beauceron, Briard, Berger des Pyrénées). Er wurde 1925 als selbstständige Rasse anerkannt. Manche Autoren sehen seine Wurzeln bis zu den Kelten zurückgehen. Er wurde ursprünglich an der Herde und als Bewacher von Haus und Hof eingesetzt. In den beiden Weltkriegen diente er auch beim Militär. Der Picard ist bis heute der seltenste französische Schäferhund.

## Eigenschaften

Der Berger Picard ist kein Jedermannshund. Fremden gegenüber verhält er sich zwar freundlich, aber stets mit Zurückhaltung. Dabei ist er ein guter Wachhund und zuverlässiger Beschützer seiner Familie, der er bei engem Kontakt treu ergeben ist.

## Haltung

Die Erziehung erfordert nicht die gleiche Strenge wie die des Briard und des Beauceron. Sie muss aber dennoch konsequent erfolgen, sonst wickelt der Picard seinen Herrn mit typisch französischem Charme um den Finger. Im Freien bewegt sich der widerstandsfähige Allwetterhund voll sprühendem Temperament, das er gerne im Hundesport und der Rettungshundearbeit unter Beweis stellt. Jogger, Wanderer, Radfahrer oder Reiter begleitet er gerne. Körperlich und geistig ausgelastet, ist er im Haus ein angenehm ruhiger und nie aufdringlicher oder störender, kinderlieber Familienhund. Das harte Fell des Picard schützt ihn sicher vor Nässe und Kälte und ist schmutzabweisend.

**Schulterhöhe**
Rüde: 65–70 cm, Hündin 61–68 cm

**Gewicht**
30–38 kg

**Fellfarbe**
Grau, grauschwarz, graublau oder rötlichgrau.

**Gesundheit**
Keine rassetypischen Krankheiten bekannt.

Geeignet für fortgeschrittene Anfänger.

# Deutscher Schäferhund

**Schulterhöhe**
Ideal beim Rüden 62,5 cm, bei der Hündin 57,5 cm

**Gewicht**
Um 30–35 kg

**Fellfarbe**
Schwarz oder grau, einfarbig mit grauen oder gelben bis rotbraunen Abzeichen.

**Gesundheit**
Anfällig für Hüftgelenksdysplasie, Knochendefekte, Epilepsie, Tumore, Augenerkrankungen und Magendrehung.

Geeignet für Fortgeschrittene.

## Geschichte

Der in der ganzen Welt geschätzte und beliebte Deutsche Schäferhund verkörpert eine vergleichsweise junge Rasse. Sie hat zwar uralte Wurzeln, die sich leider nicht im Einzelnen benennen lassen, wurde aber erst 1880–95 von einem erzpatriotischen Rittmeister namens Max von Stephanitz erzüchtet. Seither hat sich ihr Erscheinungsbild erheblich verändert; das betrifft insbesondere die stark abfallende Hinterhand, die heute erwünscht ist (und allerlei Probleme mit sich bringt).

## Eigenschaften

Seine ungeheure Popularität verdankt der Schäferhund seiner ausgewogenen, kräftigen Gestalt, seiner Intelligenz und leichten Erziehbarkeit, seiner Wachsamkeit und bedingungslosen Treue. Er lässt sich gut zum Polizei-, Zoll-, Blinden-, Sanitäts-, Drogen- und Schutzhund abrichten, gibt aber auch, wenn er aus einer tadellosen Zucht kommt, einen idealen Familienhund ab. Er muss allerdings wegen seiner latenten Schärfe konsequent erzogen werden. Man bedenke, dass ihm die meisten Hundeattacken auf Menschen angelastet werden, obwohl er kein »Kampfhund« ist!

## Haltung

Dies ist ein Hund für Fortgeschrittene, die ihm reichlich Gelegenheit zum Rennen, Springen, Schwimmen, Apportieren usw. bieten können. Wenn er regelmäßig körperlich und geistig gefordert wird, gibt er sich auch mit einer Stadtwohnung zufrieden.

# Langhaarschäferhund

**Größenvergleich**
(Mensch = 180 cm)

## Geschichte

Der Langhaarschäferhund stellt keine eigene Rasse dar, sondern ist eine Variante des Deutschen Schäferhundes. Die Wurzeln dieser Rasse gehen auf alte Hütehundschläge zurück, durch die das Langhaar-Gen in die Zucht kam. Die nach dem Standard des Deutschen Schäferhundes (2005) nicht zuchttauglichen Langhaarhunde gelten völlig zu Unrecht als empfindlicher und weniger wetterfest als die stockhaarigen Tiere. Da sich immer mehr Liebhaber dieser wunderschönen Hunde fanden, entstanden schließlich Vereine, in denen die langhaarige Form des Deutschen Schäferhundes reinerbig gezüchtet wird. Der populäre Name Altdeutscher Schäferhund für Langhaarschäferhunde ist falsch. Darunter versteht man verschiedene ursprüngliche Hütehundschläge.

## Eigenschaften

Der Langhaarschäferhund steht in seinen Qualitäten als vielseitiger Arbeitshund seinem stockhaarigen Bruder in nichts nach. In verschiedenen Zuchtvereinen für Langhaarschäferhunde verzichtet man bewusst auf Arbeitsprüfungen, was der Gebrauchstüchtigkeit auf Dauer sicher nicht förderlich ist. Erfreulich ist der Verzicht auf extreme Gebäude wie eine steil abfallende Kruppe.

## Haltung

Wie der Deutsche Schäferhund will auch der Langhaar beschäftigt werden. Eine nach den neuesten Erkenntnissen der Verhaltensforschung durchgeführte sportliche Schutzhundeausbildung fördert die Aggression nicht. Langhaarhunde tragen mehr Schmutz ins Haus als stockhaarige.

**Schulterhöhe**
Rüde 60–65 cm, Hündin 55–60 cm

**Gewicht**
28–35 kg

**Fellfarbe**
Schwarz, schwarzbraun in verschiedenen Tönen, hellgrau oder dunkelgrau.

**Gesundheit**
Anfällig für Hüftgelenksdysplasie und verschiedene Gelenkserkrankungen.

Geeignet für fortgeschrittene Anfänger.

# Groenendael

**Schulterhöhe**
Rüde um 62 cm, Hündin um 58 cm

**Gewicht**
Etwa 25–30 kg

**Fellfarbe**
Schwarz, etwas Weiß ist erlaubt.

**Gesundheit**
Etwas anfällig für Augenkrankheiten, Epilepsie und Hüftgelenksdysplasie.

Geeignet für nicht ganz unerfahrene Anfänger.

## Geschichte

Der Groenendael wird von der FCI trotz seines unverwechselbaren, markanten Erscheinungsbilds nicht als eigene Rasse, sondern nur als ein Schlag der Rasse Belgischer Schäferhund (Chien de Berger Belge) klassifiziert, die insgesamt vier typgleiche, aber durch Behaarung und Fellfärbung unterschiedene Varietäten umfasst. Diese werden nach ihrem jeweiligen Ursprungsort benannt – der Groenendael nach dem gleichnamigen Schloss bei Brüssel, wo der Restaurantbesitzer Nicolas Rose ihn in der zweiten Hälfte des 19. Jahrhunderts erzüchtete. Wie seine drei Vettern ist der Groenendael aus alten Schäferhundformen hervorgegangen, die seit dem Mittelalter in Belgien existierten.

## Eigenschaften

Der ehemalige Gebrauchshund hat sich wegen seines freundlichen Wesens und attraktiven Aussehens schon bald zu einem beliebten Familienhund entwickelt. Er ist anpassungsfähig, anhänglich, intelligent, verspielt, kinderlieb und wachsam, aber auch sehr sensibel und mit einem starken, zuweilen übertriebenen Beschützerinstinkt ausgestattet.

## Haltung

Sie ist relativ unkompliziert, da sich der Groenendael leicht in das Familienleben einfügt und mit fast jeder Unterkunft – auch in der Stadt – vorlieb nimmt. Bei konsequenter Erziehung, die sehr anzuraten ist, erweist er sich als folgsamer und zuverlässiger guter Kumpel. Das lange Haar braucht regelmäßige Pflege.

# Tervueren

**Größenvergleich**
(Mensch = 180 cm)

## Geschichte

Der Tervueren ist wie der ihm sehr nahe stehende vorgenannte Groenendael nur ein Haarschlag der insgesamt vier Schläge umfassenden Rasse Belgischer Schäferhund. Tatsächlich stimmen diese vier Varietäten in Körperbau und Wesen weitgehend überein; nur in der Fellstruktur und in den Fellfarben weichen sie deutlich voneinander ab. Der Tervueren sieht auf den ersten Blick fast aus wie ein Deutscher Schäferhund, sodass manche Hundefreunde glauben, die beiden seien nahe Verwandte oder der belgische Vierbeiner stamme vom deutschen ab. In Wahrheit haben sich beide ungefähr gleichzeitig entwickelt, und zwar im späten 19. Jahrhundert. Der eigentliche Stammvater des Tervueren ist ein Rüde, der 1895 in einem Groenendael-Wurf anfiel. Das war in einem Dorf namens Tervueren, dem der Schlag seinen Namen verdankt.

## Eigenschaften

Der Tervueren besitzt die guten Eigenschaften, die die gesamte Rasse auszeichnen: Er ist anhänglich, intelligent, kinderlieb, sensibel und verfügt über einen ausgeprägten Beschützertrieb. Als ehemaliger Hütehund lässt er sich leicht zum Wach-, Schutz- und Diensthund sowie als Drogenspürhund und Helfer von Blinden und Behinderten abrichten.

## Haltung

Der Tervueren braucht eine feste, aber einfühlsame Hand, denn eine gute Erziehung ist für ein gedeihliches Zusammenleben unerlässlich. Seine Haltung ist auch in der Stadt und sogar einem Anfänger möglich, der sich mit Hunden schon ein wenig auskennt.

**Schulterhöhe**
Rüde um 62 cm, Hündin um 58 cm

**Gewicht**
Etwa 25–30 kg

**Fellfarbe**
Rotbraun mit schwarzer Maske und dunklem Anflug.

**Gesundheit**
Etwas anfällig für Augenkrankheiten, Epilepsie und Hüftgelenksdysplasie.

Geeignet für nicht ganz unerfahrene Anfänger.

**Größenvergleich**
(Mensch = 180 cm)

# Malinois

**Schulterhöhe**
Rüde 60–66 cm, Hündin 56–62 cm

**Gewicht**
Rüde 25–30 kg, Hündin 20–25 kg

**Fellfarbe**
Rotbraun mit schwarzer Maske und Charbonnage (= Wolkung).

**Gesundheit**
Gelegentlich anfällig für Hüftgelenksdysplasie, u. U. erhöhte Sensitivität gegen Narkotika.

Geeignet für Fortgeschrittene.

## Geschichte

Der Malinois ist die kurzhaarige Variante des Belgischen Schäferhundes. Namensgebend war die Stadt Malines oder Mecheln. Daher wird der Hund gelegentlich auch Mechelaer genannt. Die Züchter in dieser Region legten von Anfang an größten Wert auf Gebrauchstüchtigkeit. Formwert und Haarfarbe spielten keine große Rolle. Kaum ein Züchter beachtete damals die offizielle Vorschrift, die für die kurzhaarigen Hunde bereits 1899 eigentlich nur Rotbraun zuließ.

## Eigenschaften

Der Malinois zeichnet sich durch hohe Intelligenz verbunden mit großem Arbeitseifer aus. Seit einigen Jahren erfreut er sich zunehmender Beliebtheit im Schutzhundesport. Gut ausgebildet, führt der Malinois alle Gehorsamsübungen mit Exaktheit und bestechender Rasanz aus. Seine Grundschnelligkeit im Schutzdienst ist von keinem anderen Gebrauchshund zu überbieten. Auf Arbeitsprüfungen ist er heute dem lange Zeit vorherrschenden Deutschen Schäferhund eine ernst zu nehmende Konkurrenz. Auch die staatlichen Organe schätzen diesen reaktionsschnellen Hund mit der Naturschärfe und dem funktionellen Körperbau, der nicht die Übertreibungen des Deutschen Schäferhundes zeigt.

## Haltung

Der Malinois ist fähig zu Höchstleistungen. Seine Erziehung und Ausbildung erfordert aber Feingefühl und Sachkenntnis. Tiere aus Leistungszuchten sind als reine Familienhunde nicht geeignet. Ohne Beschäftigung können die Hunde zur Plage werden.

**Größenvergleich**
(Mensch = 180 cm)

# Laekenois

## Geschichte

Der Laekenois ist die rauhaarige Variante des Belgischen Schäferhundes. Ihren Namen Berger de Laeken – oder kurz Laekenois – erhielten die Hunde nach dem königlichen Schloss Laeken nahe Antwerpen. Im Schlosspark lebte eine Schäferfamilie, die Laekenois züchteten. Jahrelang behinderten Streitigkeiten unter den Züchtern, z. B. um die erwünschte Haarfarbe, eine Förderung der Rasse. In- und Inzestzucht zur genetischen Verankerung des gewünschten Rauhaars waren nicht selten. Im Aussehen blieb der Laekenois den eleganten langhaarigen Belgiern unterlegen. Seine Leistungsfähigkeit reicht nicht an die des Malinois heran. All diese Hemmnisse haben dazu geführt, dass die Rasse bis heute keine weite Verbreitung fand.

## Eigenschaften

Der Laekenois hat nach wie vor gute Hütefähigkeiten. Seine Aufmerksamkeit und sein Mut machen ihn zu einem guten Wach- und Schutzhund. Er eignet sich für eine sportliche Schutzhundeausbildung. Seine gute Nase befähigt ihn für die Fährtenarbeit oder den Einsatz als Rettungshund.

Das Wesen des Laekenois ist ausgeglichener und gesetzter als das seiner sehr lebhaften und manchmal auch etwas nervösen Verwandten.

## Haltung

Der Laekenois will als robuster Schäferhund viel laufen und liebt den Aufenthalt im Freien. Er braucht eine Aufgabe, die ihn körperlich und geistig auslastet. Ein zufriedener Laekenois schließt sich seiner Familie eng an und ist ein angenehmer Begleiter.

**Schulterhöhe**
Rüde 60–66 cm, Hündin 56–62 cm

**Gewicht**
Rüde 25–30 kg, Hündin 20–25 kg

**Fellfarbe**
Grau oder rotbraun.

**Gesundheit**
Anfällig für Hüftgelenksdysplasie und Epilepsie; u. U. erhöhte Sensitivität gegen Narkotika.

Geeignet für Fortgeschrittene.

**Größenvergleich**
(Mensch = 180 cm)

# Weißer Schweizer Schäferhund

**Schulterhöhe**
Rüde 60–66 cm, Hündin 55–61 cm

**Gewicht**
Rüde 34–39 kg, Hündin 27–32 kg

**Fellfarbe**
Reinweiß.

**Gesundheit**
Anfällig für Hüftgelenksdysplasie und Allergien.

Geeignet für Anfänger.

## Geschichte

Der Deutsche Schäferhund wurde aus verschiedenen alten Hütehundschlägen herausgezüchtet, bei denen Weiß als Fellfarbe weit verbreitet war. Diese Erbanlage ist immer noch enthalten. Gelegentlich fallen in einem Wurf aus normalfarbenen Eltern weiße Welpen. In Deutschland sind solche Hunde unerwünscht. In den USA wurden sie bis 1968 noch anerkannt. Auf Drängen des SV registrierte der American Kennel Club die »fehlfarbigen« weißen Hunde dann nicht mehr. Der Canadian KC widersetzte sich, und so wurden die in ganz Nordamerika fleißig reingezüchteten Weißen bei uns zunächst als Amerikanisch-Kanadisch Weißer Schäferhund bekannt. Anfang der 1970er-Jahre kamen die ersten Tiere über die Schweiz nach Europa. Heute ist die Rasse offiziell als Weißer Schweizer Schäferhund von der FCI anerkannt.

## Eigenschaften

In der Zucht der weißen Hunde wird auf eine Gebrauchstüchtigkeit weniger Wert legen. So sind die Weißen, obwohl nur eine Farbvariante des Deutschen Schäferhundes, sanfter und sensibler. Fremden gegenüber üben sie meist Zurückhaltung. Sie sind wachsam und verfügen noch über genügend Schutztrieb.

## Haltung

Wie sein Ahnherr ist der Weiße Schweizer Schäferhund sehr gelehrig und leichtführig, ein vielseitiger Familien- und Begleithund, der viel Auslauf und eine Beschäftigung braucht. Für den Schutzhundesport bringt er selten die nötige Härte mit. Es gibt einen stockhaarigen und einen langhaarigen Schlag.

# Thai Ridgeback Dog

**Größenvergleich**
(Mensch = 180 cm)

## Geschichte

Im östlichen Thailand wird diese Rasse seit 400 Jahren gezüchtet. Durch die geografische Isolation kam es so gut wie nie zur Vermischung mit anderen Rassen. Nur vom Thai und dem Rhodesian Ridgeback kennt man den typischen Aalstreifen auf dem Rücken, in dem die Haare entgegengesetzt der normalen Wuchsrichtung stehen. Thai Ridgebacks haben jahrhundertelang als Hüter von Haus und Hof und Jagdhelfer im dichten Dschungel gedient. Ihre bevorzugte Beute waren Wildschweine. Dieser Nationalhund Thailands war im Westen bis vor kurzem nicht bekannt und ist außerhalb seiner Heimat extrem selten anzutreffen.

## Eigenschaften

Der Mah Thai, wie er in seiner Heimat genannt wird, ist der selbstständigen Jagd in schwierigstem Gelände hervorragend angepasst. Schnell und wendig, mit hervorragender Trittsicherheit und außergewöhnlichem Sprungvermögen verfolgt er das Wild auf Sicht. Der eigenständige und mutige Hund geht auch zu seinem Herrn keine enge Beziehung ein. Er beobachtet seine Umgebung stets aufmerksam und misstraut Fremden, greift aber nicht an. Vor allem Rüden gehen einer Rauferei nicht aus dem Weg.

## Haltung

Dieser Hund will sein eigener Herr sein. Er ist sehr schwer erziehbar und kann wegen seines ausgeprägten Jagdtriebs auf freiem Feld kaum von der Leine gelassen werden. Nur wer bereit ist, seine Eigenheiten zu akzeptieren, wird seine Freude an dem urtümlichen Hund haben.

**Schulterhöhe**
Rüde 61–66 cm, Hündin 56–61 cm

**Gewicht**
23–34 kg

**Fellfarbe**
Kastanienrot, schwarz, silber oder blau.

**Gesundheit**
Keine rassetypischen Krankheiten bekannt.

Geeignet für Fortgeschrittene.

# Großer Münsterländer

**Schulterhöhe**
Rüde 60–65 cm, Hündin 58–63 cm

**Gewicht**
Um 30 kg

**Fellfarbe**
Weiß mit schwarzen Platten und Tupfen, auch geschimmelt.

**Gesundheit**
Etwas anfällig für Hüftgelenksdysplasie.

Geeignet für Fortgeschrittene.

## Geschichte

Wie sein zierlicher Vetter, der Kleine Münsterländer, ist auch der Große Münsterländer aus langhaarigen alten deutschen Jagdhundtypen hervorgegangen, die wohl schon im Mittelalter für die Vogel- und Beizjagd verwendet wurden. Die heutige Rasse entstand jedoch erst zu Beginn des 20. Jahrhunderts, und sie war ursprünglich lediglich eine schwarz-weiße Fellvariante des Deutsch Langhaar. Diese ausgefallene und zunächst unerwünschte Farbkombination wurde im Münsterland gezielt weitergezüchtet, und so ist der Große Münsterländer bis heute die einzige deutsche Vorstehhundrasse, bei der die Fellfarbe Schwarz obligatorisch ist.

**Größenvergleich**
(Mensch = 180 cm)

## Eigenschaften

Der Große Münsterländer wird, im Gegensatz zu seinem viel häufigeren kleinen Namensvetter, nach wie vor fast ausschließlich als Jagdgebrauchshund geführt, der sich meisterlich aufs Stöbern, Vorstehen und Apportieren versteht. Andererseits legt er großen Wert auf Familienanschluss, sodass er gelegentlich auch als reiner Begleithund gehalten wird, der sich durch ein freundliches, loyales und zuverlässiges Wesen empfiehlt.

## Haltung

Dieser sehr aktive, arbeitsfreudige und kraftvolle Vierbeiner braucht, neben einer guten Ausbildung, sehr viel Bewegung in der freien Natur und eine echte Aufgabe, wenn er nicht körperlich und seelisch verkümmern soll. Für das Stadtleben ist er kaum geeignet. Das Fell ist trotz seiner Länge relativ pflegeleicht.

# Sarplaninac

## Geschichte

Der Name der Rasse leitet sich vom Sar-Planina-Gebirge in Mazedonien ab. In den Gebieten des ehemaligen Jugoslawien, vor allem in Mazedonien, Montenegro, Serbien und dem Kosovo, schützen dem Sarplaninac ähnliche Hunde seit Jahrhunderten die Schaf- und Ziegenherden vor Raubtieren und Dieben. Bis 1970 war die Rasse, auch wegen eines Ausfuhrverbotes während der Zeit des Sozialismus, im Ausland weitgehend unbekannt. Der Jugoslawische Hirtenhund, wie er bei uns heißt, findet in seiner Heimat auch bei Polizei und Militär Verwendung. Durch die Wirren des Bürgerkrieges konnten nur wenige dieser Hunde gerettet werden. Früher wurde die Rasse auch Illyrischer Schäferhund genannt.

## Eigenschaften

Als typischer Herdenschutzhund handelt der Sarplaninac sehr selbstständig und kann bei Gefahr blitzschnell angreifen. Er schließt sich nur einem Herrn an, ist aber auch diesem gegenüber nicht bedingungslos gehorsam. Ihm anvertraute Güter und Menschen beschützt und verteidigt er unbestechlich und kompromisslos. Fremden begegnet er mit ausgeprägtem Misstrauen. Seine große natürliche Schärfe und stete Verteidigungsbereitschaft darf auf keinen Fall gefördert werden. Ein ruhiger ernster Hund, dessen Reaktionen jedoch bisweilen unberechenbar sind. Rauft gerne.

## Haltung

Ein genügsamer, aber sehr schwierig zu erziehender Hund. Er braucht ein großes Gelände, das er bewachen kann, sollte aber auch Zugang zum Haus haben.

**Schulterhöhe**
Rüde ab 62 cm, Hündin ab 58 cm

**Gewicht**
Rüde 35–45 kg, Hündin 30–40 kg

**Fellfarbe**
Alle Farben, eisen- bis dunkelgrau erwünscht, keine Schecken.

**Gesundheit**
Anfällig für Hüftgelenksdysplasie.

Geeignet für Spezialisten.

# Deutsch Stichelhaar

**Größenvergleich**
(Mensch = 180 cm)

**Schulterhöhe**
Rüde 60–70 cm, Hündin 58–68 cm

**Gewicht**
22–36 kg

**Fellfarbe**
Braun und weiß, Braunschimmel mit und ohne Platten.

**Gesundheit**
Keine rassetypischen Krankheiten bekannt.

Geeignet nur für Jäger.

## Geschichte

Stichelhaarige Hühnerhunde sind schon auf Holzstichen des 16. Jahrhunderts abgebildet. Sie gelten als Ahnen des Deutschen Stichelhaarigen Vorstehhundes, dessen Blut maßgeblich im Deutsch Drahthaar fließt. Von diesem ist der Deutsch Stichelhaar auch für Kundige nur schwer zu unterscheiden. 1892 wurde der erste Rasseclub gegründet. Im Gegensatz zu anderen kontinentalen Vorstehhunden verzichtete man auf das Einkreuzen englischer Rassen.

Nach der Teilung Deutschlands lag das Hauptzuchtgebiet in Friesland. Der Deutsch Stichelhaar ist auch heute fast nur in Jägerhand anzutreffen. Sein Verbreitungsgebiet liegt eher in Nord- als in Süddeutschland. Im Ausland ist er kaum bekannt.

## Eigenschaften

Der Deutsch Stichelhaar ist als Jagdgebrauchshund vielseitig verwendbar. Er ist gleichermaßen in Feld, Wald und Wasser zu Hause. Voll Jagdpassion, arbeitet er zäh und ausdauernd. Früher wurde er auch zur Bekämpfung von Wilddieben eingesetzt. Auch heute noch zeigt dieser Hund Schutztrieb und wacht zuverlässig über Haus und Hof. Dabei ist er aber nie überaggressiv, sondern im Grunde ein Menschenfreund.

## Haltung

Der Deutsch Stichelhaar braucht viel Bewegung und Beschäftigung im Jagdrevier. Seine Erziehung erfordert eine feste, aber einfühlsame Hand. Wenn dieser Hund ausgelastet ist, verhält er sich auch in der Familie ruhig und ausgeglichen. Das harte Fell macht den Hund wetterfest.

**Größenvergleich**
(Mensch = 180 cm)

# Alaskan Malamute

## Geschichte

Der Alaskan Malamute hat seinen Namen von den Mahlemut Inuit, einem nomadischen Eskimovolk im Nordwesten Alaskas, das seit jeher einen sehr starken, widerstandsfähigen und zuverlässigen Schlittenhund brauchte. Als idealen Helfer schufen die alaskischen Jäger und Fischer schon vor Jahrhunderten aus urtümlichen nordischen Spitztypen den Malamute, der ihnen nicht nur als Zugtier, sondern auch als Wach- und Jagdhund wertvolle Dienste leistete. Später begleitete er viele Forscher auf ihren Polarexpeditionen, und heute wird er bevorzugt für Schlittenhundrennen verwendet, bei denen er sich weniger durch Schnelligkeit als durch seine ungeheure Ausdauer hervortut.

## Eigenschaften

Der Malamute ist durchweg ein ruhiger, freundlicher und treuer Hausgenosse. Er scheint sich allerdings seiner Intelligenz und körperlichen Überlegenheit bewusst zu sein, denn er gebärdet sich nicht selten dominant. Das kann bei einem so kraftvollen Hund zu einem Problem werden, dem man durch eine konsequente Früherziehung entgegenwirken sollte.

## Haltung

Sie ist ziemlich unkompliziert, wenn der Kraftprotz gut erzogen und sozialisiert ist und wenn er überdies reichlich Gelegenheit hat, sich körperlich zu betätigen. Für die Stadt kommt er kaum in Frage, und große Hitze mag er gar nicht. Sein Fell ist recht pflegeleicht, haart aber regelmäßig und ausgiebig.

**Schulterhöhe**
Rüde 63,5 cm, Hündin 58,5 cm

**Gewicht**
34–38 kg

**Fellfarbe**
Meist hellgrau bis schwarz mit weißen Abzeichen, vereinzelt auch reinweiß.

**Gesundheit**
Anfällig für Zwergwuchs, Hüftgelenksdysplasie und Hitzebeschwerden.

Geeignet für fortgeschrittene Spezialisten.

# Grand Griffon Vendéen

**Schulterhöhe**
60–65 cm

**Gewicht**
30–35 kg

**Fellfarbe**
Beige, graubraun, weiß-grau, weiß und graubraun, auch dreifarbig.

**Gesundheit**
Keine rassetypischen Krankheiten bekannt.

Geeignet für Fortgeschrittene.

## Geschichte

Rauhaarige Laufhunde aus der Vendée, einem Küstengebiet südlich der Loire-Mündung, gehören zu den ältesten Laufhunden Frankreichs und werden in vier Größen gezüchtet (Grand und Briquet Griffon und die niederläufigen Grand und Petit Basset Griffon Vendéen). Die Trennung in die verschiedenen Größenschläge wurde lange Zeit nicht konsequent durchgeführt. So fielen in den gleichen Wurf oft unterschiedlich große Welpen. Seit 1975 sind Kreuzungen zwischen den Größen nicht mehr erlaubt. Zur Entstehung des Grand Griffon haben viele Rassen beigetragen, unter anderem die legendären »Weißen Hunde des Königs« und die grauen Saint-Louis-Hunde. Auch Bluthunde, italienische Pointer (Segugio) und der Griffon Nivernais sollen beteiligt gewesen sein. Der Grand Griffon gehört zu den seltensten Jagdhunderassen Frankreichs.

**Größenvergleich**
(Mensch = 180 cm)

## Eigenschaften

Der Grand Griffon ist ein ausdauernder, draufgängerischer, harter Jagdgebrauchshund von kräftiger Statur und guter Gesundheit. Früher wurde er fast ausschließlich für die Wildschwein- und Wolfsjagd eingesetzt. Heute bejagt man auch Rehwild mit ihm. Sein raues, dichtes Haarkleid schützt ihn hervorragend vor Verletzungen im Gelände und vor Nässe.

## Haltung

Der Grand Griffon ist ein sehr unabhängiger Hund, der als Begleithund schwer zu erziehen ist. Manche Exemplare neigen zum Raufen. Um starken Hundegeruch zu vermeiden, muss das Fell regelmäßig gepflegt werden.

**Größenvergleich**
(Mensch = 180 cm)

# Deutsch Langhaar

## Geschichte

Dem Deutsch Langhaar ähnliche Hunde zeigen schon Gemälde des Mittelalters. Seine Wurzeln, alte Stöberhundrassen, liegen denen des Deutschen Wachtelhundes sehr nahe. Früher waren die Deutsch Langhaar von viel kräftigerer Statur, vom Aussehen gelegentlich sogar dem Neufundländer vergleichbar. Durch Zuführung von etwas Pointerblut (weniger als beim Deutsch Kurzhaar), vor allem aber durch Kreuzung mit dem Irish und Gordon Setter, wurde der Hund seit 1920 schnittiger im Aussehen und schneller bei der Arbeit. Seit 1879 wird die Rasse rein gezüchtet. Ihre Beliebtheit und Vielseitigkeit belegt der Name »Alter Försterhund«.

## Eigenschaften

Der Deutsche Langhaarige Vorstehhund ist heute ein eleganter, vielseitiger Jagdgebrauchshund, dessen Stärken sich bei der ruhigen, zielstrebigen Arbeit nach dem Schuss zeigen. Auch bei der sicheren Verfolgung einer Wundspur kommt dem Deutsch Langhaar seine Ruhe und Beharrlichkeit zugute. Gefundenes Wild apportiert er sicher. Er eignet sich gleichermaßen für die Verwendung in Feld, Wald und Wasser. Verlangt wird ein ausgeglichenes Temperament ohne jegliche Aggression.

## Haltung

In der Zucht des Deutsch Langhaar wird in erster Linie Wert auf Leistung gelegt. Die Hunde werden nur an Jäger abgegeben. Ihre Erziehung ist problemlos. Ist er ausgelastet, fügt sich dieser schöne, führige Hund auf angenehm freundliche und unauffällige Weise in die Familie des Jägers ein.

**Schulterhöhe**
Rüde 63–66 cm, Hündin 60–63 cm

**Gewicht**
22–32 kg

**Fellfarbe**
Einfarbig braun, braun mit weißen oder geschimmelten Abzeichen, braun-weiß, schimmelfarben oder gefleckt braun auf weißem Grund.

**Gesundheit**
Gelegentlich anfällig für Hüftgelenksdysplasie.

Geeignet für Jäger.

# Deutsch Kurzhaar

**Schulterhöhe**
Rüde 58–65 cm, Hündin 53–59 cm

**Gewicht**
22–32 kg

**Fellfarbe**
Einheitlich braun, braun mit weißen Abzeichen oder Sprenkelung, braun- und schwarzschimmel mit braunen Platten oder weiß mit brauner Kopfzeichnung, braunen Platten oder Tupfen.

**Gesundheit**
Anfällig für Entropium.

Geeignet nur für Jäger.

**Größenvergleich**
(Mensch = 180 cm)

## Geschichte

Die Vorfahren dieser ältesten deutschen Vorstehhunderasse findet man in mittelalterlichen Vogelhunden. Auch in der Folgezeit waren die Beizjagd und – vor allem in den Mittelmeerländern – die Jagd mit dem Netz beliebte Beschäftigungen der Adeligen. Ihre Hunde waren von viel plumperem Aussehen und arbeiteten bedächtiger. Wichtigste Eigenschaft war, vor allem seit der Erfindung der Doppelflinte 1750, das Vorstehen. Nach den Napoleonischen Kriegen fanden die kurzhaarigen Vorstehhunde auch in der Bevölkerung Verbreitung und wurden ab dieser Zeit vielseitiger eingesetzt. Durch Einkreuzen von Pointern wurde der Deutsch Kurzhaar veredelt und zu dem eleganten Jagdgebrauchshund von heute. In den angelsächsischen Ländern wird er leider zunehmend als reiner Schauhund beliebt.

## Eigenschaften

Dieser edle Vorstehhund gehört zu den beliebtesten Jagdhunden Deutschlands und wird auch im Ausland oft geführt. Auf der Jagd ist er ein Allroundtalent, bekannt für seine Kraft, Ausdauer und Schnelligkeit. Der temperamentvolle, manchmal etwas nervige Hund liebt vor allem die zügige Feldarbeit. In der Zucht wird großer Wert auf Gebrauchstüchtigkeit und Vielseitigkeit gelegt.

## Haltung

Der Vollblutjagdhund gehört in Jägerhände. Er ist leicht erziehbar, verträgt aber keine unnötige Härte. Seiner Veranlagung entsprechend ausgelastet, ist er auch ein pflegeleichter Familienhund.

# Deutsch Drahthaar

## Geschichte
Mit vollem Namen heißt dieser Vierbeiner Deutscher Drahthaariger Vorstehhund – eine hinreichende Beschreibung seiner Eigenschaften. Er wurde in Deutschland Ende des 19. Jahrhunderts aus verschiedenen bewährten Jagdhundrassen herausgezüchtet, besitzt ein raues, hartes, »drahtiges« Haarkleid und ist, obwohl vielseitig jagdlich verwendbar, vor allem auf das Vorstehen spezialisiert, also darauf, verstecktes Wild dadurch anzuzeigen, dass er mit einem angehobenen Vorderlauf wie zur Salzsäule erstarrt vor ihm stehen bleibt. Der Deutsch Drahthaar gilt als einer der besten Jagdgebrauchshunde überhaupt, wird aber wegen seines menschenfreundlichen Naturells auch häufig als Begleit- und Familienhund gehalten.

## Eigenschaften
Der Deutsch Drahthaar liebt die menschliche Gesellschaft und fügt sich bereitwillig in die Familie ein, wenn er frühzeitig richtig erzogen und sozialisiert worden ist. Er ist ein robuster, lebhafter und charakterlich ausgeglichener Naturbursche, der sich allerdings manchmal etwas eigenwillig gebärdet, mit Kindern nicht viel anfangen kann und Fremden gegenüber stets auf Distanz hält.

## Haltung
Es versteht sich von selbst, dass ein solcher Hund nicht für die Stadt taugt. Er braucht sehr viel Bewegung und frische Luft und muss von Anfang an konsequent zum Gehorsam erzogen werden. Das Fell ist pflegeleicht.

**Schulterhöhe**
Rüde 60–67 cm, Hündin 56–62 cm

**Gewicht**
Um 30 kg

**Fellfarbe**
Möglichst unauffällig; meist braun, braun- oder schwarzschimmel.

**Gesundheit**
Selten anfällig für Hüftgelenksdysplasie und Entropium.

Geeignet für Fortgeschrittene.

# Rottweiler

**Schulterhöhe**
Rüde 61–68 cm, Hündin 56–63 cm

**Gewicht**
Rüde um 50 kg, Hündin 42 kg

**Fellfarbe**
Schwarz mit gut abgegrenzten rotbraunen Abzeichen.

**Gesundheit**
Anfällig für Hüftgelenksdysplasie, Entropium, Herzkrankheiten und Krebs.

Geeignet nur für sehr verantwortungsvolle Fortgeschrittene.

## Geschichte

Den Namen hat die relativ junge Rasse von der Neckarstadt Rottweil, die seit dem Mittelalter ein Zentrum des süddeutschen Viehhandels war. Dort züchteten die Metzger und Händler kraftvolle, scharfe Arbeitshunde zu ihrem Schutz und zum Treiben und Beschützen des Viehs. Die so genannten Rottweiler Metzgerhunde, Nachfahren altrömischer Molosserdoggen und Vorläufer der modernen Rasse, hatten um 1900 ausgedient, weil die Viehmärkte keine große Rolle mehr spielten, und wären beinahe untergegangen. Doch dann entdeckten Hundekenner die Vorzüge der Rottweiler, und die Rassezucht nahm einen bis heute anhaltenden Aufschwung.

**Größenvergleich**
(Mensch = 180 cm)

## Eigenschaften

Der Rottweiler kann seine Herkunft nicht verleugnen. Er ist ein kompaktes, massiges Kraftpaket, das eine gewisse Gefährlichkeit ausstrahlt. Rottweiler, die als Schutz- oder Polizeihunde Dienst tun, sind dank ihrer Ausbildung stets unter Kontrolle, doch bei Familienhunden ist die unbedingt notwendige Kontrolle nicht immer gegeben. Ein konsequent erzogener und gut sozialisierter Rottweiler ist jedoch ein ruhiger Hausgenosse, intelligent, gelehrig und folgsam – solange er nicht doch einmal ausrastet.

## Haltung

Ein Rottweiler ist nur etwas für Spezialisten mit großem Hundeverstand und einer starken Hand, die diesen potenziell gefährlichen Hund fest im Griff haben und ihm reichlich Bewegung im Freien verschaffen.

# Briard

**Größenvergleich**
(Mensch = 180 cm)

## Geschichte

Der amtliche Name des allgemein Briard genannten Hundes lautet Berger de Brie, bezeichnet also einen Schäferhund aus der Region Brie im Osten von Paris (ob er dort tatsächlich seinen Ursprung hat, ist mehr als fraglich). Die Ahnenreihe der im 19. Jahrhundert entstandenen Rasse reicht bis ins Mittelalter zurück. Der kräftig gebaute, wetterfeste Briard ist ein ungemein tüchtiger, ja heldenhafter Hütehund, der sich auch als Wach- und Schutzhund bewährt hat. Inzwischen ist er wegen seiner stattlichen Erscheinung und luxuriösen Behaarung zu einem begehrten Begleithund geworden.

## Eigenschaften

Der Briard ist ein intelligenter, aktiver Naturbursche geblieben, der sich gleichwohl hervorragend an das Familienleben anzupassen vermag. Ein solcher Hund aus einer guten Zucht – und mit einer guten Erziehung – zeigt kaum Wesensschwäche und bleibt lebenslänglich ein zuverlässiger, treuer und folgsamer Hausgenosse, der sich mit Kindern, fremden Hunden und ihm unbekannten Menschen recht gut versteht.

## Haltung

Der Briard ist kein Hund für Anfänger oder für Reinlichkeitsfanatiker, und für eine Stadtwohnung eignet er sich nur sehr bedingt. Er braucht sehr viel Auslauf und möglichst auch gezielte sportliche Betätigung, die etwa darin besteht, dass er sein Rad fahrendes oder joggendes Herrchen oder Frauchen begleitet. Das Haarkleid erfordert großen Pflegeaufwand.

**Schulterhöhe**
Rüde 62–68 cm, Hündin 56–64 cm

**Gewicht**
Um 30 kg

**Fellfarbe**
Möglichst einfarbig, meist schwarz, grau oder fauve, aber nicht weiß.

**Gesundheit**
Anfällig für Hüftgelenksdysplasie und Netzhautatrophie.

Geeignet für Fortgeschrittene.

# Tschechoslowakischer Wolfshund

**Schulterhöhe**
Rüde mind. 65 cm, Hündin mind. 60 cm

**Gewicht**
Rüde mind. 26 kg, Hündin mind. 20 kg

**Fellfarbe**
Gelblich-, wolfs- oder silbergrau.

**Gesundheit**
Keine rassetypischen Krankheiten bekannt.

Geeignet für Spezialisten.

## Geschichte

Die Entstehungsgeschichte dieser Rasse begann mit einem wissenschaftlichen Experiment: Der Biologe Karel Hartl verpaarte ab 1955 Deutsche Schäferhunde mit Karpatenwölfen, um herauszufinden, welche Eigenschaften des Wolfes sich dominant vererben. Seine Ergebnisse decken sich mit denen von Leendet Saarloos, der in den Niederlanden den Saarloos Wolfhond züchtete. Die Nachkommen zeigten typisches Wolfsverhalten und eigneten sich kaum als

**Größenvergleich**
(Mensch = 180 cm)

Gebrauchshunde. Trotzdem wird der Ceskoslovenský Vlcak, wie er in seiner Heimat heißt, beim Militär eingesetzt. 1989 erkannte die FCI die Rasse an.

## Eigenschaften

Wolfskreuzungen sind ein Rückschritt, denn die über Jahrtausende entwickelten Domestikationsmerkmale des Hundes werden vom Wildtierverhalten überdeckt. Wolfshunde sind scheu, neigen zum Angstbeißen und ordnen sich nicht gerne unter. Auf der anderen Seite vererben sich die feineren Sinne des Wolfes: Die Tiere sind sehr ausdauernd, temperamentvoll, instinktsicher und zeigen phänomenale Nasenleistungen. Sie sind hochintelligent und lernen schnell. Fremden gegenüber sind sie scheu. Für eine Schutzhundeausbildung sind sie nicht geeignet.

## Haltung

Wer die nötigen Kenntnisse, Erfahrung und das Durchhaltevermögen hat, mit dem Wolf in diesem Hund umzugehen, findet in ihm einen treuen und zuverlässigen Begleiter, der aber eine Trennung von seinem »Rudel« schlecht erträgt.

**Größenvergleich**
(Mensch = 180 cm)

## Geschichte

Doggenartige Hunde sind in Europa seit der Hallstattzeit (900–400 v. Chr.) nachgewiesen. Die mächtigen Tiere schützten unbestechlich das Hab und Gut ihrer Familie, gelegentlich halfen sie auch beim Treiben störrischen Viehs. Die Bordeaux-Dogge wurde – nicht nur in Frankreich – für die Jagd auf wehrhaftes Wild eingesetzt, dem sie sich unerschrocken stellte. Man missbrauchte die mutigen Hunde auch für Tierkämpfe.

## Eigenschaften

Die moderne Bordeaux-Dogge hat eine sehr hohe Reizschwelle und ist, solange man sie nicht reizt, außergewöhnlich gutmütig. Mit sicherem Gespür für Gefahr, greift sie nie unnötig an. Fremden gegenüber verhält sie sich so lange abwartend, bis sie deutlich erkennen kann, dass der Besuch bei ihrem Herrn willkommen ist. Richtig sozialisiert, kommt die Bordeaux-Dogge gut mit anderen Tieren und Kindern aus. Bekannt ist ihre Verschmustheit vertrauten Menschen gegenüber. Gut erzogene Bordeaux-Doggen neigen wenig zum Wildern.

# Bordeaux-Dogge

## Haltung

Die Bordeaux-Dogge ist eigenwillig und sensibel. Sie hat feine Antennen für die Gemütslage ihres Besitzers. Ihre Erziehung erfordert viel Geduld und Konsequenz. Nichtbeachtung ist die größte Strafe für sie. Der Hund braucht nicht sehr viel Bewegung, ist aber für die Stadtwohnung ungeeignet, da er viel Lebensraum und einen Garten benötigt. Der teilweise starke Speichelfluss aus den Lefzen kann unangenehm sein. Wird oft zu den »Kampfhunden« gezählt.

**Schulterhöhe**
Rüde 60–70 cm, Hündin 58–66 cm

**Gewicht**
50–65 kg

**Fellfarbe**
Einfarbig rötlichbraun bis falbfarben, Maske rot oder schwarz.

**Gesundheit**
Anfällig für Hüftgelenksdysplasie, Magendrehung, Ektropium und Knorpeldefekte im Wachstum.

Geeignet für Fortgeschrittene.

# Cane Corso Italiano

**Schulterhöhe**
Rüde 64–68 cm, Hündin 60–64 cm

**Gewicht**
Rüde 42–50 kg, Hündin 38–45 kg

**Fellfarbe**
Sandfarben bis rot (mit oder ohne schwarze Maske), bleigrau, schieferfarben oder hellgrau (mit oder ohne Stromung), weiße Abzeichen an Brust und Beinen.

**Gesundheit**
Keine rassetypischen Krankheiten bekannt.

Geeignet für Fortgeschrittene.

## Geschichte

Die Wurzeln des Cane Corso gehen wie die des Mastino Napoletano auf die alten römischen Molosser zurück. Hunde dieses Typs wurden seit alter Zeit als Kampfhunde im Krieg sowie auf der Jagd auf Wildschweine (Saupacker) und Bären (Bärenbeißer) eingesetzt. Die Heimat des Cane Corso liegt in Süditalien. Dort diente er auch als treuer Behüter von Haus, Hof und Vieh. Reisende konnten sich bedingungslos seinem Schutz anvertrauen. Eine heute fast ausgestorbene Variante des Cane Corso ist der Branchiero Siciliano.

**Größenvergleich**
(Mensch = 180 cm)

## Eigenschaften

Der Cane Corso ist der geborene Schutzhund. Fremden gegenüber verhält er sich abwartend bis ablehnend, aber nie übermäßig aggressiv. Seine Umwelt beobachtet er aufmerksam. Der Cane Corso muss sehr gut sozialisiert sein, sonst verträgt er sich nicht mit anderen Hunden. Er ist mutig und reagiert vor allem auf ernste Gefahren sehr schnell. Sonst ist der Rasse eine hohe Reizschwelle eigen.

## Haltung

Die Lenkung seines starken Schutztriebes und der Neigung zu Dominanz verlangt eine feste Hand und konsequente, einfühlsame Erziehung. Wenn der Cane Corso seine Stellung in der Familie kennt, ist er sehr anhänglich und stellt insbesondere die Schwachen unter seinen Schutz. Bekannten Kindern gegenüber ist er duldsam und sanft. Dieser Hund braucht viel Bewegung und eignet sich nicht für die Haltung in der Wohnung. Die Rasse steht oft auf der Liste der »gefährlichen Hunderassen«.

# Bouvier des Flandres

## Geschichte

Der Name der Rasse, der wörtlich übersetzt so viel wie »Ochsenhirte aus Flandern« bedeutet, verweist auf ihre Herkunft (im Standard mit Frankreich/Belgien angegeben) und auf ihren ursprünglichen Verwendungszweck (Viehtreiber, aber auch Zugtier und Wachhund). Die Entstehung des Bouviers wird auf das 17. Jahrhundert datiert, doch die Vorläufer der heutigen, erst 1926 standardisierten Rasse boten ein sehr uneinheitliches Erscheinungsbild, was ihre Größe, Färbung und Fellbeschaffenheit angeht.

## Eigenschaften

Der Bouvier des Flandres ist ein robuster, urwüchsig wirkender Bursche, der seine Gebrauchshundvergangenheit nicht verleugnen kann. Er scheint jedoch seine heutige Rolle als Begleithund gern angenommen zu haben, denn er ist freundlich, anhänglich, geduldig, wachsam, kinderlieb und ein zuverlässiger, unerschrockener Beschützer seiner Familie. Fremden gegenüber gibt er sich distanziert und nur selten etwas aggressiv, und er bellt nur, wenn er es wirklich für nötig hält. Unter dem derben, zottigen Fell verbirgt sich ein sensibler, aber eigenwilliger Charakter, der früh geformt und kontrolliert werden sollte.

## Haltung

Dies ist ein Hund für Leute mit einer festen Erzieherhand, viel Freizeit und viel Humor. In der Großstadt fühlt er sich nicht besonders wohl. Sein raues und dichtes doppellagiges Fell verlangt sehr viel Pflegeaufwand.

**Schulterhöhe**
Rüde 62–68 cm, Hündin 59–65 cm

**Gewicht**
Rüde 35–40 kg, Hündin 27–35 kg

**Fellfarbe**
Rehfarben oder grau, oft gestromt oder schwärzlich gestichelt, auch schwarz.

**Gesundheit**
Anfällig für Hüftgelenksdysplasie und Magendrehung.

Geeignet für Fortgeschrittene.

**Größenvergleich**
(Mensch = 180 cm)

# Gordon Setter

**Schulterhöhe**
Rüde 66 cm, Hündin 62 cm

**Gewicht**
Um 30 kg

**Fellfarbe**
Tiefschwarz mit lohfarbenen Abzeichen.

**Gesundheit**
Anfällig für Hüftgelenksdysplasie, Netzhautatrophie und Epilepsie.

Geeignet für nicht ganz unerfahrene Anfänger.

## Geschichte

Große Settertypen mit schwarzlohfarbenem Fell sind auf den Britischen Inseln schon im 17. Jahrhundert nachgewiesen. Der moderne Gordon Setter mit dieser schönen Fellfärbung entstand jedoch erst im ausgehenden 18. Jahrhundert, und er verdankt seine Entstehung und seinen Namen dem Duke of Richmond and Gordon, der die Reinzucht der Rasse auf seinem Schloss Gordon Castle im schottischen Banffshire begründete. Der ursprünglich und auch heute noch als Jagdhund für das raue Terrain des schottischen Hochlands gezüchtete Setter, der so heißt, weil er vor dem aufgespürten Wild sitzen bleibt, gibt einen guten Begleithund ab.

## Eigenschaften

Der Gordon Setter, der kraftvollste und langsamste unter den britischen Settern, ist eine selbstbewusste Hundepersönlichkeit, die sich einen engen Familienanschluss wünscht und sich Fremden gegenüber sehr distanziert verhält. Der robuste, widerstandsfähige und zugleich sensible Gordon Setter ist ein bewegungsfreudiger Vierbeiner, der sich auch gern im Wasser tummelt und unbeaufsichtigt ebenso gern seiner Jagdleidenschaft frönt.

## Haltung

Die Rasse hat einen ausgeglichenen und ruhigen Charakter und ist deshalb recht unproblematisch, braucht aber vom Welpenalter an eine geduldige, konsequente Erziehung und überdurchschnittlich viel Bewegung und Beschäftigung im Freien. Das glänzende Fell sollte täglich gepflegt werden.

# Dogo Argentino

**Größenvergleich**
(Mensch = 180 cm)

## Geschichte

Die spanischen Eroberer brachten für ihren blutigen Krieg gegen die Indianer auch scharfe doggen- und molosserartige Kriegshunde mit nach Südamerika. Die Nachfahren dieser Tiere bildeten die Basis für die erst zu Beginn des 20. Jahrhunderts von Herrn Martinez begonnene Zucht des Dogo Argentino. Zuchtziel war ein unbestechlicher, scharfer Wachhund, der auch für die Jagd auf Wildschwein und Raubkatzen geeignet war. Bullterrier sollten Mut und Kampfgeist verstärken, Deutsche Doggen Größe und Stärke verleihen. Von den englischen Pointern versprach man sich eine Verbesserung der Jagdhundeigenschaften. 1973 wurde der Dogo Argentino als bisher einzige argentinische Rasse offiziell anerkannt.

## Eigenschaften

Dogos Argentinos jagen lautlos in der Meute und greifen auch gefährliche Raubtiere ohne Zögern an. Die weiße Farbe macht sie leicht von ihrer Beute unterscheidbar. Im Allgemeinen haben sie eine hohe Reizschwelle und sind nie grundlos aggressiv. In ihrer Heimat werden die Dogos auch als Diensthunde eingesetzt.

## Haltung

Wenn der Dogo Argentino seinen Herrn anerkennt, ist er ein gutmütiger, anhänglicher, kinderlieber Familienhund. Im Wesen nervenfest und ausgeglichen, bellt er wenig. Der ansonsten genügsame Dogo braucht viel Auslauf. In manchen Bundesländern steht der Dogo Argentino leider auf der Liste der »gefährlichen« Hunde. Seine Haltung unterliegt somit vielerlei Auflagen.

**Schulterhöhe**
Rüde 62–68 cm, Hündin 60–65 cm

**Gewicht**
Um 45 kg

**Fellfarbe**
Reinweiß, schwarzer Nasenspiegel.

**Gesundheit**
Anfällig für Hüftgelenksdysplasie, Taubheit und Spaltrachen.

Geeignet für Fortgeschrittene.

# Irish Red and White Setter

**Schulterhöhe**
Beim Rüden 60–65 cm erwünscht, Hündin etwas kleiner

**Gewicht**
Um 30 kg

**Fellfarbe**
Weiß mit gut abgegrenzten roten Flecken.

**Gesundheit**
Anfällig für Hüftgelenksdysplasie, Magendrehung, Epilepsie und Augenkrankheiten.

Geeignet für Fortgeschrittene.

## Geschichte

Der »irische rot-weiße Setter«, der fast ausschließlich unter seinem englischen Namen bekannt ist, ist mit dem roten Irish Setter nah verwandt. In der Frühzeit der Setterzucht achtete man weniger auf die Fellfarbe als auf die jagdlichen Fähigkeiten der Hunde. So standen verschiedene Farbschläge nebeneinander, bis die Hundeliebhaber entdeckten, dass die roten Setter die schöneren und die rotweißen die besseren Jagdhunde waren. Auf den frühen Ausstellungen in der zweiten Hälfte des 19. Jahrhunderts ging dann Schönheit vor Gebrauchswert, und ab 1882 durften angeblich nur noch rote Tiere gezeigt werden. Die Rotweißen gerieten ins Abseits und in Vergessenheit. Beinahe wäre die Rasse ausgestorben, doch in den 1920er-Jahren besann man sich wieder auf sie, und seitdem erfreut sich der Irish Red and White Setter wachsender Beliebtheit in aller Welt.

**Größenvergleich**
(Mensch = 180 cm)

## Eigenschaften

Der Setter gilt in erster Linie als passionierter Jagdhund, dessen Spezialitäten das Vorstehen (eigentlich »Vorsitzen«) und das Apportieren sind. Doch dank seiner Intelligenz, Freundlichkeit und Zuverlässigkeit wird er immer häufiger als Begleit- und Familienhund gehalten.

## Haltung

Dieser kraftvolle und bewegungsfreudige Setter kann sich nur auf dem Lande richtig entfalten. Er muss von Anfang an gut erzogen und mit echten Aufgaben gefordert werden. Das Fell ist relativ pflegeleicht, sollte aber regelmäßig gebürstet und gekämmt werden.

# English Setter

**Größenvergleich**
(Mensch = 180 cm)

## Geschichte

Der English Setter – man kann den Namen auch als Englischer Setter eindeutschen – ist aus alten Spaniel- und Pointerschlägen hervorgegangen. Sein modernes Erscheinungsbild erhielt er durch Sir Edward Laverack, der um 1825 die strenge Auslesezucht der Rasse begründete. Wie alle anderen Setter war auch der English Setter ursprünglich ein Jagdhund, genauer: ein Vorstehhund, der das Wild aufspürte und dann still vor ihm sitzen blieb (daher der Name Setter), bis der Jäger auftauchte.

## Eigenschaften

Der English Setter wird zwar auch heute noch jagdlich verwendet, aber schon vor Jahrzehnten ist er zu einem beliebten Begleit- und Familienhund geworden. Der bildschöne, elegante Hund hat ein sanftes, geduldiges und kinderfreundliches Gemüt und ist »seinen« Menschen liebevoll und treu ergeben, doch man sollte verhindern, dass er in der engen Wohnung als lebendes Dekorationsstück verkümmert. Viel wohler fühlt er sich im Freien, wo er seinen angeborenen Bewegungsdrang abreagieren kann.

## Haltung

Die Anschaffung eines English Setters will gründlich überlegt sein, denn die Rasse stellt einige Ansprüche. Ein so großer ehemaliger Jagdhund verlangt zumindest ein Haus mit geräumigem Garten, sehr viel Auslauf, fachkundige Erziehung und eine möglichst tägliche intensive Pflege des langen seidenweichen Fells.

**Schulterhöhe**
Rüde 65–68 cm, Hündin 61–65 cm

**Gewicht**
25–30 kg

**Fellfarbe**
Schwarz, orange, zitronengelb, jeweils mit Weiß, oder dreifarbig; bevorzugt wird ein getüpfeltes oder gesprenkeltes Fell.

**Gesundheit**
Anfällig für Hüftgelenksdysplasie.

Geeignet für Fortgeschrittene.

**Größenvergleich**
(Mensch = 180 cm)

# Rhodesian Ridgeback

**Schulterhöhe**
Rüde 63–69 cm, Hündin 60–65 cm

**Gewicht**
29–34 kg

**Fellfarbe**
Weizenfarben bis hellrot.

**Gesundheit**
Nur selten anfällig für Hüftgelenksdysplasie, sonst keine rassetypischen Krankheiten bekannt.

Geeignet für Fortgeschrittene.

## Geschichte

Dieser ungewöhnliche Hund heißt Ridgeback (»Gratrücken«), weil auf seinem Rücken ein erhöhter Fellstreifen mit nach vorn, also gegen den Strich wachsenden Haaren verläuft, und das Adjektiv Rhodesian bezieht sich auf den südostafrikanischen Staat Rhodesien (heute Simbabwe), wo einige Anhänger der Rasse 1922 den ersten Standard aufstellten. Als Ursprungsland des Ridgeback wird heute Südafrika angegeben, wo seine Vorläufer wohl schon vor Jahrhunderten von den Ureinwohnern als Schutz- und Jagdhunde gehalten und sogar für die Löwenhatz verwendet wurden; daher der Beiname Lion Dog (Löwenhund). Das moderne, noch immer nicht ganz einheitliche Erscheinungsbild erhielt die Rasse durch weiße Einwanderer, die Doggen, Terrier, Windhunde usw. einkreuzten.

## Eigenschaften

Der Ridgeback wird als Wach-, Schutz- und Begleithund international immer beliebter, vermutlich wegen der Urwüchsigkeit seines Aussehens und Wesens, die eine Art Kontrastprogramm zu den vielfach überzüchteten europäischen Rassen bildet. Er ist ein wehrhafter, selbstbewusster und eigenwilliger Vierbeiner, der sich eng an seinen Herrn anschließt, aber wegen seiner Größe und Kraft unbedingt zum Gehorsam erzogen werden muss.

## Haltung

Sie ist eigentlich nur auf dem Lande möglich, wo der Hund seinen Bewegungs- und Schutztrieb ausleben kann.

**Größenvergleich**
(Mensch = 180 cm)

# Bullmastiff

## Geschichte

Diese Rasse entstand in der zweiten Hälfte des 19. Jahrhunderts in England durch die Kreuzung von Mastiffs mit Bulldoggen. Durch die Armut in der Bevölkerung blühte die Wilddieberei. Die Wildhüter benötigten einen lautlosen und entschlossenen Hund, der ihnen beim Aufspüren und Stellen der Gesetzesbrecher half. Dabei waren die gestromten Hunde, die nachts fast unsichtbar waren, besonders beliebt. Der Bullmastiff sollte die Wilderer nur niederwerfen und festhalten, ohne sie ernsthaft zu verletzen. Bullmastiffs wurden als Wach- und Schutzhunde gehalten.

## Eigenschaften

In der heutigen Zucht achtet man streng auf ein sanfteres Wesen. Fremden Personen gegenüber verhält sich dieser Hund abwartend offen. Besonders wichtig ist eine gute Sozialisierung in der Welpenzeit. Schlechte Erfahrungen vergisst der Bullmastiff nie. Rüden sind oft rauflustig gegenüber Artgenossen.

## Haltung

Der Bullmastiff braucht Familienanschluss. Im Zwinger gehalten, verkümmert er und wird leicht aggressiv. Der massige Hund braucht Platz zum Leben. Ein großer Garten ersetzt nicht den täglichen Auslauf, der aber nicht sehr üppig ausfallen muss. In der Wohnung muss man seine Neigung zum Sabbern hinnehmen. Dieser Vierbeiner ordnet sich nicht gerne unter. Seine Erziehung erfordert Sensibilität, aber auch eine gehörige Portion Durchsetzungsvermögen. In manchen Bundesländern zählt die Rasse zu den »gefährlichen Hunden«.

**Schulterhöhe**
Rüde 63,5–68,5 cm, Hündin 61–66 cm

**Gewicht**
Rüde 50–59 kg, Hündin 41–50 kg

**Fellfarbe**
Gelbbraun, rot , gestromt, schwarze Maske, kleine weiße Brustflecken erlaubt.

**Gesundheit**
Anfällig für Ektropium, Entropium, Hüftgelenksdysplasie, Ellenbogendysplasie, Magendrehung und Lymphdrüsenkrebs.

Geeignet für Fortgeschrittene.

**Größenvergleich**
(Mensch = 180 cm)

# Curly-Coated Retriever

**Schulterhöhe**
Rüde 68,5 cm, Hündin 63,5 cm

**Gewicht**
28–35 kg

**Fellfarbe**
Schwarz oder leberfarben.

**Gesundheit**
Gelegentlich anfällig für Hüftgelenksdysplasie.

Geeignet für Fortgeschrittene.

## Geschichte

Bereits aus dem 17. Jahrhundert sind Abbildungen von Hunden dieses Typs bekannt. Der moderne Curly-Coated Retriever entstand wahrscheinlich durch Kreuzung zwischen dem Labrador Retriever und dem Irish Water Spaniel. Es gibt Stimmen, die auch dem Pudel und Setter Anteile zusprechen. Seit 1854 kennt man die »Curlys« als eigenständige Rasse. In England wurde dieser Vierbeiner sehr gerne als Jagdgebrauchshund geführt. Durch seine ausgeprägte Mannschärfe war er auch ein wertvoller Helfer der Berufsjäger gegen die Wilderer. Ende des 19. Jahrhunderts gelangten Curlys nach Australien und Neuseeland. Dort sind sie heute öfter anzutreffen als bei uns.

## Eigenschaften

Das Charakteristische für den Curly-Coated Retriever ist sein gelocktes Fell, das ihn hervorragend vor kaltem Wasser und Verletzungen im Dornengestrüpp schützt. Seine angestammte Arbeit ist das unermüdliche Apportieren vor allem von Wasserwild. Wachsamkeit und ein starker Schutztrieb ist dem Curly angeboren. Er gilt als ausgesprochener Spätentwickler.

## Haltung

Der arbeitsfreudige und pflegeleichte Curly braucht viel Bewegung und eine Beschäftigung. Diese Hunde sind viel eigensinniger als die anderen bekannten Retriever. Unterwürfigkeit ist ihnen fremd. Sie benötigen eine sehr konsequente Erziehung. Kann man ihn nicht jagdlich führen, bewährt sich Agility oder Rettungshundearbeit zur Auslastung dieses arbeitsfreudigen Hundes.

# Pointer

**Größenvergleich**
(Mensch = 180 cm)

## Geschichte

Nach Ende des Spanischen Erbfolgekrieges brachten um 1730 englische Armeeoffiziere spanische Jagdhunde vom Brackentyp mit nach England. Englische Züchter führten diesen massigen, wenig eleganten Hunden das Blut von Foxhounds und leichteren französischen Laufhunden zu. Manche Kynologen vermuten, dass auch der Greyhound bei der Entstehung der Rasse beteiligt war. »To point« bedeutet englisch »hinweisen« und bezeichnet die typische Körperhaltung dieses Vorstehhundes par excellence, wenn er dem Jäger durch starres Verharren Wild anzeigt. Der Pointer wurde auf dem Kontinent oft in andere Vorstehhundrassen eingekreuzt.

## Eigenschaften

Der English Pointer ist der Spezialist für die Arbeit vor dem Schuss. Auf freiem Feld stöbert er mit unglaublicher Geschwindigkeit ohne Laut nach Federwild und steht felsenfest vor, bis der Jäger nahe genug herangekommen ist. Dann drückt er das Wild aus der Deckung, und der Schuss kann fallen. Pointer apportieren auch. Für eine ruhige Nachsuche auf der Schweißspur sind sie allerdings zu nervig. Selbst große Hitze kann ihren Arbeitseifer nicht bremsen. Ihre Nase ist so vorzüglich, dass sie Feldhühner aus einer Entfernung von 500 m wittern können.

## Haltung

Trotz seines liebenswerten, umgänglichen Wesens kann der Pointer kein reiner Familien- und Begleithund sein. Ohne Auslastung gemäß seiner Veranlagung ist dieser bewegungshungrige Vollblutjagdhund unglücklich.

**Schulterhöhe**
Rüde 63–71 cm, Hündin 58–66 cm

**Gewicht**
20–32 kg

**Fellfarbe**
Weiß mit gelben, orangen, leberfarbenen oder schwarzen Flecken.

**Gesundheit**
Anfällig für Hüftgelenksdysplasie, Hautprobleme und Tumore.

Geeignet für Jäger.

# Akita Inu

**Schulterhöhe**
Rüde 67 cm, Hündin 61 cm (Toleranz jeweils ± 3 cm)

**Gewicht**
Um 40 kg

**Fellfarbe**
Nahezu alle Farben erlaubt, häufig mit schwarzer Maske.

**Gesundheit**
Anfällig für Hüftgelenksdysplasie, Schilddrüsenunterfunktion, Augenleiden und Hauterkrankungen.

Geeignet nur für sehr verantwortungsvolle Fortgeschrittene.

## Geschichte

Schon am Namen erkennt man den Akita Inu als Japaner. Er wird meist kurz Akita genannt, was jedoch eine sprachliche Fehlleistung ist, denn »akita« bedeutet lediglich »groß« und ergibt ohne »inu« (Hund) eigentlich keinen Sinn. Die Rasse hat uralte Wurzeln in der Gruppe der nordischen Spitzhunde, doch in ihrer modernen Ausprägung wurde sie erst im 17. Jahrhundert für Hundekämpfe gezüchtet. Als dieser grausame Sport aus der Mode kam, verwendete man die kraftvollen, mutigen Vierbeiner als Jagd- und Schutzhunde. Heute werden sie im Westen fast ausschließlich als Begleit- und Wachhunde gehalten.

**Größenvergleich**
(Mensch = 180 cm)

## Eigenschaften

Der Akita Inu, der die größte autochthone japanische Hunderasse repräsentiert, ist ein imposanter Vierbeiner, mit dem im Ernstfall nicht zu spaßen ist. Doch dank seiner Größe, Kraft und Intelligenz kann er es sich leisten, selbstbewusst, würdevoll und gelassen aufzutreten. Seiner Familie ist er treu ergeben; Fremden gegenüber bewahrt er Distanz. Vor allem die Rüden lassen sich gern auf Raufereien mit anderen Hunden ein, bei denen sie meist Sieger bleiben.

## Haltung

Der Akita Inu ist ein Hund für Fortgeschrittene, die ihn konsequent zu erziehen und zu führen wissen. Für die Stadt ist er kaum geeignet, denn er braucht viel Bewegung im Freien. Das raue Haarkleid mit der dichten, feinen Unterwolle ist relativ pflegeleicht.

# Bloodhound

## Geschichte

Bloodhound oder Bluthund, wie die nicht ganz zutreffende Eindeutschung des Rassenamens lautet, klingt brutal und gefährlich, bedeutet aber eigentlich, dass wir es hier mit einem »Vollbluthund« zu tun haben. Vorzuziehen ist der Alternativname Chien de Saint-Hubert, zu deutsch Sankt-Hubertus-Hund, der darauf verweist, dass das Kloster St. Hubert in den belgischen Ardennen die Heimat der Hunde mit dem englischen Namen ist. Dort wurden die Vorfahren der heutigen Rasse bereits im Mittelalter für die Hochwildjagd gezüchtet.

## Eigenschaften

Der Bloodhound ist ein hervorragender Spürhund, der seine Beute beharrlich verfolgt und nach dem Aufspüren vermeldet, sie aber keinesfalls verletzt oder gar tötet. Von »Blutdurst« kann also keine Rede sein, im Gegenteil: Der Bloodhound ist als Familienhund von außergewöhnlicher Friedfertigkeit, Gutmütigkeit und Sanftmut und macht stets ein bekümmertes, sorgenvolles Gesicht, was freilich nur an den vom Standard vorgeschriebenen herabhängenden Unterlidern und ausgeprägten Stirnfalten liegt.

## Haltung

Das ist ein Hund für spezielle Liebhaber. Er gehört in ein Haus mit Garten und solider Einfriedung, denn wenn seine extrem feine Nase eine Witterung aufgenommen hat, ist er kaum noch zu halten. Obwohl er meist etwas träge wirkt, braucht er reichlich Auslauf, am besten an der Leine.

**Schulterhöhe**
Rüde um 67 cm, Hündin um 60 cm

**Gewicht**
Bis 50 kg

**Fellfarbe**
Schwarz und lohfarben, rot oder leber- und lohfarben; etwas Weiß ist erlaubt.

**Gesundheit**
Anfällig für Hüftgelenksdysplasie, Magendrehung und Ektropium.

Geeignet für Fortgeschrittene.

# American Bulldog

**Schulterhöhe**
Rüde 58–71 cm, Hündin 51–61 cm

**Gewicht**
Rüde 41–68 kg, Hündin 32–59 kg

**Fellfarbe**
Einfarbig weiß, gescheckt rot, creme, braun oder falbfarben, gestromt auf weißem Grund.

**Gesundheit**
Anfällig für Hüftgelenksdysplasie und Gelenkprobleme, bei reinweißen Linien auch Taubheit.

Geeignet für Fortgeschrittene.

## Geschichte

Britische Siedler brachten die damals allerdings viel hochbeinigeren und beweglicheren englischen Bulldoggen nach Amerika. Durch Einkreuzung anderer Rassen entstand bald ein arbeitstüchtiger Farmhund, der sowohl zum Treiben des Viehs als auch als Wachhund eingesetzt wurde. Die Rasse wurde nur nach Gebrauchswert und nie nach einem einheitlichen Standard gezüchtet und ist von der FCI noch nicht anerkannt. Der American Bulldog ist in Größe und Färbung sehr variabel.

## Eigenschaften

Von seinen Ahnen, den Bullenbeißern des 18. Jahrhunderts, hat der American Bulldog seine Standhaftigkeit und Nervenfestigkeit geerbt. Der lebhafte Hund ist sehr wachsam, aber nie aufdringlich und kein Kläffer. Eine gewisse Eigensinnigkeit erfordert Erfahrung in der Erziehung. Der American Bulldog muss vom Welpenalter an gut sozialisiert werden. Trotzdem ist er manchmal unverträglich mit anderen, vor allem gleichgeschlechtlichen Hunden.

## Haltung

Der American Bulldog liebt es, sich je nach seinen Bedürfnissen in Haus und Garten selbstständig bewegen zu können. Für eine Haltung in der Stadt ist er nicht geeignet. Bei guter Erziehung gibt er einen kraftvollen Begleiter ab. Trotz des kurzen und daher pflegeleichten Fells ist der muskelbepackte Vierbeiner sehr robust. Leider findet sich die Rasse in vielen Bundesländern auf der Liste der »gefährlichen Hunde«, obwohl sie von Natur aus wenig zu Aggressivität neigt.

# Weimaraner

**Größenvergleich**
(Mensch = 180 cm)

## Geschichte

Der »klassische« Name kommt nicht von ungefähr, denn aktenkundig ist, dass die ersten Vertreter der Rasse zu Beginn des 19. Jahrhunderts in der Klassikerstadt Weimar ihren ersten Auftritt hatten. Der Großherzog (und Goethe-Freund) Karl August (1757–1828), der ein passionierter Jäger war, hat angeblich die Vorfahren der Rasse aus Böhmen oder auch aus Frankreich an seinen Weimarer Hof geholt und dort die Zucht begründet. Die Ahnen des Weimaraners sind nicht namentlich bekannt, waren aber auf jeden Fall bewährte Vorsteh- und Schweißhunde, denen die Neuzüchtung ihre hervorragenden jagdlichen Eigenschaften verdankt. Der aristokratische Weimaraner ist nach wie vor ein begehrter Jagdgebrauchshund, wird aber immer häufiger auch als reiner Familienhund gehalten.

## Eigenschaften

Der Weimaraner, der übrigens nicht nur im gewohnten Kurzhaarfell, sondern vereinzelt auch in einer langhaarigen Version vorkommt, hat ein menschenfreundliches Naturell, ist intelligent, selbstbewusst und willensstark und lässt sich mit liebevoller Konsequenz zum Gehorsam erziehen. Eine solide Erziehung ist unerlässlich, denn ein aufsässiger Hund dieser Größe wird sonst zu einer unerträglichen Belastung.

## Haltung

Der Weimaraner passt nur in eine ländliche Umgebung, wo er sich ausreichend bewegen und beschäftigen kann. Das Fell braucht kaum Pflege.

**Schulterhöhe**
Rüde 59–70 cm, Hündin 57–65 cm

**Gewicht**
Etwa 32–38 kg

**Fellfarbe**
Silber-, reh- oder mausgrau, etwas Weiß erlaubt.

**Gesundheit**
Anfällig für Hüftgelenksdysplasie, Magendrehung, Tumore und Allergien.

Geeignet für Fortgeschrittene.

# Spinone Italiano

**Größenvergleich**
(Mensch = 180 cm)

**Schulterhöhe**
Rüde 60–70 cm, Hündin 58–65 cm

**Gewicht**
Rüde 32–37 kg, Hündin 28–30 kg

**Fellfarbe**
Weiß, weiß-orange, weiß mit braunen Flecken oder Stichelung.

**Gesundheit**
Anfällig für Hüftgelenksdysplasie.

Geeignet für Fortgeschrittene.

## Geschichte

Italien hat zwei landeseigene Vorstehhunde, den Bracco und den Spinone. Beide entstammen alten Laufhundschlägen sowie den weißen Nachkommen einheimischer Molosser. Rauhaarige Jagdhunde vom Typ des Spinone sind schon auf einem Gemälde des 16. Jahrhunderts abgebildet. Anfang des 19. Jahrhunderts kannte man mehrere deutlich voneinander unterscheidbare Spinone-Stämme. Einen offiziellen Standard gibt es erst seit 1944. Das italienische »spino« bedeutet Dorn oder Dornenstrauch. Für die einen bezeichnet der Rassename die Art des Fells, für die anderen sein bevorzugtes Jagdgelände.

## Eigenschaften

Der Italienische Rauhaarige Vorstehhund, so der deutsche Name, ist ein vielseitiger Jagdhund, der auch mit sumpfigem Gelände gut zurechtkommt. Er ist ein sehr ausdauernder, ruhiger Sucher und steht fest vor. Mit weichem Maul apportiert er das geschossene Wild, ohne es zu knautschen. Der Spinone ist unempfindlich gegen Hitze und Kälte und ein ausgezeichneter Schwimmer. Das raue Fell schützt ihn bei der Arbeit in dornenreichem Gestrüpp vor Verletzungen. Sein gutmütiges Wesen macht den Spinone zu einem liebenswerten Begleiter. Wachsam meldet er zwar mit tiefer Stimme, ist aber freundlich zu Fremden.

## Haltung

Die gelehrigen Hunde sind leicht zu erziehen und auszubilden. Spinones werden in Italien zunehmend als reine Familien- und Ausstellungshunde gehalten. Dem modernen Jäger ist die Rasse zu langsam.

# Hovawart

## Geschichte
Diese Rasse mit dem mittelhochdeutschen Namen, der Hofwart oder Wächter des Hofes bedeutet, ist keineswegs so alt, wie der Name suggeriert oder vielmehr suggerieren soll. Es gab zwar schon im Mittelalter Hofhunde, die so genannt wurden und ähnlich ausgesehen haben müssen, aber sie sind nicht die unmittelbaren Vorfahren des heutigen Hovawarts. Er wurde erst zu Beginn des 20. Jahrhunderts von vaterländisch gesinnten Kynologen aus Bauern-, Hirten-, Schäferhunden und Neufundländern erzüchtet bzw. »rückgezüchtet« und 1936 als Rasse anerkannt.

## Eigenschaften
Der Hovawart war ursprünglich als harter, wetterfester, temperamentvoller, mutiger, unbestechlicher und sehr wachsamer Gebrauchshund gedacht, und diese guten Eigenschaften hat er sich auch als Familienhund bewahrt. Etwas freundlicher, umgänglicher und liebenswürdiger ist er jedoch geworden. Er bewacht und beschützt seine Familie und deren Hab und Gut nach wie vor absolut zuverlässig und verhält sich fremden Zwei- und Vierbeinern gegenüber distanziert. Kindern ist er ein guter Spielkamerad, was vielleicht daran liegt, dass er selbst erst sehr spät »erwachsen« wird.

## Haltung
Wegen seiner Größe und Bewegungsfreude gehört der Hovawart aufs Land, nicht in die Stadt, obwohl er sich notfalls auch dort anpasst. Das herrliche lange Haarkleid ist relativ pflegeleicht.

**Schulterhöhe**
Rüde 63–70 cm, Hündin 58–65 cm

**Gewicht**
25–40 kg

**Fellfarbe**
3 Farbschläge: schwarz, schwarzmarken (schwarz mit hellen Marken) oder blond.

**Gesundheit**
Selten anfällig für Hüftgelenksdysplasie.

Geeignet für Anfänger.

# Berner Sennenhund

**Schulterhöhe**
Rüde 64–70 cm (ideal 66–68 cm), Hündin 58–66 cm (ideal 60–63 cm)

**Gewicht**
Um 40 kg

**Fellfarbe**
Tiefschwarz mit braunroten und weißen Abzeichen.

**Gesundheit**
Anfällig für Hüftgelenksdysplasie, Magendrehung und Übergewicht.

Geeignet für nicht ganz unerfahrene Anfänger.

## Geschichte

Wie die anderen Schweizer Sennenhunde geht auch der Berner auf die Molosser der Antike zurück, die vor zwei Jahrtausenden die Viehherden der römischen Soldaten als deren lebende Verpflegung über die Alpenpässe getrieben haben. Heute ist der Berner Sennenhund der beliebteste und wohl auch schönste Vertreter seiner Rassengruppe, doch im späten 19. Jahrhundert wäre er beinahe untergegangen, nachdem er jahrhundertelang unter verschiedenen Namen (Ringgi, Blässli, Bäri oder Dürrbächler) den Bergbauern des Berner Oberlands als Wach-, Zieh- und Hütehund treue Dienste geleistet hatte. Mit überlebenden ausgewählten Exemplaren wurde die Rasse ab etwa 1890 erneuert und 1908 auf den heutigen Namen getauft.

**Größenvergleich**
(Mensch = 180 cm)

## Eigenschaften

Der Berner Sennenhund ist eine eindrucksvolle, würdevolle Hundepersönlichkeit mit einem freundlichen und liebevollen Charakter. Er ist von Natur aus wachsam, gutmütig und gelehrig und gibt, wenn wohl erzogen, einen angenehmen Gefährten für ausgedehnte Spaziergänge ab. Vom Rennen und Herumtollen hält er nicht viel. Ebenso wenig mag er große Hitze.

## Haltung

Der Berner Sennenhund fügt sich in fast jede Familie ein, die jedoch möglichst auf dem Lande in einem Haus mit großem Garten wohnen sollte, damit er etwas zu bewachen und zu beschützen hat. Das prachtvolle Haarkleid braucht relativ wenig Pflege: Zweimal Bürsten pro Woche genügt.

# Galgo Español

## Geschichte
Im 6. Jahrhundert v. Chr. brachten die Kelten meist rauhaarige Windhunde auf die Iberische Halbinsel, die man »Canis Gallicus« nannte. Aus dieser Bezeichnung entwickelte sich das Wort »Galgo«, was schlicht Windhund bedeutet. Mit dem Einfall der Mauren im 8. Jahrhundert n. Chr. gelangten Windhunde des arabischen Schlags nach Spanien, die sich sicherlich mit den einheimischen Hunden vermischten. Den Galgo Español gibt es in einer rauhaarigen und einer glatthaarigen Form. Mit dem Aufkommen der Windhundrennen kreuzte man englische Greyhounds ein, um den Galgo schneller zu machen. Diese Galgo Ingles-Español werden von der FCI nicht anerkannt.

## Eigenschaften
Der Galgo ist der Hund für die schnelle Hetzjagd auf Hasen und Kaninchen, einem in seiner Heimat beliebten Sport. Im offenen Gelände verfolgt er das Wild vornehmlich mit den Augen und bringt es mit Ausdauer und durch seine extreme Wendigkeit zur Strecke. Die gegen Fremde misstrauischen Galgos bewachen aber auch Gehöfte. Sie üben sich weniger in vornehmer Zurückhaltung als andere Windhundrassen.

## Haltung
Dieser Langstreckenläufer muss sein enormes Bewegungsbedürftnis am besten im freien Lauf stillen können. Dann ist er im Haus ruhig und unauffällig und akzeptiert auch Kinder. Der Galgo ist ein Hund für sportliche Menschen, die bereit sind, ihn sehr einfühlsam zu erziehen. Er ist sehr personenbezogen.

**Schulterhöhe**
Rüde 62–70 cm, Hündin 60–68 cm

**Gewicht**
Rüde 30–34 kg, Hündin 25–30 kg

**Fellfarbe**
Sandfarben, schwarz, rot, braun, weiß oder gelb, auch gestromt.

**Gesundheit**
Keine rassetypischen Krankheiten bekannt.

Geeignet für Fortgeschrittene.

# Polski Owczarek Podhalanski

**Schulterhöhe**
Rüde 65–70 cm, Hündin 60–65 cm

**Gewicht**
Rüde 55–65 kg, Hündin 45–55 kg

**Fellfarbe**
Reinweiß.

**Gesundheit**
Anfällig für Hüftgelenksdysplasie.

Geeignet für Fortgeschrittene.

## Geschichte

Namensgebend für diesen Herdenschutzhund war die Podhale, ein Gebiet im Süden Polens nahe den Karpaten. Früher war auch die Bezeichnung Tatra-Schäferhund üblich, nach der höchsten Erhebung dieser Gegend. Der Podhalaner, so der gängige deutsche Name, steht in enger Beziehung zum slowenischen Cuvac und lässt sich auch vom ungarischen Kuvasz kaum unterscheiden. Die weißen Hirtenhunde beschützten die Herden und Gehöfte vor Wölfen,

**Größenvergleich**
(Mensch = 180 cm)

Bären und Dieben. Durch ihre Farbe waren sie von den meist in der Dämmerung angreifenden Raubtieren leicht zu unterscheiden. In Polen sieht man die Rasse kaum noch bei den Herden. Sie dient meist als Wach- und Schutzhund.

## Eigenschaften

Polnische Hirtenhunde sind nervenfeste, ruhige Hunde. Wachsam stellen sie jeden Eindringling, greifen aber nur im äußersten Notfall und nie ohne Warnung an. Schutztrieb ist ihnen angeboren. Die Tiere sind klug und arbeitsfreudig, haben sich aber die Selbstständigkeit des Herdenschutzhundes erhalten. Sie gehorchen, weil sie es wollen. Zwingen lassen sie sich nicht. Die Rüden sind sehr dominant. Durch die hohe Reizschwelle lassen sie sich nicht so leicht zu einer Rauferei verleiten.

## Haltung

Diese imposanten Hunde sind sehr menschenbezogen und brauchen den engen Kontakt zu ihrer Familie. Im Idealfall können sie ein großes Gelände bewachen und haben freien Zutritt zum Haus. Durch frühzeitige Sozialisation kann die Verträglichkeit gefördert werden.

# Amerikanischer Akita



## Geschichte

Der Ursprung des Amerikanischen Akitas geht direkt auf den japanischen Akita Inu zurück. Die Ausfuhr dieses japanischen Nationalhundes war seit 1931 bei Strafe verboten. 1937 gelangten die ersten zwei Akita-Inu-Welpen offiziell als Geschenk für die Schriftstellerin Helen Keller nach Amerika. Nach dem Zweiten Weltkrieg nahmen amerikanische Soldaten Akita Inus mit nach Hause, und sie wurden in den USA sehr beliebt. In den folgenden Jahren brachte die amerikanische Zucht deutlich größere und massigere Tiere hervor als die japanische. Nachdem 1972–1992 sogar ein Zuchtverbot mit japanischen Importhunden galt, entfernten sich die beiden Typen immer mehr voneinander. Nach heftigen Diskussionen zwischen amerikanischen und japanischen Züchtern erfolgte 1998 eine Trennung der beiden Rassen.

## Eigenschaften

Dieser stolze, imposante Hund braucht eine konsequente, aber gewaltfreie Erziehung, sonst gehen seine Freiheitsliebe und der Jagdtrieb mit ihm durch. Er ordnet sich nicht gerne unter. Menschen, die er anerkennt, und seiner Familie gegenüber ist er freundlich und loyal. Bekannte Kinder akzeptiert er in der Regel, fremde betrachtet er mit Misstrauen. Vor allem Rüden verhalten sich Geschlechtsgenossen gegenüber dominant bis aggressiv.

## Haltung

Kein Hund für Anfänger! Eine frühe Sozialisation ist unbedingt notwendig, trotzdem akzeptiert dieser Hund im selben Haushalt oft keine anderen Hunde.

**Schulterhöhe**
Rüde 65–70 cm, Hündin 60–65 cm

**Gewicht**
45–50 kg

**Fellfarbe**
Alle Farben einschließlich Weiß, gestromt und gescheckt.

**Gesundheit**
Anfällig für Hüftgelenksdysplasie, Epilepsie und Allergien.

Geeignet für Fortgeschrittene.

# Berger de Beauce

**Schulterhöhe**
Rüde: 65–70 cm, Hündin 61–68 cm

**Gewicht**
30–38 kg

**Fellfarbe**
Schwarz-rot (»bas-rouge« = »Rotstrumpf«) oder Harlekin (»merle« = grau, schwarz, rot).

**Gesundheit**
Taubheit und Sehschäden bei der Merle-Problematik; anfällig für Hüftgelenksdysplasie.

Geeignet für Fortgeschrittene.

## Geschichte

Der Beauceron, wie er auch genannt wird, ist ein sehr alter französischer Schäferhund, dessen Erscheinungsbild sich aber bis heute stark gewandelt hat. Neben den typischen Hüteaufgaben erfüllte er die eines zuverlässigen Beschützers der Herden. Nachdem die großen Viehherden seltener wurden, entdeckten das Militär, der Zoll und die Polizei den äußerst vielseitigen Hund für ihre Zwecke. Heute ist der Beauceron ein beliebter Gebrauchshund, der es aber nie zu der Popularität Belgischer oder Deutscher Schäferhunde brachte.

**Größenvergleich**
(Mensch = 180 cm)

## Eigenschaften

Der Berger de Beauce ist ein temperamentvoller und harter Hund. Besonders Rüden zeigen oft Neigung zu starker Dominanz. Bei nachlässiger Erziehung bekommt man den Hund nicht in den Griff. Übermäßige Aggressivität und Unberechenbarkeit können die Folge sein. Er ist ein starker Beschützer, der aber auch einer starken Führung bedarf. Mit Verstand ausgebildet, arbeitet der Beauceron sehr ausdauernd. Sucharbeiten scheinen ihm besonders zu liegen.

## Haltung

Arbeitslosigkeit verträgt der Beauceron nicht. Im Hundesport oder bei der Rettungshundearbeit eingesetzt, eignet er sich aber durchaus als Familienhund mit starkem Beschützerinstinkt. Ist er ausgelastet, verhält er sich im Haus ruhig. Das Haarkleid ist pflegeleicht. Zum Rassebild gehören doppelte Afterkrallen an den Hinterläufen. Bei Rettungshunden führten die Afterkrallen über Jahre nicht zu Verletzungen.

## Geschichte

Der Irish Setter, der mit vollem Namen Irish Red Setter heißt, ist zweifellos der schönste und deshalb populärste Vertreter der Settergruppe. Wie seine Verwandten ist er von Hause aus ein passionierter Vorstehhund, der dem Wild nicht nur vorsteht, sondern auch »vorsitzt« (daher der Name Setter). Die Rasse entstand zu Beginn des 19. Jahrhunderts in Irland. Ausgangsrassen waren angeblich andere heimische Setter, aus Frankreich importierte Epagneuls (Spaniel) und der englische Pointer.

## Eigenschaften

Der Irish Setter ist eine Hundeschönheit von unvergleichlicher Wohlgestalt und Eleganz, und die Schönheit wird noch unterstrichen durch das lange Seidenfell und die dunklen, »seelenvollen« Augen. In diesem dekorativen und sensiblen Vierbeiner, der auch heute noch vielfach jagdlich verwendet wird, steckt sehr viel Energie, Temperament, Ausdauer und Bewegungsdrang. Im Haus ist er zwar still, freundlich, anhänglich und fügsam, aber draußen vergisst er seine gute Erziehung, wenn seine hervorragende Spürnase Wild wittert. Dann geht der Jagdtrieb mit ihm durch.

# Irish Setter

## Haltung

In einen solchen Hund verliebt man sich auf den ersten Blick, doch man sollte ihn nur anschaffen, wenn man ihm viel Platz und noch mehr Lauftraining bieten kann. Die Gehorsamserziehung ist nicht ganz einfach und die Fellpflege ziemlich aufwändig.

**Schulterhöhe**
Sie ist im Standard nicht vorgeschrieben, liegt aber im Schnitt bei 65–70 cm

**Gewicht**
Um 30 kg

**Fellfarbe**
Warm kastanienrot; kleine weiße Abzeichen erlaubt.

**Gesundheit**
Anfällig für Hüftgelenksdysplasie, Epilepsie, Magendrehung und Entropium.

Geeignet für nicht ganz unerfahrene Anfänger.

**Größenvergleich**
(Mensch = 180 cm)

# Saluki

**Schultergröße**
Rüde 58–71 cm, Hündin etwas kleiner

**Gewicht**
14–25 kg

**Fellfarbe**
Weiß, creme, rehbraun, rotgold; ein-, zwei- oder dreifarbig.

**Gesundheit**
Keine rassetypischen Krankheiten bekannt.

Geeignet für sportlich aktive Fortgeschrittene.

## Geschichte

Die lange Vorgeschichte der Rasse verliert sich in den weiten Steppenlandschaften Südasiens. Der Saluki ist nach der alten südarabischen Stadt Saluq benannt, doch wo er seinen wahren Ursprung hat, ist ungeklärt. Im FCI-Standard wird Iran (Persien) als Herkunftsland angegeben, und man hat ihm den Alternativnamen Persischer Windhund gegeben. Fest steht, dass solche Windhunde schon seit Jahrtausenden im gesamten Mittleren Osten für die Jagd auf Gazellen und anderes flüchtiges Wild gezüchtet werden. Um die empfindlichen Pfoten zu schonen, hat man die wertvollen Hunde früher auf dem Pferd oder Kamel zum Jagen getragen, heute fahren sie im Geländewagen zum Einsatzort.

## Eigenschaften

Der sehr schlanke und rassige Saluki ist als Hetzjäger ein Langstreckenläufer par excellence, der im Westen als exklusiver Luxushund leider nur noch selten seinem Renn- und Hetztrieb frönen kann. Er lässt sich, weil er sehr sensibel und zurückhaltend ist, nur mit viel Lob und Liebe zu einem ruhigen, freundlichen Hausgenossen erziehen, doch eine gewisse Scheu und Nervosität wird er wohl nie ganz ablegen.

## Haltung

Die Anschaffung eines solchen Hundes muss gründlich überlegt sein; wenn man ihm nicht viel Zeit widmen und sehr viel Bewegung – etwa neben dem Fahrrad – verschaffen kann, sollte man lieber verzichten.

## Geschichte

Wie seine etwas kleineren Verwandten lässt sich auch der Große Schweizer Sennenhund letztlich auf die schweren antiken Molosserdoggen zurückführen, die vor rund 2000 Jahren mit den römischen Legionen durch die Schweiz zogen. Die Rassevorfahren im engeren Sinn sind jedoch erst seit dem Mittelalter nachweisbar. Sie waren bis ins späte 19. Jahrhundert als arbeitsfreudige Zug-, Treib-, Hüte- und Wachhunde in der ganzen Schweiz verbreitet, doch dann drohte ihnen der Untergang, weil solche derben Arbeitshunde nicht mehr in die neue Zeit passten. Ihre Rettung verdanken sie engagierten schweizerischen Kynologen um Professor Albert Heim, die in diesen kurzhaarigen großen Sennenhunden eine eigenständige Rasse erkannten.

## Eigenschaften

Hundefreunde merkten schon bald, dass die erneuerte Gebrauchshundrasse prächtige Familienhunde barg. Der Große Schweizer Sennenhund ist ein nahezu perfekter Hausgenosse, denn er ist nicht nur eine imposante Erscheinung, sondern auch ein ausgesprochener Menschenfreund, gutmütig, anhänglich, kinderlieb, folgsam, weder nervös noch aggressiv, außerdem robust, wetterfest und von gesunder Konstitution.

## Haltung

Der Große Schweizer Sennenhund liebt das Leben in der freien Natur und wünscht sich deshalb ein Haus auf dem Land mit großem Garten, außerdem reichlich Auslauf. Sein schönes Fell braucht kaum Pflege.

# Großer Schweizer Sennenhund



**Schulterhöhe**
Rüde 65–72 cm, Hündin 60–68 cm

**Gewicht**
Um 40 kg

**Fellfarbe**
Schwarz mit symmetrischen weißen und rostroten Abzeichen.

**Gesundheit**
Etwas anfällig für Hüftgelenksdysplasie und Augenerkrankungen.

Geeignet für Fortgeschrittene.

# Sloughi

**Schulterhöhe**
Rüde 66–72 cm, Hündin 61–68 cm

**Gewicht**
20–27 kg

**Fellfarbe**
Hell- bis rot-sandfarben, mit oder ohne schwarze Maske, Mantel, Stromung oder Wolkung.

**Gesundheit**
Keine rassetypischen Krankheiten bekannt.

Geeignet für Fortgeschrittene.

## Geschichte

Malereien aus 4000 Jahre alten Pharaonengräbern zeigen bereits Windhunde. Vom Orient gelangten die Tiere mit arabischen Einwanderern nach Nordafrika. Bei der Gazellenjagd wurden sie auf dem Pferd mitgeführt, bis sie als Sichtjäger das aufgescheuchte Wild erspähten und in ausdauerndem Lauf erbeuteten. Nur Windhunde gelten im Islam nicht als unrein. Gute Sloughis waren so viel wert wie ein Pferd oder Kamel und standen in der Familienhierarchie

**Größenvergleich**
(Mensch = 180 cm)

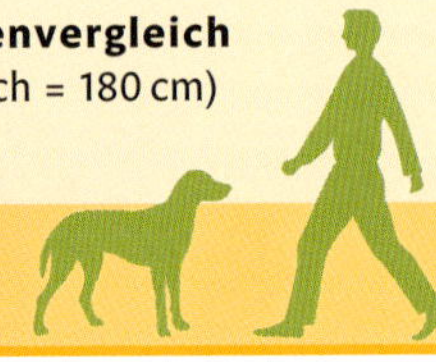

über den Frauen. Als hochgeachtetes Familienmitglied lebten die Hunde eng bei den Menschen und bewachten auch das Zeltlager. Heute ist die traditionelle Jagd verboten. Die Zucht edler Windhunde gehört aber nach wie vor zur Stammesehre der Beduinen. Als Ursprungsland des Sloughi gilt Marokko.

## Eigenschaften

Sloughis schließen sich ihren Menschen auf ein ganzes Hundeleben ohne Aufdringlichkeit sehr eng an. Fremden gehen sie lieber aus dem Weg, sind aber nicht aggressiv. Sloughis fühlen sich in ihrer vertrauten Umgebung am wohlsten und können ohne gute Gewöhnung fremdeln. Zärtlich und ruhig in der Familie, muss der Sloughi sein Bewegungsbedürfnis auf langen Spaziergängen, der Rennbahn oder Coursings ausleben können.

## Haltung

Wenn man dem Arabischen Windhund mit Hundeverstand begegnet, ist er ein gehorsamer Familienhund. Sein Hetztrieb macht Freilauf in Gegenden mit Wild aber unmöglich. Man sagt dem Hund große Sauberkeit nach.

## Geschichte

Die Heimat dieses Hundes ist die vom Kaukasusgebirge quer geteilte Landenge zwischen Schwarzem und Kaspischem Meer. Dort beschützt er seit Jahrhunderten selbstständig die Schafherden vor Angriffen von Wölfen und Bären. Die Hunde in den Bergen sind kräftiger und größer als die in den Steppengebieten. Diese russische Rasse wurde erst vor kurzem von der FCI anerkannt.

## Eigenschaften

Kaukasier sind sehr kräftige, große, aber erstaunlich behände Arbeitshunde. Ihr ausgeprägtes Territorialverhalten macht sie Fremden gegenüber bisweilen sehr aggressiv. Herdenschutzhunde arbeiten ohne menschliche Einflussnahme. Auch der Kavkazskaia Ovtcharka, wie er in seiner Heimat heißt, hat sich seine Selbstständigkeit bewahrt, was seine Reaktionen schlecht einschätzbar macht. Außerhalb seines Territoriums lässt sich der Kaukasische Owtscharka leicht verunsichern.

## Haltung

Herdenschutzhunde sind in dicht besiedelten Gebieten mit kleinen Grundstücken nicht einfach zu halten. Der angeborene Schutztrieb wird ständig angesprochen, und durch Reizüberflutung kann der eigentlich in sich ruhende Hund übermäßige Aggression zeigen. Die Erziehung des selbstbewussten und dominanten Vierbeiners erfordert Spezialkenntnisse und kann nur bei früher Sozialisation Erfolg haben. Ein gehorsamer Hund wird er nie. Er liebt es, sich im Freien aufzuhalten. Die Rasse kommt meist als Langstockhaar, seltener als Stockhaar vor.

# Kaukasischer Owtscharka

**Schulterhöhe**
Rüde 65–75 cm, Hündin 60–65 cm

**Gewicht**
Um 45–50 kg

**Fellfarbe**
Weiß, hell- bis dunkelgrau, rotgrau, einfarbig oder gescheckt.

**Gesundheit**
Anfällig für Hüftgelenksdysplasie, Ektropium und Entropium.

Geeignet für Spezialisten.

**Größenvergleich**
(Mensch = 180 cm)

# Do-Khyi

**Schulterhöhe**
61–71 cm

**Gewicht**
64–78 kg

**Fellfarbe**
Grau oder schwarz mit oder ohne lohfarbene Abzeichen oder helles bis dunkles Goldbraun.

**Gesundheit**
Anfällig für Hüftgelenksdysplasie.

Geeignet für Spezialisten.

## Geschichte

Die Herkunft des im tibetischen Hochland des Himalaya beheimateten Do-Khyis ist unbekannt. Schon Aristoteles und Marco Polo beschreiben ihn. Die hartnäckig verbreitete These, der Do-Khyi sei der Vorfahre aller Kampf- und Hirtenhundrassen sowie aller doggenartigen Hunde, ist heute nicht mehr haltbar. Die Bezeichnung Tibet Mastiff oder Tibet-Dogge für den Do-Khyi ist kynologisch ebenfalls nicht korrekt. Der Do-Khyi ist seit alters her ein typischer Schäfer- und Hirtenhund der Gebirgsgegend, obwohl man ihn in Tibet auch zur Jagd auf das Yak einsetzte. In erster Linie waren Do-Khyis mächtige und furchtlose Beschützer ihres Herrn und seiner Herden. Klöster hielten sich oft mehrere dieser Tiere als Wachhunde. Die chinesische Besatzungsmacht rottete die Rasse in Tibet fast vollständig aus.

## Eigenschaften

Von Aussehen und Verhalten ist der Do-Khyi der Prototyp eines Herdenschutzhundes und der geborene Wachhund. Absolut unbestechlich, tritt er Fremden gegenüber abweisend bis aggressiv auf.

## Haltung

Bei verständnisvoller Haltung baut der Do-Khyi eine enge Bindung zu ihm vertrauten Mensch auf, wird aber immer eine eigenständige Persönlichkeit bleiben. Auch eine konsequente Erziehung kann aus ihm nie einen besonders folgsamen Hund machen. Der wetterunempfindliche Do-Khyi liebt es, selbstständig über ein weitläufiges Gelände zu wachen. Beengte Verhältnisse sollte man ihm nicht zumuten.

# Maremmen-Abruzzen-Schäferhund

## Geschichte

In der Heimat des Cane da Pastore Maremma-Abruzzese, wie er dort heißt, wurden ursprünglich zwei lokale Schläge unterschieden: der kompaktere Maremmen-Hirtenhund aus der Maremma, einem Küstengebiet Mittelitaliens, und der leichter gebaute Abruzzen-Hirtenhund aus dem gleichnamigen Gebirge. Erst seit 1958 gilt für die Rasse ein gemeinsamer Standard. Große Hirtenhunde schützen schon seit Jahrhunderten die Viehherden vor gefährlichen Raubtieren und Dieben. Die weiße Farbe erleichtert die Unterscheidung zu den meist in der Dämmerung zuschlagenden Wölfen. In Italien ist der Maremmano – so sein Volksname – auch ein beliebter Wach- und Schutzhund. Die Rasse findet weltweit immer mehr Freunde.

## Eigenschaften

Der Maremmano ist ein klassischer Hirtenhund: selbstbewusst, mutig und stets verteidigungsbereit, aber nicht überaggressiv. Der eigenen Familie treu ergeben, möchte er Fremde aus seinem Revier vertreiben. Seine angestammte Arbeit erforderte die Fähigkeit, selbstständig Entscheidungen zu treffen. Dies lässt die Hirtenhunde manchmal unberechenbar erscheinen. Unterwürfiger Gehorsam ist den Maremmanos fremd.

## Haltung

Der Maremmano ist etwas zugänglicher und einfacher zu halten als andere Herdenschutzhunde. Für enge Reihenhaussiedlungen ist er aber nicht geeignet. Er hält sich gerne im Freien auf und ist ein hervorragender Wachhund für große Anwesen. Seine Erziehung erfordert viel Sachverstand.

**Schulterhöhe**
Rüde 65–73 cm, Hündin 60–68 cm

**Gewicht**
Um 52 kg

**Fellfarbe**
Weiß.

**Gesundheit**
Anfällig für Hüftgelenksdysplasie, selten auch andere Skeletterkrankungen.

Geeignet für Fortgeschrittene.

# Dobermann

**Größenvergleich**
(Mensch = 180 cm)

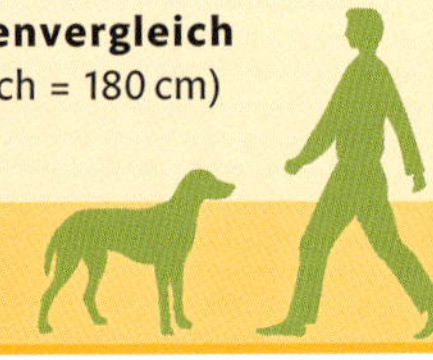

**Schulterhöhe**
Rüde 68–72 cm, Hündin 63–68 cm

**Gewicht**
Rüde 40–45 kg, Hündin 32–35 kg

**Fellfarbe**
Schwarz, dunkelbraun oder blau mit scharf abgesetztem rostrotem Brand.

**Gesundheit**
Anfällig für Wobbler-Syndrom (Bewegungsstörung infolge Halswirbeldeformationen), schwere Herzkrankheiten und Wesensdefekte.

Geeignet nur für verantwortungsvolle Fortgeschrittene.

## Geschichte

Der Dobermann hat seinen Namen von dem thüringischen Steuereintreiber, Hundefänger und Abdecker Friedrich Louis Dobermann, der aus beruflichen Gründen einen scharfen, schnellen Schutzhund brauchte, mit dem er außerdem säumige Steuerzahler gebührend beeindrucken konnte. So begann er um 1860 mit der Zucht einer neuen Rasse, die sich seither als »Gendarmenhund« und unbestechlicher Wach- und Begleithund hervorragend bewährt hat. Welche Rassen und Schläge Dobermann miteinander kreuzte, ist bis heute ein Geheimnis, doch es gilt als sicher, dass Rottweiler und so genannte »Metzgerhunde« zu den Vorfahren des Dobermanns zählen.

## Eigenschaften

Der Dobermann ist ein ungewöhnlich eleganter, vornehmer und selbstbewusster Vierbeiner, dem man sofort ansieht, dass mit ihm nicht zu spaßen ist. Im Idealfall gibt er einen temperamentvollen und furchtlosen, zugleich aber freundlichen und anhänglichen Hausgenossen ab, der sich als Ein-Mann-Hund allerdings nur einer Person eng anschließt, doch die ganze Familie treu beschützt. Vorsicht: Seine angeborene Schärfe kann gelegentlich durchbrechen und verheerenden Schaden anrichten!

## Haltung

Diese Rasse gehört in die feste Hand eines erfahrenen und verantwortungsvollen Kenners, der seinen Hund sehr konsequent erziehen und jederzeit unter Kontrolle halten kann. Ein Dobermann braucht viel Bewegung.

**Größenvergleich**
(Mensch = 180 cm)

# Schwarzer Russischer Terrier

## Geschichte
Nach dem Ersten Weltkrieg konnte der große Bedarf an Diensthunden in Russland nicht mehr gedeckt werden. So wurde um 1940 im Auftrag der Roten Armee der Zwinger »Roter Stern« gegründet, wo man durch die Verpaarung von Airedale Terriern, Rottweilern und Riesenschnauzern die Züchtung eines idealen Diensthundes versuchte. Der Airedale Terrier sollte Ausdauer und Führigkeit einbringen, der Rottweiler imposante Masse und ausgeglichenes Wesen und der Riesenschnauzer Größe und Schärfe. Das Endprodukt war ein Hund, der sich problemlos an die unterschiedlichsten klimatischen Bedingungen in dem großen Land anpasste und sehr arbeitswillig und leichtführig war. Nun sollten die Hunde allerdings ihren Dienst mit wechselnden Führern versehen, und der Tchiorny Terrier, wie er auch heißt, erwies sich als ausgesprochener Ein-Mann-Hund. So wurde die staatliche Zucht wieder eingestellt und nur auf privater Basis fortgesetzt.

## Eigenschaften
Schwarze Russische Terrier sind nervenfeste, intelligente, leicht auszubildende Gebrauchshunde. Als ausgeglichener Hund ohne unerwünschte Schärfe ist er auch als Familienhund geeignet. Fremden begegnet er zurückhaltend bis misstrauisch. Bei guter Erziehung ist sein ausgeprägter Schutztrieb leicht zu steuern. Kein Raufer.

## Haltung
Dieser große Hund will sorgfältig erzogen werden und freut sich über eine Beschäftigung im Hundesport. Im Haus verhält er sich ruhig. Das Haar wird in Form geschnitten.

**Schulterhöhe**
Rüde 66–72 cm, Hündin 64–70 cm

**Gewicht**
40–65 kg

**Fellfarbe**
Rein schwarz oder schwarz mit grauen Haaren.

**Gesundheit**
Anfällig für Hüftgelenksdysplasie.

Geeignet für fortgeschrittene Anfänger.

# Riesenschnauzer

**Schulterhöhe**
60–70 cm

**Gewicht**
35–50 kg

**Fellfarbe**
Meist schwarz, auch pfeffersalzfarben.

**Gesundheit**
Etwas anfällig für Hüftgelenksdysplasie.

Geeignet für nicht ganz unerfahrene Anfänger.

## Geschichte

Der Riesenschnauzer ist nicht, wie vielfach angenommen, nur ein Größenschlag des älteren Standard- oder Mittelschnauzers (siehe S. 115), sondern repräsentiert eine eigene Rasse, die erstmals 1909 in München vorgestellt wurde. Sie wurde in Süddeutschland seit Mitte des 19. Jahrhunderts aus robusten Viehtreiber- und Hütehundtypen herausgezüchtet, enthält freilich auch einen gewissen Anteil von »echtem« Schnauzerblut. Im 20. Jahrhundert entwickelte sich

**Größenvergleich**
(Mensch = 180 cm)

der geborene Arbeitshund zu einem hervorragenden Gebrauchshund und einem anerkannten Diensthund, der unter anderem von der Polizei in Katastrophenfällen oder bei der Sprengstoffsuche eingesetzt wird. Doch heutzutage führen die allermeisten Riesenschnauzer ein geruhsameres Leben als Begleit- und Familienhund.

## Eigenschaften

Der Riesenschnauzer sieht gefährlicher aus, als er ist, aber zu spaßen ist im Zweifelsfall nicht mit ihm. Unter seinem rauen Fell verbirgt sich ein weicher Kern. Der im Grunde gutmütige Riese ist menschenfreundlich, treu wie Gold, intelligent und selbstsicher. Stark ausgeprägt sind seine Wachsamkeit und sein Beschützertrieb.

## Haltung

Trotz seiner Größe findet sich der Riesenschnauzer selbst mit einer Stadtwohnung ab, auch wenn ihm das Landleben besser gefällt. Doch überall braucht er eine solide und konsequente Erziehung. Der Fellpflegeaufwand hält sich in Grenzen.

**Größenvergleich**
(Mensch = 180 cm)

# Neufundländer

## Geschichte

Seinen Namen hat dieser imposante, bärenähnliche und bärenstarke Hund von der kanadischen Insel Neufundland, wo Küstenbewohner und Seeleute den Ausgangstyp der heutigen Rasse schufen, wahrscheinlich aus heimischen Indianerhunden und europäischen Hunden, die von Hochseefischern dort eingeführt wurden. Der Neufundländer war ursprünglich ein ausgesprochener Arbeitshund mit einer stark ausgeprägten Wasserpassion. Er half den Fischern beim Einholen der Netze und hatte auch die Aufgabe, abgetriebene Gegenstände oder gar ertrinkende Menschen zu bergen.

## Eigenschaften

Der Arbeitshund hat sich schon längst zu einem beliebten Familienhund gewandelt, doch das Wasser liebt er nach wie vor; er besitzt schließlich nicht umsonst kleine Schwimmhäute und ein öliges, wasserabstoßendes Fell. Dass er kein Gewässer, ob Teich oder Ozean, auslassen kann, ist wohl die einzige Schwäche dieser Rasse, die sich an Gutmütigkeit von kaum einer anderen übertreffen lässt. Neufundländer sind zuverlässig, mutig ohne Aggressivität, leicht erziehbar, wachsam, ruhig und sehr kinderlieb.

## Haltung

Selbst ein Anfänger kommt mit diesem sanften Riesen zurecht, der allerdings viel Platz und reichlich Auslauf sowie dringend irgendein Gewässer braucht. Die benötigten Futtermengen dürfen ebenso wenig unterschätzt werden wie der Fellpflegeaufwand.

**Schulterhöhe**
Rüde um 71 cm, Hündin um 66 cm

**Gewicht**
Rüde 64–69 kg, Hündin 50–54 kg

**Fellfarbe**
Schwarz, braun oder weiß mit schwarzen Abzeichen.

**Gesundheit**
Anfällig für Hüftgelenksdysplasie, Netzhauterkrankungen, Entropium, Ektropium, Gebissanomalien und Herzprobleme.

Geeignet für nicht ganz unerfahrene Anfänger.

# Azawakh

**Größenvergleich**
(Mensch = 180 cm)

**Schulterhöhe**
Rüde 64–74 cm, Hündin 60–70 cm

**Gewicht**
Rüde um 20–25 kg, Hündin um 15–20 kg

**Fellfarbe**
Sandweiß bis braun über alle Nuancen von gelb bis rot; weiße Abzeichen an Brust, Pfoten und Rute sowie schwarze Schattenmaske erlaubt.

**Gesundheit**
Keine rassetypischen Krankheiten bekannt.

Geeignet für Spezialisten.

## Geschichte

Diese afrikanische Windhundrasse wurde vom Nomadenstamm der Tuareg vor allem für die Jagd auf Gazellen, aber auch auf Hasen und andere Säuger gezüchtet. Die Tuareg setzen ihn zudem als Wächter ihrer Herden und Zelte ein. Er ist eng verwandt mit dem Sloughi. Der Azawakh ist kein Sprinter, sondern ein Spezialist für Langstrecken. Im Unterschied zu anderen Windhunden tötet er seine Beute nicht, sondern verletzt sie nur und bannt sie, bis der Jäger herangekommen ist und das Tier mit dem Dolch absticht.

## Eigenschaften

Dieser edle Windhund hat sich seine Urtümlichkeit bewahrt. Starre Regeln und bedingungslose Unterordnung sind nichts für ihn. Einen Windhund kann man zu nichts zwingen. Unnötige Härte verstört ihn. Azawakhs zeigen allem Fremden gegenüber Zurückhaltung, ja eine gewisse Scheu. In der gewohnten Umgebung verhalten sie sich aufmerksam und lebhaft. Wenn der Azawakh sein Herz verschenkt hat, ist er sanft und liebevoll.

## Haltung

Der Umgang mit dem Azawakh ist nicht leicht und erfordert viel (Wind-)Hundeverstand und Fingerspitzengefühl. Eine falsche Behandlung verzeiht der sensible Azawakh nie. Er braucht Familienanschluss, sucht sich seine enge Bezugsperson aber selbst aus. Seinen enormen Bewegungsdrang kann der wilde Jäger in unserer engen Umwelt nur bei Windhunderennen und Coursings (kontrollierte Rennen außerhalb der Bahn) ausleben.

# Afghanischer Windhund



## Geschichte

Der Afghane gehört zu den ältesten Hundestämmen, die der Mensch erzüchtet und nach und nach zu modernen Rassen umgeformt hat. In seiner afghanischen Heimat wurde er schon vor Jahrtausenden zur Jagd, aber auch als Wach- und Hütehund verwendet. Auf seine Ausfuhr stand die Todesstrafe, doch um 1890 gelang es einem britischen Offizier, die ersten Exemplare nach Europa zu bringen. In Deutschland wurde er erst in den 1930er-Jahren bekannt.

## Eigenschaften

Dieser Spross aus uraltem Hundeadel ist vom perfekten Hetzjäger zu einem überaus eleganten, dekorativen Begleithund geworden, der sich jedoch noch viel von seiner ursprünglichen Würde und Unabhängigkeit bewahrt hat. Er hält selbst seiner Menschenfamilie gegenüber eine gewisse Distanz, die zuweilen fast blasiert wirkt.

## Haltung

Der Afghane ist kein Hund für jedermann, sondern für Kenner, die seine Eigenart respektieren und ihm sehr viel Auslauf bieten können, denn sein Bewegungsdrang ist kaum zu bremsen. Leider kann man ihn nur ausnahmsweise unangeleint ausführen, weil schon ein kleiner Anlass seinen Renn- und Hetztrieb auslösen würde. Er liebt es, neben dem Fahrrad herzulaufen oder auf der Rennbahn eine Geschwindigkeit von 60 km/h zu entwickeln. Sein langes, dichtes Seidenhaar muss regelmäßig gebürstet werden.

**Schulterhöhe**
Rüde 68–74 cm, Hündin 63–69 cm

**Gewicht**
Bis ca. 30 kg

**Fellfarbe**
Sämtliche Farben sind zugelassen.

**Gesundheit**
Etwas anfällig für Hüftgelenksdysplasie und Grauen Star.

Geeignet für sportlich aktive Fortgeschrittene.

# Fila Brasileiro

**Schulterhöhe**
Rüde 65–75 cm, Hündin 60–70 cm

**Gewicht**
Rüde mind. 50 kg, Hündin mind. 40 kg

**Fellfarbe**
Einfarbig; alle Farben erlaubt außer weiß, mausgrau, gefleckt oder Merlefaktor oder mehr als ein Viertel weiß.

**Gesundheit**
Anfällig für Entropium, Ektropium, Magendrehung, Hüftgelenksdysplasie und Bänderrisse.

Geeignet für Fortgeschrittene.

## Geschichte

Die Vorfahren des brasilianischen Nationalhundes kamen mit den Konquistadoren nach Südamerika. Während der Zeit der Eroberungen wurden doggenartige Hunde in erster Linie zum Kampf gegen die Indios eingesetzt. Auch später halfen sie, die versklavte Urbevölkerung auf den Plantagen in Schach zu halten und entlaufene Sklaven aufzuspüren. Ihre außergewöhnlichen Suchleistungen sind wohl auf die Einkreuzung von Bluthunden zurückzuführen. Die modernen

**Größenvergleich**
(Mensch = 180 cm)

Filas Brasileiros wurden bis vor kurzem auch zur Jagd auf den Jaguar verwendet. Heute sind sie vorwiegend die unbestechliche Beschützer der großen Fazendas und deren Viehherden. 1954 kamen die ersten Filas nach Deutschland.

## Eigenschaften

Der Fila Brasileiro ist der geborene Wach- und Schutzhund. Sein gesundes Misstrauen gegenüber Fremden ist ein wichtiges Wesensmerkmal, übersteigerte Aggressivität führt aber zu einem Zuchtausschluss. Filas sind Spätentwickler, die erst mit drei Jahren einen ausgereiften Charakter besitzen. Vor allem in der Jugend entwickeln sie ein ungeahntes Temperament.

## Haltung

Aufzucht und Haltung dieser starken Hunde erfordert viel Sachkenntnis. Der Fila braucht eine verständige und konsequente Führung, damit er seinen Herrn anerkennt. Dann aber ist er seiner Familie loyal bis in den Tod. In manchen Bundesländern zählt diese Rasse zu den »gefährlichen« Hunden, deren Haltung vielerlei Auflagen unterliegt.

**Größenvergleich**
(Mensch = 180 cm)

# Mastino Napoletano

## Geschichte

Der Mastino Napoletano ist vermutlich ein direkter Nachfahre der alten römischen Kampf- und Kriegshunde. Über die Jahrhunderte hat er sich in Süditalien als Wach-, Schutz- und Hirtenhund erhalten. Eine Reinzucht wurde erst ab dem Zweiten Weltkrieg durchgeführt. Leider schadeten vor einigen Jahren reißerische Presseberichte über die »Panzer der Antike« als beste Alarmanlage der Welt und sicherer Schutz vor Entführungen der Rasse sehr. Menschen mit wenig Selbstbewusstsein und großem Geltungsbedürftnis verlangten plötzlich nach immer gefährlicher aussehenden Mastinos. Leider bedienten gewissenlose Züchter den neuen Markt mit extrem faltenreichen, oft anatomisch verkrüppelten Monsterhunden. In der Zwischenzeit ist der Boom jedoch abgeklungen, und die Zucht hat sich wieder normalisiert.

## Eigenschaften

Der Mastino Napoletano ist ruhig und ausgeglichen. Ohne Grund wird der Respekt einflößende Hund nicht aggressiv. Bei Gefahr verteidigt er seine Familie und deren Hab und Gut mit großem Mut. Sein angeborener Schutztrieb darf nicht gefördert werden.

## Haltung

Die Erziehung des dominanten Hundes erfordert Sachkenntnisse. Seine Aufzucht ist aufwändig und teuer. Durch die offenen Lefzen sabbert er stark. Bei verständiger Aufzucht, Haltung und Erziehung stellt der Mastino keine Gefahr für seine Umwelt dar. Leider steht er dennoch in manchen Bundesländern auf der Liste der »gefährlichen Hunderassen«.

**Schulterhöhe**
Rüde 65–75 cm, Hündin 60–68 cm

**Gewicht**
Bis 70 kg

**Fellfarbe**
Bleigrau, braun, falbfarben oder schwarz; alle Farben auch gestromt.

**Gesundheit**
Anfällig für Hüftgelenksdysplasie, Ellenbogengelenksdysplasie, Osteochondrose (Abbau von Knochenmasse), Arthritis, Ektropium, Wachstumsstörungen, Hautfaltenentzündungen und Augenentzündungen.

Geeignet für Spezialisten.

# Saarloos Wolfhond

**Schulterhöhe**
Rüde 65–75 cm, Hündin 60–70 cm

**Gewicht**
30–40 kg

**Fellfarbe**
Wolfsgrau (von fast schwarz bis hellgrau), verschiedene Brauntöne oder hell cremefarben bis fast weiß.

**Gesundheit**
Keine rassetypischen Krankheiten bekannt.

Geeignet nur für Spezialisten.

**Größenvergleich**
(Mensch = 180 cm)

## Geschichte

Zwischen 1930 und 1966 paarte der Niederländer Saarloos Deutsche Schäferhunde mit Wölfen. Sein Ziel war eine robuste, gesunde Rasse mit scharfen Sinnesleistungen. Leider misslang das Experiment. Das typische, für Haushunde ungeeignete Verhalten des Wolfes erwies sich als zu dominant: Die Mischlinge sind allem Unbekannten gegenüber sehr misstrauisch und geraten in fremder Umgebung leicht unter Stress. Vor allem ab der Geschlechtsreife sind sie wenig unterordnungsbereit und für eine Ausbildung ungeeignet. Wie Wildtiere reagieren sie bei einer Bedrohung schreckhaft, unter Umständen mit bissiger, nicht steuerbarer Aggression. Die Rasse wurde 1975 durch die FCI anerkannt, ist heute aber fast verschwunden.

## Eigenschaften

Wolfshunde müssen in den ersten Lebenswochen auf den Menschen geprägt und sorgfältig sozialisiert werden. Sie zeigen ausgeprägtes Rudelverhalten und sind ihrem »Leittier« Mensch gegenüber zwar unterwürfig, aber nicht gehorsam. Allein gelassen, entwickeln sie u. U. starke Trennungsängste, die sich in hemmungsloser Zerstörungswut äußern können.

## Haltung

Kein bequemes Haustier. Ohne gründliche Kenntnisse im Hunde- und Wolfsverhalten ist es verantwortungslos, sich einen Wolfshund anzuschaffen. Man kann die Tiere nur in einem absolut ausbruchssicheren Gelände unbeaufsichtigt lassen, sonst geht die Freiheitsliebe und die stark ausgeprägte Jagdleidenschaft mit ihnen durch.

# Zentralasiatischer Owtscharka

## Geschichte

Der Zentral- und Mittelasiatische Owtscharka wird als eine Rasse auch unter dem Namen Sredneasiatskaia Ovtcharka geführt. Er war ursprünglich von Kasachstan bis zum südlich angrenzenden Iran und Afghanistan weit verbreitet. In den Weiten der Steppen findet man diese Hunde in einem leichteren Schlag, während sich im Pamirgebirge eine kompaktere Bergform entwickelt hat. Vermutlich gehören diese Hirtenhunde zu den ältesten Hunderassen überhaupt. Seit Jahrtausenden mussten sie sich an extreme Witterungsverhältnisse anpassen. Bei großer Hitze, Kälte und Trockenheit verrichteten sie in jedem Gelände ihre Arbeit als Hüter der Herden, Wächter der Nomadenlager und bei der Jagd.

## Eigenschaften

Dieser Herdenschutzhund beobachtet seine Umgebung ruhig und aufmerksam. Nie bellt er ohne Grund. Sein Revier und ihm Schutzbefohlene bewacht und verteidigt er kompromisslos. Eigenständig schätzt er die Lage ein und entscheidet selbst, ob er angreifen muss. Dies geschieht dann aber blitzartig und ohne Vorwarnung. Das macht diese Hunde oft unberechenbar. Das von einer natürlichen Dominanz und großer Selbstständigkeit geprägte Wesen darf und kann man nicht mit Gewalt brechen. Die Führung dieser Hunde verlangt eine starke Natur mit großer Sachkenntnis.

## Haltung

Kein Hund für den normalen Hundeliebhaber. In einer beengten Umwelt geraten diese Tiere leicht unter Bewachungsstress. Es gibt Stockhaar und Langstockhaar.

**Schulterhöhe**
Rüde mind. 65 cm, Hündin mind. 60 cm

**Gewicht**
Über 45 kg

**Fellfarbe**
Weiß, grau, falbfarben, Rottöne oder schwarz (gescheckt oder gefleckt).

**Gesundheit**
Anfällig für Hüftgelenksdysplasie.

Geeignet nur für Kenner von Herdenschutzhunden.

# Kuvasz

**Schulterhöhe**
Rüde 71–75 cm, Hündin 66–70 cm

**Gewicht**
Rüde 40–52 kg, Hündin 30–42 kg

**Fellfarbe**
Weiß; elfenbeinfarben erlaubt.

**Gesundheit**
Anfällig für Hüftgelenksdysplasie.

Geeignet für Fortgeschrittene.

## Geschichte

Der Kuvasz kam, einer glaubwürdigen Theorie zufolge, im 11. Jahrhundert mit dem nomadischen Turkvolk der Kumanen oder Komanen nach Ungarn. An seine Herkunft erinnert sein seit dem 17. Jahrhundert belegter Name, der vom türkischen Begriff für einen bewaffneten Beschützer abgeleitet sein soll. In Ungarn blieben die stattlichen weißen Hunde die zuverlässigen Gehilfen der Hirten. Sie schützten das Vieh vor zwei- und vierbeinigen Räubern, wurden aber auch von Aristokraten für die Jagd verwendet.

**Größenvergleich**
(Mensch = 180 cm)

## Eigenschaften

Der Kuvasz ist ohne Zweifel der attraktivste und beliebteste ungarische Hirtenhund, obwohl er ein nicht ganz einfacher Hausgenosse ist. Seiner Familie ist der »weiße Riese« zwar treu ergeben, und er beschützt sie bedingungslos, aber seine Vergangenheit als mutiger, unabhängiger Schutz- und Hirtenhund hängt ihm bis heute nach. Fremden Menschen und Tieren gegenüber verhält er sich misstrauisch und abweisend, und wenn er nicht fest unter Kontrolle gehalten wird, kann seine latente Aggressivität durchbrechen, was bei seiner Kraft und Wendigkeit böse Folgen haben könnte.

## Haltung

Ein Kuvasz ist kein Jedermannshund. Er fühlt sich nur auf dem Lande wohl und braucht einen hundeerfahrenen durchsetzungsfähigen Herrn, der seinen Vierbeiner sehr konsequent zum absoluten Gehorsam erzieht. Das Fell haart reichlich, ist aber ansonsten relativ pflegeleicht.

# Bernhardiner

**Größenvergleich**
(Mensch = 180 cm)

## Geschichte

Um keine Hunderasse ranken sich so viele Legenden wie um den Bernhardiner, der offiziell St. Bernhardshund genannt wird, und zwar nach dem Hospiz auf dem Großen St. Bernhard in den Schweizer Alpen. Dort lebten die Mönche, die nachweislich schon im 17. Jahrhundert diese Hunde gezüchtet haben, um mit deren Hilfe verirrte Reisende aufzuspüren. Dort lebte auch der berühmte »Barry«, der angeblich 40 Menschen gerettet hat – mit Sicherheit ohne das umgehängte Schnapsfässchen, das man der Rasse als kitschiges Attribut zuschreibt. Die »echten« Bernhardiner waren früher viel kleiner und leichter als heute und trugen durchweg ein stockhaariges Fell, während man heute langhaarige Tiere mit möglichst großem und massigem Gebäude bevorzugt, was der Rasse insgesamt nicht sehr gut bekommen ist.

## Eigenschaften

Grundsätzlich sind Bernhardiner intelligente, freundliche, anhängliche und ausgesprochen kinderliebe Hunde, doch Ausnahmen von der Regel, die zu aggressivem Verhalten neigen, kommen leider vor. In jedem Fall braucht die Rasse eine liebevoll-konsequente Erziehung und eine feste Hand.

## Haltung

Die sanften Riesen sind zwar nicht sehr bewegungsfreudig, benötigen aber trotzdem viel Platz in ländlicher Umgebung. Die unvermeidlich hohen Kosten für die Verpflegung – und für den Tierarzt! – sollte man vor der Anschaffung bedenken.

**Schulterhöhe**
Rüde mind. 70 cm, Hündin mind. 65 cm

**Gewicht**
Bis 80 kg und mehr

**Fellfarbe**
Weiß und rot.

**Gesundheit**
Anfällig für Hüftgelenksdysplasie, Herzschwäche, Knochen- und Bänderprobleme, Entropium, Ektropium.

Geeignet für Fortgeschrittene.

# Broholmer

**Größenvergleich**
(Mensch = 180 cm)

**Schulterhöhe**
Rüde mind. 75 cm, Hündin mind. 70 cm

**Gewicht**
52–75 kg

**Fellfarbe**
Hellgelb mit dunkler Maske, gelbbraun oder schwarz; kleine weiße Abzeichen erlaubt.

**Gesundheit**
Anfällig für Hüftgelenksdysplasie.

Geeignet für Fortgeschrittene.

## Geschichte

Diese sehr ursprüngliche dänische Dogge stammt wahrscheinlich von den Molossern der Germanen und Wikinger ab. In alten dänischen Schriften werden Hunde dieses Typs als Torwächter der Schlösser beschrieben. Sie wurden aber auch als Jagdhunde auf wehrhaftes Wild eingesetzt und trieben das Vieh zu den Märkten. Seinen Namen hat der Broholmer vom Schloss Broholm auf der dänischen Insel Fünen. Dort betrieb der Hofjägermeister Sehsted seit 1850 die Rückzüchtung der mächtigen Hunde, die zu dieser Zeit fast ausgestorben waren. Nach dem Zweiten Weltkrieg galt die Rasse als erloschen, wurde jedoch ein weiteres Mal gerettet. Ihr Wiederaufbau seit 1974 ist noch nicht abgeschlossen, und Welpenkäufer müssen ihre Tiere zur Zucht bereitstellen.

## Eigenschaften

Der Broholmer strahlt eine angenehme Selbstsicherheit aus. Obwohl wachsam, ist der Hund gegenüber Fremden offen und prinzipiell freundlich gestimmt. Bei konsequenter Erziehung finden Familien im leichtführigen Broholmer einen treuen und anhänglichen Beschützer, der Kindern gegenüber sehr geduldig ist.

## Haltung

Die großen Hunde benötigen viel Lebensraum. In einem Haus mit großem Garten fühlen sie sich besonders wohl und können ihre guten Wachhundeeigenschaften voll entfalten. In der Stadt ist der majestätische Hund fehl am Platz. Das glatte, kurze Haar ist pflegeleicht. Die Aufzucht der Tiere erfordert viel Sorgfalt, um Wachstumsschäden zu vermeiden.

**Größenvergleich**
(Mensch = 180 cm)

# Greyhound



## Geschichte

Große, schlanke Windhunde vom Greyhoundtyp gab es bereits im alten Ägypten, wie Reliefs aus fast 5000 Jahre alten Gräbern bezeugen. Doch die Entwicklung des Typs bis zur modernen Rasse ist reichlich verworren und undurchsichtig. Unmittelbare Vorfahren scheinen keltische Windhunde zu sein, die im 4. vorchristlichen Jahrhundert nach Großbritannien gelangten, das heute als Ursprungsland der Rasse angegeben wird. Anfangs wurde der Greyhound, dessen Name gewöhnlich als »grauer Hund« verstanden wird, aber möglicherweise vom altsächsischen »grei« (schön) abzuleiten ist, für die Hasenjagd gezüchtet, doch schon im 16. Jahrhundert demonstrierte er seine Sprinterqualitäten auf den neu eingeführten Rennbahnen, wo er ein Tempo bis 70 km/h vorlegen kann.

## Eigenschaften

Als eleganter Familienhund mit einem sanften, ruhigen und zurückhaltenden Naturell erfreut sich der Greyhound großer Beliebtheit, vor allem bei sportlich veranlagten Hundefreunden, die den starken Bewegungsdrang ihres Vierbeiners zu schätzen wissen und ihm vielleicht sogar die Möglichkeit bieten, seine Lauffreude auf einem Hunderennplatz abzureagieren.

## Haltung

Greyhounds sind angenehme, saubere und recht anspruchslose Hausgenossen, allerdings für das Stadtleben völlig ungeeignet. Sie brauchen sehr viel Auslauf, wobei man sie leider meist an der Leine führen muss.

**Schulterhöhe**
Rüde 71–76 cm, Hündin 68–71 cm

**Gewicht**
Etwa 25–30 kg

**Fellfarbe**
Alle Farben mit oder ohne weiße Abzeichen erlaubt.

**Gesundheit**
Keine rassetypischen Krankheiten bekannt.

Geeignet für sportlich aktive Fortgeschrittene.

# Komondor

**Schulterhöhe**
Rüde 65–80 cm, Hündin 55–70 cm

**Gewicht**
Rüde 60–60 kg, Hündin 40–50 kg

**Fellfarbe**
Weiß.

**Gesundheit**
Anfällig für Hüftgelenksdysplasie, Magendrehung und Ekzeme.

Geeignet für Fortgeschrittene.

## Geschichte

Der Komondor gehört zur Gruppe der ungarischen Hirtenhunde, obwohl er eigentlich aus Asien stammt und erst im 9. Jahrhundert mit dem Steppenvolk der Magyaren nach Ungarn kam, wo er seither die großen Viehherden zusammenhält und früher auch furchtlos gegen Wölfe verteidigte. Sein Name wird 1544 erstmals erwähnt, und er war schon damals berühmt für seinen Mut, seine Wachsamkeit und seinen Beschützerinstinkt. Ihre heutige Form erhielt die Rasse allerdings erst im frühen 20. Jahrhundert.

**Größenvergleich**
(Mensch = 180 cm)

## Eigenschaften

Das auffälligste Merkmal der Rasse ist das lange und dichte zottige Haarkleid, bei dem man manchmal nicht weiß, wo vorn und hinten ist. Es schützte den Steppenhund vor allen Unbilden des Wetters und vor Wolfszähnen, ist aber heute als Schmutzfänger weniger geschätzt. Dennoch: Der Komondor ist ein sympathischer, anhänglicher, ausgeglichener und wachsamer Familienhund, der sich allerdings eine gewisse Unabhängigkeit und Aggressivität bewahrt hat. Er liebt das Leben im Freien, muss jedoch stets unter Kontrolle gehalten werden.

## Haltung

Die Rasse eignet sich nur für etwas fortgeschrittene Hundekenner, die auf dem Land wohnen und ihrem vierbeinigen Gefährten sehr viel Zeit widmen können. Das Zottelfell muss regelmäßig gesäubert und gebürstet werden, damit es nicht zu unansehnlichen Platten verfilzt.

**Größenvergleich**
(Mensch = 180 cm)

# Pyrenäenberghund

## Geschichte

Der häufig für diese Rasse verwendete Name Pyrenäenhund sollte wegen Verwechslungsgefahr gemieden werden, wie es auch die offizielle französische Bezeichnung Chien de Montagne des Pyrénées gebietet. Wir haben es hier mit einer der mächtigen weißen Hirtenhundrassen zu tun, die sich in verschiedenen europäischen Regionen parallel und fast auf natürliche Weise aus doggenartigen Hunden des Altertums entwickelt haben. Der imposante Pyrenäenberghund ist von Haus aus kein Hütehund, sondern ein Herdenschutzhund, der schon vor Jahrhunderten das Vieh in den Bergen gegen Wölfe, Bären und Räuber zu verteidigen hatte. Um 1700 erkannte Ludwig XIV. die ungewöhnliche Schönheit der Rasse und holte sich einige Exemplare als »Hofhunde« nach Versailles, die damit die Familienhundkarriere des Pyrenäenberghunds begründeten.

## Eigenschaften

Der gewichtige Hunderiese ruht in sich selbst und gibt sich dank seiner majestätischen Erscheinung stets selbstsicher und freundlich-gelassen. Er ist seiner Familie loyal ergeben und beschützt sie bedingungslos. Kinder mag er gern, doch bei Fremden hält er auf Distanz.

## Haltung

Dies ist eine anspruchsvolle Rasse, die ein großes Grundstück verlangt, weil sie das Leben im Freien liebt, und gründlich erzogen und sozialisiert werden muss. Die Fellpflege ist sehr aufwändig.

**Schulterhöhe**
Rüde 70–80 cm, Hündin 65–72 cm

**Gewicht**
Rüde um 60 kg, Hündin um 45 kg

**Fellfarbe**
Weiß oder weiß mit grauen, loh- oder dachsfarbenen Abzeichen.

**Gesundheit**
Anfällig für Hüftgelenksdysplasie, Hauterkrankungen und Epilepsie.

Geeignet für Fortgeschrittene.

# Leonberger

**Schulterhöhe**
Rüde 72–80 cm, Hündin 65–75 cm

**Gewicht**
Etwa 40–50 kg

**Fellfarbe**
»Löwenfarben«, also rötlich von goldgelb bis rotbraun, möglichst mit schwarzer oder dunkler Maske; vereinzelt auch sandfarben (blassgelb).

**Gesundheit**
Anfällig für Hüftgelenksdysplasie und Knochenprobleme.

Geeignet für nicht ganz unerfahrene Anfänger.

## Geschichte

Um die Mitte des 19. Jahrhunderts setzte sich ein gewisser Heinrich Essig, Stadtrat und großer Tierfreund in Leonberg bei Stuttgart, zum Ziel, eine Hunderasse zu züchten, die dem Wappentier seiner Heimatstadt, einem Löwen, möglichst ähnlich sehen sollte. So entstand der mächtige Leonberger, als dessen wichtigste Ausgangsrassen der Bernhardiner und der Neufundländer angenommen werden. Essig war ein tüchtiger Geschäftsmann, der jährlich an die 300 selbst gezüchtete Hunde verkauft haben soll. Die neue Rasse galt als sehr repräsentativ und fand prominente Liebhaber wie Kaiserin Sisi, Napoleon III., Richard Wagner und Bismarck.

**Größenvergleich**
(Mensch = 180 cm)

## Eigenschaften

Der imposante, gutmütige, anhängliche und kinderliebe Leonberger erfreut sich, nachdem er nach 1945 fast verschwunden wäre, neuerdings wieder großer Beliebtheit. Er ist ein ausgezeichneter Schutzhund, der seine Familie furchtlos verteidigt, ohne von sich aus aggressiv zu werden. Der menschenfreundliche Hunderiese zeichnet sich aus durch ein wohl proportioniertes Gebäude und eine selbstbewusste Gelassenheit.

## Haltung

Selbst ein Anfänger kann es mit diesem zuverlässigen, leicht erziehbaren und wesensfesten Vierbeiner versuchen, doch er sollte tunlichst auf dem Lande wohnen, am besten in Wassernähe, weil ein Leonberger gern schwimmt. Das wetterfeste Fell ist pflegeleicht.

**Größenvergleich**
(Mensch = 180 cm)

# Landseer

## Geschichte

Der Landseer ist benannt nach dem englischen Maler Sir Edwin Henry Landseer (1802–73), der ihn mehrfach in Gemälden verewigt hat. Früher galt er als ein Farbschlag des Neufundländers, der sowohl einfarbig als auch zweifarbig gezüchtet wurde. Dann wollte man nur noch einfarbig schwarze oder braune Tiere haben, und der weiß-schwarze Landseer wäre beinahe in der Versenkung verschwunden, bis ihn deutsche Kynologen um 1930 durch Einkreuzung von Pyrenäenberghunden neu erzüchteten. Dieser moderne Landseer, der sich in Größe, Gewicht, Fellstruktur usw. deutlich vom Neufundländer unterscheidet, ist seit 1959 als eigene Rasse mit dem Herkunftsland Deutschland anerkannt. (Kurioserweise lässt neuerdings auch der Neufundländer-Standard wieder weiß-schwarze Hunde zu!)

## Eigenschaften

Der Landseer ist ein gutmütiger, intelligenter Riese, der einen möglichst engen Familienanschluss sucht und sich mit Kindern sehr gut versteht. Trotz seiner würdevollen, majestätischen Erscheinung ist er ein recht temperamentvoller Hausgenosse, der weite Spaziergänge liebt und sich jederzeit liebend gern in Gewässern aller Art tummelt.

## Haltung

Jeder Hundefreund kommt mit dieser freundlichen und leicht erziehbaren Rasse zurecht, sofern er ihr ein größeres Grundstück oder viel Auslauf sowie eine regelmäßige Schwimmgelegenheit bieten kann. Sein prachtvolles Haarkleid verlangt einigen Pflegeaufwand.

**Schulterhöhe**
Rüde 72–80 cm, Hündin 67–72 cm

**Gewicht**
60–70 kg

**Fellfarbe**
Weiß mit schwarzen Platten; Kopf immer schwarz.

**Gesundheit**
Anfällig für Hüftgelenksdysplasie, Ektropium und Entropium.

Geeignet für nicht ganz unerfahrene Anfänger.

# Mastiff

**Größenvergleich**
(Mensch = 180 cm)

**Schulterhöhe**
Im Standard keine Angaben, in der Regel Rüde um 80 cm, Hündin ab 69 cm

**Gewicht**
Bis zu 90 kg

**Fellfarbe**
Apricot, silber, falbfarben, dunkel gestromt, schwarze Maske.

**Gesundheit**
Anfällig für Hüftgelenksdysplasie, Gelenkprobleme, Entropium, Ektropium und Hautfaltenentzündung.

Geeignet für Fortgeschrittene.

## Geschichte

Wann die Vorfahren des Mastiffs nach England kamen, lässt sich nicht mehr genau nachvollziehen. Historisch belegt ist, dass die Römer vor 2000 Jahren große und schwere Jagd- und Kampfhunde von den Inseln als Kriegshunde und für ihre Kampfarenen ausführten. Auch in ihrer Heimat mussten sich die riesigen Mastiffs mit Bullen und Bären messen. Ursprünglich wurden alle großen, schweren Hunde als Mastiffs bezeichnet. Erst ab dem 11. Jahrhundert sind die Mastiffs von einem noch heute bekannten einheitlichen Typ.
Die beiden Weltkriege dezimierten die Bestände so drastisch, dass verwandte Rassen wie Bullmastiffs und Deutsche Doggen zur Rekonstruktion eingezüchtet werden mussten.

## Eigenschaften

Mastiffs sind im Grunde ihres Wesens gutmütige, ruhige Hunde. Werden sie allerdings gereizt, entwickeln sie einen enormen Schutztrieb. Sie sind ehrlich, geradlinig und nie hinterhältig. Als typische Spätentwickler zeigen Mastiffs lange ein kindliches Wesen.

## Haltung

Die sensiblen Riesen brauchen auch als Wachhunde Familienanschluss und sind für eine reine Zwingerhaltung nicht geeignet. Sie haben keinen großen Bewegungsdrang, benötigen aber viel Lebensraum. Ihre Erziehung erfordert bei großem Durchsetzungsvermögen viel Fingerspitzengefühl. Die Aufzucht ist aufwändig und teuer. Mastiffs fallen in vielen Bundesländern unter das Kampfhundegesetz. Ihre Haltung ist somit vielen Auflagen unterworfen.

## Geschichte

Im Namen Deerhound (»Hirschhund«) steckt die ursprüngliche Funktion dieser uralten Rasse: Schottische Edelleute verwendeten sie schon im Mittelalter für die Hirschhatz in den Wäldern des Hochlands. Der Deerhound ist ein typischer Windhund, also ein schnittiger, schneller Hund, der weniger mit der Nase als mit den Augen jagt. Seit der Einführung der modernen Jagdfeuerwaffen hat die exklusive Rasse ihre eigentliche Aufgabe verloren, und so wäre sie im 19. Jahrhundert fast untergegangen. Zum Glück wurde sie durch engagierte Hundefreunde vor dem Aussterben bewahrt.

## Eigenschaften

Der kraftvolle, rauhaarige Deerhound ist ein sanfter Riese, der in seiner heutigen »modernisierten« Version kaum noch ahnen lässt, dass er es einst im dichtesten Wald mit Hirschen, Wölfen und anderem Großwild aufnahm. Aber selbstbewusst, würdevoll, freundlich zu Kindern und zurückhaltend gegenüber Fremden ist er geblieben. Wenn man ihn nicht richtig unter Kontrolle hat, kann sein Jagdtrieb schon einmal mit ihm durchgehen.

# Deerhound

## Haltung

Ein Deerhound braucht Platz, um sich richtig entfalten zu können. Dank seiner Gutwilligkeit und Anpassungsfähigkeit kann man ihn unter Umständen auch in der Stadt halten, doch das Landleben bekommt ihm weitaus besser. Als Windhund braucht er natürlich sehr viel Auslauf, am besten hinter dem Fahrrad oder Reitpferd.

**Schulterhöhe**
Rüde mind. 76 cm, Hündin mind. 71 cm

**Gewicht**
Ideal beim Rüden 45,5 kg, bei der Hündin 36,5 kg

**Fellfarbe**
Dunkel blaugrau, dunkel- oder hellgrau, gestromt bis rotbraun, rotsandfarben oder hirschrot.

**Gesundheit**
Etwas anfällig für Magendrehung und Bänderverletzungen.

Geeignet für Fortgeschrittene.

**Größenvergleich**
(Mensch = 180 cm)

# Mastín Español

**Schulterhöhe**
Rüde mind. 77 cm, Hündin mind. 72 cm

**Gewicht**
55–70 kg

**Fellfarbe**
Grau, gelb, schwarz oder rot, auch gestromt, mit weißen Abzeichen.

**Gesundheit**
Anfällig für Hüftgelenksdysplasie und Knochenprobleme.

Geeignet für Fortgeschrittene.

## Geschichte

Schon im 12. Jahrhundert soll es in Spanien Hunde gegeben haben, die dem heutigen Mastín Español sehr ähnlich waren. Sie zogen mit den Wanderhirten umher und wehrten Angriffe von Wolf und Bär auf die Schaf- und Ziegenherden ab. Hin und wieder überließen die Hirten den Großgrundbesitzern für die Weiderechte einige Hunde, die dann die großen Anwesen schützen und auch zur Jagd eingesetzt wurden. In den Wirren des spanischen Bürgerkrieges (1936–39) wurde die Rasse als verhasstes Statussymbol der Reichen beinahe ausgerottet. Erst nach dem Zweiten Weltkrieg erholten sich die Bestände langsam wieder.

## Eigenschaften

Die Spanische Dogge, wie der Mastín Español auf Deutsch genannt wird, braucht engen Anschluss an ihre Menschen. Der Familie ist sie als treuer, zuverlässiger Wach- und Schutzhund liebevoll zugetan. Fremden gegenüber verhält sich der mächtige Hund misstrauisch, bisweilen auch angriffslustig. Er akzeptiert nur einen Herrn, der ihn mit natürlicher Autorität behandelt; dann ist er leidlich unterordnungsbereit. Rüden sind manchmal gegenüber Geschlechtsgenossen unverträglich.

## Haltung

Der große Hund braucht nicht viel Bewegung, sollte aber freien Zugang zu einem großen Garten und auch die Gelegenheit zu Spaziergängen haben. Frühe Sozialisation ist sehr wichtig. Er sabbert. In manchen Bundesländern wird die Rasse zu den »gefährlichen Hunden« gezählt, deren Haltung mit Auflagen verbunden ist.

# Anatolischer Hirtenhund

## Geschichte

Auf den Hochebenen Anatoliens, im Kerngebiet der heutigen Türkei, beschützen Hirtenhunde die großen Schafherden vollkommen selbstständig. Englische und amerikanische Hundezüchter haben erst in jüngster Zeit dafür gesorgt, dass diese Hunde auch außerhalb ihres angestammten Gebietes bekannt geworden sind. Dementsprechend sind diese imposanten Herdenschutzhunde noch sehr ursprünglich.

## Eigenschaften

Die Tiere zeigen einen ausgeprägten Reviersinn. Sie sind dominant und selbstständig, mutig und hart gegen sich selbst. In sich ruhend, zeigen sie sich Fremden gegenüber sehr wachsam und zurückhaltend, wenn es nötig ist auch aggressiv. Dabei entscheidet der Hund selbst, wann er angreift! Diese Selbstständigkeit ist ein Erbe seiner jahrhundertelangen Arbeitsverwendung und hat nichts mit Falschheit und Verschlagenheit zu tun.

## Haltung

Wie alle Herdenschutzhunde verlangt die Erziehung und Haltung des Coban Köpegi, wie er in seiner Heimat heißt, viel Sachverstand und Platz. Der Besitzer muss Sicherheit und Respekt ausstrahlen, damit er von dem etwas eigensinnigen Hund anerkannt wird. Nicht nur wegen der beachtlichen Größe des Hundes muss die konsequente Erziehung sehr früh beginnen. Von klein auf mit seiner Menschenfamilie und anderem lebenden Inventar vertraut, sind Herdenschutzhunde unbestechliche Wächter und Beschützer, die den eigenen Menschenkindern gegenüber recht duldsam sind. Kein Begleithund!

**Schulterhöhe**
Rüde 74–81 cm, Hündin 71–79 cm

**Gewicht**
Rüde 50–65 kg, Hündin 40–55 kg

**Fellfarbe**
Alle Farben erlaubt.

**Gesundheit**
Keine rassetypischen Krankheiten bekannt.

Geeignet für Spezialisten.

# Mastín de los Pirineos

Größenvergleich
(Mensch = 180 cm)

**Schulterhöhe**
Rüde mind. 77 cm (erwünscht über 81 cm), Hündin mind. 72 cm (erwünscht über 75 cm)

**Gewicht**
55–75 kg

**Fellfarbe**
Weiß mit grauen, gelben, braunen oder schwarzen Flecken.

**Gesundheit**
Anfällig für Hüftgelenksdysplasie.

Geeignet für Spezialisten.

## Geschichte

Seit mehr als 3000 Jahren schützen auf der Iberischen Halbinsel Hunde dieses Typs die Schaf- und Rinderherden gegen Wölfe, Bären und Wilderer. Die Mastín de los Pirineos wachsen von Welpenalter an bei der Herde auf und folgen ihr oft ohne die Begleitung des Hirten von einem Weidegrund zum anderen. Die Reinzucht dieser Rasse wurde erst 1946 begonnen. Bei uns ist dieser Hund eine Rarität.

## Eigenschaften

Seit uralten Zeiten haben Herdenschutzhunde gelernt, für ihre Herden selbstständig Verantwortung zu übernehmen. Auch der Pyrenäen-Mastiff, so der deutsche Name, hat sich seine Eigenständigkeit bewahrt. Selbst bei bester Sozialisation und fachgerechter Erziehung wird er nie aufs Wort gehorchen. Der wehrhafte Hund erkennt auch ohne eine – in diesem Fall sogar schädliche – Schutzhundeausbildung Gefahren und verteidigt seine Familie instinktsicher. In friedlichen Situationen verhalten sich die imposanten Tiere sehr ruhig und freundlich. Ohne gewichtigen Grund werden sie nie aggressiv. Fremde behält der Mastín de los Pirineos immer im Auge, ohne sie grundlos zu belästigen. Die mächtigen Hunde sind sich ihrer Stärke bewusst und fangen von sich aus kaum eine Rauferei mit Artgenossen an.

## Haltung

Der Pyrenäen-Mastiff liebt die Nähe seiner Menschen. Wenn es auch seinem Wesen am nächsten kommt, ein großes Grundstück zu bewachen, sollte er doch freien Zutritt ins Haus erhalten und regelmäßig ausgeführt werden.

# Barsoi

**Größenvergleich**
(Mensch = 180 cm)

## Geschichte

Dieser größte und kräftigste Windhund der Welt stammt aus dem alten Russland, wo er seit mehreren Jahrhunderten für die Jagd auf Hasen, Füchse und Wölfe verwendet wurde und zum Hundefavoriten des Adels aufstieg. Das wäre ihm beinahe zum Verhängnis geworden, denn mit der Oktoberrevolution 1917 wurde nicht nur die Aristokratie abgeschafft, sondern auch diese aristokratische Hunderasse. Zum Glück war sie jedoch international bereits so etabliert, dass sie überlebte.

## Eigenschaften

Seine Exklusivität hat sich der Barsoi bis heute bewahrt. Er wirkt oft abweisend und etwas hochnäsig, kann aber ein recht sanfter, liebenswürdiger und anhänglicher Begleithund werden, der ruhige Gelassenheit und eine respektheischende Würde ausstrahlt. Fremden Menschen und Hunden begegnet er in der Regel mit vornehmem Misstrauen, doch ausnahmsweise kann er auch einmal aus der Rolle fallen und eine – nicht ungefährliche – Rauferei anzetteln.

## Haltung

Der Barsoi braucht wegen seiner Größe, seiner Hetzleidenschaft und latenten Aggressivität eine feste Hand und eine konsequente Erziehung, außerdem natürlich sehr viel Auslauf, am besten auf einem Hunderennplatz. Dass das gewellte oder gelockte lange Haar täglich mit Kamm und Bürste gepflegt werden muss, versteht sich bei diesem Luxushund von selbst.

**Schulterhöhe**
Rüde 70–82 cm oder mehr, Hündin ca. 5 cm kleiner

**Gewicht**
35–48 kg

**Fellfarbe**
Weiß, gold, rot-schwarz oder grau, gestromt und alle Abstufungen dieser Farben.

**Gesundheit**
Etwas anfällig für Magendrehung und Netzhautatrophie.

Geeignet für sportlich aktive Fortgeschrittene.

# Kangal

**Schulterhöhe**
Rüde 74–85 cm, Hündin 71–79 cm

**Gewicht**
Rüde 50–68 kg, Hündin 40–55 kg

**Fellfarbe**
Beige oder braun mit dunkler Maske.

**Gesundheit**
Anfällig für Hüftgelenksdysplasie.

Geeignet für Spezialisten.

## Geschichte

Unter dem volkstümlichen Namen »Karabash« (Schwarzkopf) wurde der Kangal schon 1592 beschrieben. Seit Jahrhunderten wird dieser Hund in reiner Form als Hirten-, Schutz- und Wachhund gehalten. Um 1950 legte die adelige Familie Kangal in der türkischen Provinz Sivas den Standard fest und gab der Rasse ihren heute gültigen Namen: Kangal oder Sivas Kangal. Von der FCI ist der Kangal nicht anerkannt.

**Größenvergleich**
(Mensch = 180 cm)

## Eigenschaften

Der Kangal ist ein typischer Herdenschutz- und Wachhund. In der Türkei arbeitet er noch heute selbstständig bei den Herden. Sein angeborener, starker Schutztrieb zeigt sich erst ab einem Alter von ca. 1 1/2 Jahren. Der ruhige, selbstsichere und ausgeglichene Hund entwickelt, wenn er ihm anvertraute Lebewesen oder Dinge in Gefahr wähnt, Eigeninitiative und ist dann nicht mehr lenkbar. Der Kangal möchte seine Gegner eher in die Flucht schlagen als angreifen. In der Türkei werden Hunde, die sich gegen Kinder und Nutztiere aggressiv zeigen, eliminiert. Nach anfänglichem Misstrauen akzeptiert der Kangal Fremde, mag aber keine Vertraulichkeiten. Sein Sozialverhalten ist instinktsicher.

## Haltung

Solch ein wehrhafter, intelligenter Hund fühlt sich in engen Reihenhaussiedlungen nicht wohl. Er braucht einen Besitzer, der sich gut im Hundeverhalten im Allgemeinen und mit den Besonderheiten der Herdenschutzhunde auskennt. Viele Tierschutzhunde aus der Türkei führen Kangalblut!

# Akbash

## Geschichte

Der Akbash stammt aus dem westlichen Teil Anatoliens. Sein Name bedeutet Weißkopf. Er gehört in die Gruppe der großen weißen Hirtenhunde, deren Vorfahren aus dem Orient kamen. Man kann den Akbash heute noch besonders in der Gegend westlich von Ankara bei der Arbeit an den Herden finden. Seit 1990 gilt der Akbash als Varietät des Anatolischen Hirtenhundes. Heute bemüht man sich aber um Reinzucht. Der Akbash gilt als Ahne der weißen europäischen Hirtenhunde. Die Rasse wurde in den USA sehr gefördert. Dort schätzt man heute seine guten Eigenschaften als Herdenschutzhund. Der Akbash ist nicht FCI-anerkannt.

## Eigenschaften

Der imposante, wetterfeste Hund wurde über Jahrhunderte überwiegend dazu gezüchtet, Herdentiere selbstständig zu bewachen und zu beschützen. Um diese Aufgabe erfüllen zu können, müssen die intelligenten Hunde unabhängig Entscheidungen treffen. Sie sind daher dominant, eigenwillig und wenig menschenbezogen.

## Haltung

Der Akbash ist wie alle Herdenschutzhunde bei richtiger Erziehung seiner Familie zu 100 Prozent treu ergeben und ein kompromissloser Beschützer. Dabei kümmert er sich auch gerne um die Kinder seines »Rudels«. Er ist aber auf keinen Fall ein Spielhund für Kinder und eignet sich nicht für die Wohnungshaltung. Ohne Aufgabe an der Herde fühlt er sich als Wachhund großer Anwesen am wohlsten. Der Akbash wird langhaarig oder stockhaarig gezüchtet.

**Schulterhöhe**
Rüde 76–86 cm, Hündin 71–81 cm

**Gewicht**
Rüde um 54 kg, Hündin um 41 kg

**Fellfarbe**
Reinweiß.

**Gesundheit**
Keine rassetypischen Krankheiten bekannt.

Geeignet nur für Fachleute.

**Größenvergleich**
(Mensch = 180 cm)

# Deutsche Dogge

**Schulterhöhe**
Rüde mind. 80 cm, Hündin mind. 72 cm

**Gewicht**
45–60 kg

**Fellfarbe**
5 Farbschläge: gestromt, gelb, blau, schwarz, schwarz-weiß gefleckt (Harlekin oder Tigerdogge).

**Gesundheit**
Anfällig für Knochenprobleme, Herzerkrankungen und frühe Alterung.

Geeignet für Fortgeschrittene.

## Geschichte

Dieser kraftvolle, aber schlanke und elegante Hunderiese wurde 1881 offiziell auf den Namen Deutsche Dogge getauft, doch im Ausland heißt er meist noch immer Dänische Dogge; die Angelsachsen nennen ihn Great Dane (Großer Däne). Er ist jedenfalls ein in aller Welt begehrtes Qualitätserzeugnis deutscher Züchter. Die Ursprünge der Rasse liegen im Dunkel einer grauen Vorzeit, in der bereits große doggenartige Hunde für die Jagd auf Bären, Wildschweine und andere Großwild verwendet wurden. Seit dem Mittelalter waren sie beim Adel beliebt, später dann auch beim wohlhabenden Bürgertum. Bei Bismarck avancierten sie gar zu »Reichshunden«.

## Eigenschaften

Bessere Beschützer von Haus und Familie kann man sich kaum vorstellen, und es ist niemandem zu empfehlen, sich mit einer Dogge anzulegen, so gutmütig, freundlich, sensibel und zurückhaltend sie von Natur aus auch ist. Sie gilt sogar als ausgesprochen kinderlieb, doch weder Kindern noch alten Leuten sollte man ihre Betreuung überlassen. Leider sind nicht wenige Tiere mit erblichen Defekten behaftet; sie zeigen sich ängstlich oder aggressiv und haben eine Lebenserwartung von allenfalls zehn Jahren.

## Haltung

Die Deutsche Dogge braucht eine starke Hand und vom Welpenalter an eine sehr konsequente Gehorsamserziehung. Als Etagenhund ist sie völlig ungeeignet, vielmehr verlangt sie ein Haus mit großem Grundstück.

# Irish Wolfhound

**Größenvergleich**
(Mensch = 180 cm)

## Geschichte

Irish Wolfhound oder Irischer Wolfshund – beide Namen klingen furchterregend, doch dahinter verbirgt sich »nur« ein – allerdings riesiger – Windhund, der tatsächlich einstmals für die Jagd auf Wölfe und andere große Tiere eingesetzt wurde, und zwar angeblich schon vor rund 2000 Jahren von der keltischen Urbevölkerung der Insel Irland. Die imposanten Hunde wurden verehrt und in Heldensagen gefeiert und stiegen schließlich zu exklusiven Jagdgefährten der irischen Provinzkönige auf. Dennoch sind diese wilden alten Wolfshunde im 18. Jahrhundert praktisch ausgestorben. Die heutige Rasse wurde von G.A. Graham um 1850 aus Wolfhound-Restbeständen und verwandten Rassen neu erzüchtet.

## Eigenschaften

Der heutige Wolfhound ist kein wüster Wolfshetzer mehr, sondern ein sanfter, sensibler und leider etwas anfälliger Riese, der selten ein normales Hundealter erreicht. Er ist zwar nach wie vor mutig und als Windhund sehr bewegungsfreudig, taugt aber nicht für die Rennbahn. Im Haus erweist er sich als ruhig, geduldig, zuverlässig und sehr anhänglich.

## Haltung

Der Irish Wolfhound stellt hohe Ansprüche an seinen Halter, der unbedingt einige Erfahrung im Umgang mit Hunden haben muss. Er verlangt sehr viel Auslauf, eine sorgfältige und reichhaltige Ernährung und eine wegen seiner Größe und Kraft sehr konsequente, einfühlsame Erziehung.

**Schulterhöhe**
Rüde mind. 79 cm (bis 90 cm), Hündin mind. 71 cm

**Gewicht**
40,5–54 kg

**Fellfarbe**
Grau, gestromt, rot, schwarz, weiß, rehfarben und jede andere Farbe, die beim Deerhound zugelassen ist.

**Gesundheit**
Anfällig für Herzkrankheiten und frühe Alterung.

Geeignet für Fortgeschrittene.

# Begriffserläuterungen

**Abzeichen**
Regelmäßige oder unregelmäßige Flecken im Fell.

**Agility**
Hundesportart, bei der verschiedene Hindernisse auf Zeit überwunden werden müssen.

**Basset**
Nach französisch »bas« = tief, niedrig. Französische Bezeichnung für niederläufige Hunde ohne Verzwergungsmerkmale.

**Begleithund**
Allgemein Bezeichnung für einen Hund, der nicht nur in Haus und Garten gehalten wird, sondern seinen Besitzer bei seinen Unternehmungen begleitet. Der Begleithund (BH) muss einen guten Gehorsam aufweisen und absolut umweltsicher sein. Er muss sich auch in dichtem Verkehr sicher bewegen und darf weder gegen andere Hunde noch Menschen aggressiv sein. In VDH-Vereinen können Hunde mit einem Mindestalter von 12 Monaten eine spezielle Begleithundeprüfung ablegen. Es wird bei Bestehen das offiziell anerkannte Ausbildungskennzeichen BH vergeben.

**Behang**
Hängeohren.

**Black and Tan**
Englische Bezeichnung für eine Schwarz-Loh-Färbung des Fells.

**Blue-Merle**
Siehe Merlefaktor.

**Brackieren**
Sehr weitläufige Jagdart, bei die Jagdhunde (Bracken oder spurlaut und langjagende Stöberhunde) Wild aufstöbern und es spurlaut weiter zäh und ausdauernd verfolgen.

**Brand**
Hellere Abzeichen an bestimmten Körperteilen bei dunkel gefärbten Hunden.

**Buschieren**
Jagdart in offenem, aber bereits höher bewachsenem Gelände wie Forstkulturen, Heideflächen, Hecken und lichtem Gebüsch. Der Hund sucht dabei stets in Sichtverbindung zum Jäger und im Schussbereich der Flinte (um 20–35 m).

**Coursing**
Windhundrennen, bei dem in natürlichem Gelände (Wiese, Feld) ein künstlicher Hase von zwei Hunden gehetzt wird.

**Domestikation**
Haustierwerdung.

**Drahthaar**
Dichtes, kurzes, harsches Haar. Im Gesicht meist einen Bart.

**Ektropium**
Auswärtsdrehung oder Ausstülpung der (unteren) Lidränder.

**Ellenbogengelenksdysplasie (ED)**
Wahrscheinlich erbliche Entwicklungsstörung des natürlichen Verknöcherungsvorgangs im Ellenbogengelenk während der Wachstumsphase. Folge sind Bewegungsstörungen und Schmerzen, oft Lahmheit. Abkürzung: ED.

**Entropium**
Einwärtsdrehung der (unteren) Lidränder.

**FCI**
Fédération Cynologique Internationale (internationaler Dachverband für das Hundewesen).

**Gebäude**
Körperbau.

**Gebrauchshund**
Bezeichnung für einen Hund, der eine (für den Menschen) nützliche Arbeit leistet, z. B. als Jagd-, Hüte- oder Blindenhund. Synonym: Arbeitshund.

**»Gefährliche« Hunderassen**
Siehe Kampfhundeverordnung.

**Griffon**
In Frankreich, Belgien und Deutschland eine Sammelbezeichnung für rauhaarige Jagdhunde.

**Gestromt**
Dunkle, meist schwarze Querstreifen auf hellerem Fell.

**Herdenschutzhunde**
Sammelbezeichnung für Hirtenhunde, die die ihr anvertraute Herde selbstständig vor Angriffen von Raubtieren und menschlichen Dieben schützen. Herdenschutzhunde sind durch ihre Arbeitsweise meist wenig unterordnungsbereit und entscheiden selbst, wann sie angreifen. Das macht sie manchmal unberechenbar. Herdenschutzhunde müssen sehr früh mit ihrer Umwelt sozialisiert und mit allem Fremden vertraut gemacht werden. Sie sind weniger Begleithunde als Wächter großer Grundstücke, die sich aber vollen Familienanschluss wünschen. Ohne Spezialkenntnisse sollte man solche Hunde nicht halten.

**Hound**
Englischer Sammelbegriff für Jagdhunde.

**Hüftgelenk(s)dysplasie**
Genetisch bedingte Verformung des Hüftgelenks, bei der die Gelenkpfanne des Beckens und der Oberschenkelkopf stark abgeflacht sind. Betroffen sind vor allem große Rassen. Abkürzung: HD.

**Hunde vom Urtyp**
Siehe Pariahunde.

**Hundeverordnung**
Siehe Kampfhundeverordnung.

**Kampfhundeverordnung**
Nach tragischen Unglücksfällen mit Hunden wurden v. a. nach dem Jahr 2000 von einzelnen Bundesländern oft im wilden Aktionismus sehr umstrittene Gesetze erlassen, die die Haltung verschiedener »gefährlichen« Hunderassen mit vielfältigen Auflagen verbinden. Diese Hundeverordnungen sind je nach Bundesland und Gemeinde verschieden und ändern sich oft. Dazu können gehören: stark erhöhte Hundesteuer, Wesenstest, Leinen- und Maulkorbzwang sowie generelles Haltungs- und Zuchtverbot. Erkundigen Sie sich vor der Anschaffung eines Hundes bei ihrer Gemeinde, ob die Rasse Ihrer Wahl unter die Kampfhundeverordnung fällt!

**Kreuzung**
Paarung von zwei Tieren mit unterschiedlichen Erbanlagen.

**Kynologie**
Wissenschaftliche Hundekunde (von griech. »kynos« = Hund und »logos« = Lehre).

**Läufe**
Beine, Gliedmaßen.

**Listenhunde**
Siehe Kampfhundeverordnung.

**Löwenkiefer**
Entkalkte, »gummiartige« Kieferknochen.

**Magendrehung**
Plötzliche, oft lebensgefährliche Drehung des Magens um seine Längsachse bei einer ungestümen Bewegung des Hundes nach der Nahrungsaufnahme. Betroffen sind vor allem größere Rassen.

**Mantel**
Die betonte Färbung des Rumpffells bei zwei- oder mehrfarbigen Hunden.

**Maske**
Auffällige, meist dunkle Färbung des Hundegesichts.

**Merlefaktor**
Bläuliche Tigerung im Fell. Färbung auch »blue-merle« genannt. Oft verbunden mit genetischen Defekten wie Taubheit und Blindheit.

**Molosser**
Große, doggenartige Haushunde der Antike.

**Nachsuche**
Suche eines Jagdhundes nach angeschossenem oder verwundetem Wild.

**Netzhautatrophie**
Fortschreitende Sehschwäche durch Netzhautschwund.

**Obedience**
Hundesportart, bei der der Gehorsam des Hundes in verschiedenen Übungen nach Anweisung eines Bewerters geprüft wird.

**Pariahunde**
Verwilderte, herrenlose Haushunde, die meist rudelweise halb wild in der Nähe menschlicher Siedlungen leben. Auch Bezeichnung für meist rasselose Straßenhunde des Nahen und Fernen Ostens. Meist mittelgroß und kurz- bis stockhaarig.

**Patellaluxation**
Krankhafte Verschiebung der Kniescheibe (Patella) infolge gerissener oder geschwächter Haltebänder.



**Perthes-Krankheit**
Degeneration des Hüftgelenks, bei der zuerst der Gelenkkopf erfasst wird.

**Platten**
Größere Farbflecken im Fell.

**Rasse**
Eine durch menschliche Eingriffe (künstliche Zuchtwahl) entstandene einheitliche Gruppe innerhalb einer Art.

**Raubzeugschärfe**
Vor allem bei Jagdhunden und Terriern ausgeprägter Trieb, vor Raubzeug (wehrhaftes Wild, z. B. Fuchs, Dachs oder Marder) keine Scheu zu haben. Auch Katzen zählen für den Jäger zum Raubzeug.

**Reizschwelle**
Maß für eine Schwelle, die ein Außenreiz (Bewegung, Geräusch) überschreiten muss, um eine Reaktion auszulösen. Ein Hund mit einer hohen Reizschwelle erträgt stärkere Reize ohne Reaktion als ein Tier mit niedriger Reizschwelle.

**Rute**
Schwanz.

**Salz-und-Pfeffer**
Fellfärbung in unterschiedlichen Grautönen.

**Sattel**
Kleinere, auf den Mittelrumpf beschränkte Form des Mantels.

**Schalenwild**
Dem Jagdrecht unterliegenden Paarhufer. (Schale bedeutet in der Jägersprache Hufe oder Klaue.) Dazu gehören Schwarzwild (Wildschweine), Hirsche, Rehe, Gämsen u. a.

**Schlag**
Gruppe von Tieren innerhalb einer Rasse mit gemeinsamen Merkmalen (Größe, Färbung, Haartyp usw.).

**Schottenkrampf**
Eine anfallartige Bewegungsstörung, die beim Scottish Terrier auftritt. Die Hunde zeigen aber der 6. Lebenswoche vor allem nach Anstrengungen einen steifen Gang. Es kommt zur seitlichen Abspreizung der Vordergliedmaßen. Durch Streckung der Hinterbeine führen die Hunde katapultartige Bewegungen aus. Die Symptome verschwinden nach Ruhe wieder. Schwer therapierbar.

**Schwarzwild**
Wildschweine.

**Schweiß**
In der Jägersprache für Blut. Schweißarbeit = die Suche des Jagdhundes nach angeschossenem oder verwundetem Wild auf der Schweißspur (Blutspur).

**Sozialisieren**
Möglichst frühe Gewöhnung des Hundes an Menschen und andere Lebewesen mit dem Ziel, dass fremde Menschen und Tiere ohne Aggression oder Angst akzeptiert werden.

**Spurlaut**
Bezeichnung für eine Eigenschaft des Jagdhundes, Wild bellend aufzuspüren und zu verfolgen.

**Standard**
Rassestandard; vom zuständigen Zuchtverein formulierte Beschreibung der typischen (idealen) Eigenschaften einer Rasse.

**Stockhaar**
Kurzes bis mittellanges Grannenhaar mit sehr dichter, weicher Unterwolle (z. B. Deutscher Schäferhund).

**Tricolour**
Dreifarbig. Meist schwarze Grundfarbe mit weißen und braunen Abzeichen oder weiß mit schwarzen und braunen Flecken.

**Trimmen**
Aus dem Englischen stammende Bezeichnung für das Auszupfen toter oder bestimmter gesunder Haare aus dem Fell mit den Fingern oder mit dem Trimmmesser; das Wort wird auch allgemein für das Scheren oder Schneiden verwendet.

**VDH**
Abkürzung von Verband für das Deutsche Hundewesen.

**Vorstehhund**
Entwicklungsgeschichtlich die jüngste Gruppe der Jagdhunde. Ein Vorstehhund sprengt geortetes Wild nicht auf, um es zu verfolgen. Er bleibt, oft mit einer erhobenen Pfote, wie gebannt abwartend vor dem Wild stehen und zeigt dem Jäger somit seine Lage an. Dieses typische Verhalten zeigen auch Wildhunde vor dem Sprung auf eine Beute.

**Welpe**
Junger Hund bis zum Alter von etwa zwei Monaten.

**Widerrist**
Der nach hinten abfallende vorderste Teil des Rückens. Die Widerrist- oder Schulterhöhe ist der Abstand zwischen Boden und höchstem Punkt des Widerrists.

**Wundspur**
Blutspur des flüchtenden, angeschossenen oder verwundeten Wildes.

# Kynologische Fachverbände

Wer einen Rassehund aus einer zuverlässigen Zucht sucht, wende sich zunächst an den zuständigen nationalen Dachverband. Dort erhält er Auskunft über die entsprechenden Zuchtvereine und Klubs, von denen man dann die Anschriften von Züchtern erfährt.

**Fédération Cynologique International (FCI)**
Generalsekretariat
Place Albert 1er, 13
B-6530 Thuin, Belgien
Tel. 0032-(0)71-59 1238
Fax 0032-(0)71-59 2229
E-Mail: info@fci.be
www.fci.be

**Deutschland**
Verband für das Deutsche Hundewesen (VDH)
Westfalendamm 174
D-44141 Dortmund
Tel. 0049-(0)231-56 5000
Fax 0049-(0)231-59 2440
E-Mail: info@vdh.de
www.vdh.de

**Österreich**
Österreichischer Kynologenverband (ÖKV)
Siegfried Marcus Strasse 7
A-2362 Biedermannsdorf
Tel. 0043-(0)2236-710 667
Fax 0043-(0)2236-710 667 30
E-Mail: office@oekv.at
www.oekv.at

**Schweiz**
Schweizerische Kynologische Gesellschaft (SKG)
Société Cynologique Suisse (SCS)
Länggassstrasse 8
Postfach 8276
CH-3012 Bern
Tel. 0041-(0)31-306 62 62
Fax 0041-(0)31-306 62 60
E-Mail: skg@hundeweb.org
www.hundeweb.org

# Hinweise zu Züchtern

Im folgenden finden Sie Informationen und Züchternachweise zu Hunderassen, die in diesem Buch beschrieben werden und die nicht von der FCI bzw. nationalen Verbänden anerkannt sind. Informationen zu allen anderen Rassen können Sie über die FCI oder die nationalen Dachverbände einholen.
Die folgenden Anschriften stellen keine persönlichen Empfehlungen der Autoren dar und erheben keinen Anspruch auf Vollständigkeit.

**Akbash**
Akbash Liga
Ira Vaculik
Am Gestade 12, D-53545 Linz/Rhein
Tel. 0049-(0)2644-80 8881
Fax 0049-(02644-80 8882
E-Mail: iva@akbash.de
www.akbash.de

**Alano**
Alano Verein Deutschland (AVD) e.V.
Arne Pohlmeyer
Präsident AVD e.V.
D-29690 Lindwedel
Tel. 0049-(0)5073-923 480
Mobil 0049-(0)179-51 26 530
E-Mail: arne.pohlmeyer@versionx.de
www.alanos.de

**American Bulldog**
Amerikanische Website mit vielen hilfreichen Links und Züchternachweis auch im Ausland:
American Bulldog Resources
www.dogresources.com

American Bulldog Club Deutschland e.V.
Postfach 12 50, D-66267 Kleinblittersdorf
Tel. 0049-(0)6805-615 416
Fax 0049-(0)6805-615 491 (tagsüber)
Mobil 0049-(0)175-2042 330 (bis 22 Uhr)
E-Mail: info@americanbulldogs.org

**Chodsky Pes**
Hier finden Sie ausführliche Informationen und viele nützliche Links:
www.chodsky-pes.ch

Schweiz:
1) Kontakt zu einer Züchterin über www.chodsky-pes.ch
2) Telefonische Auskunft:
Dr. med. vet. Jan Nesvadba
(Praxis in Zaziwil)
Tel. 0041-(0)31-711 03 39
(auch Kontakt zu Tschechien)

Deutschland:
Karin-Elke Böhme (Züchterin)
Munsterweg 44, D-29649 Wietzendorf
Tel. 0049-(0)5196-250 131
Fax 0049-(0)5196-250 132
E-Mail: boehmerwald@gmx.com
www.hundezucht-vom-boehmerwald.de

Tschechien:
Zuchtwartin in Tschechien:
Jana Kudrnacova
Tel. 0042-(0)49-539 8322
E-Mail: bryvilsar@seznam.cz

Jana Svobodova (Züchterin)
Zahradkarska 13
CZ-50311 Hradec Kralove
Tel. 0042-(0)49-55 343 55
E-Mail: prima.nova@quick.cz

Website auf tschechisch:
www.chodskypes.cz

**Elo®**
1) Elo Zucht- und Forschungsgemeinschaft (EZFG e.V)
www.elo-hundezucht.de
2) Familie Szobries
Mahrenholzer Weg 21, D-29386 Dedelstorf
Tel. 0049-(0)5832-979133
E-Mail: szobries.marita@freenet.de

**Kangal**
Gute Informationen und viele hilfreiche Links finden Sie auf der Website von:
Elisabeth von Buchwald
Tel. 0049-(0)40-86 98 36
E-Mail: elvbu@aol.com
www.sivas-kangal.de

**Kyi Leo**
H. Manuel
Schwarzer Weg 28, D-29303 Lohheide

**Langhaarschäferhund**
Der LSVD e.V. und der ASVD e.V. züchten nach strengen Kriterien ähnlich dem SV e.V. (Schäferhundverein im VDH/FCI). Ihre Zuchttiere werden auf Hüftgelenks- und Ellenbogendysplasie geröntgt. Es wird auch auf den Gebrauchswert geachtet.

Langhaar Schäferhunde Verband Deutschland e.V. (LSVD e.V.)
Volker Knaupp
Waldäcker 1, D-71336 Waiblingen
Tel. 0049-(0)7151-279927
E-Mail: 1vorsitzender@lsvd-net.de
www.lsvd-net.de

Altdeutscher Schäferhundeverband Deutschland e.V. (ASVD e.V.)
Jürgen Gökeler
In der Gibitzen 5, D-90530 Wendenstein
Tel. 0049-(0)9129-3434
Fax 0049-(0)9129-289843
www.asvd.de

Bei Züchtern des stockhaarigen Deutschen Schäferhundes fallen in den Würfen immer wieder auch langhaarige Welpen. Nach den Zuchtregeln des SV e.V. sind diese nicht zuchttauglich. In der SV-Mitgliederzeitung werden solche Langhaar-Welpen oft angeboten.

**Wäller**
Erster Wäller-Club Deutschland e.V.
Karin Wimmer-Kieckbusch
Baumstammhaus, D-56244 Vielbach
Tel. 0049-(0)2626-78338
Fax 0049-(0)2626-78337
www.waeller-club.de

# Register

**Bibliographische Information der Deutschen Bibliothek**

Die Deutsche Bibliothek verzeichnet diese Publikation in der Deutschen Nationalbibliographie; detaillierte bibliographische Daten sind im Internet über http://dnb.ddb.de abrufbar.

BLV Buchverlag GmbH & Co. KG
80797 München



Umschlaggestaltung: Anja Masuch, Fürstenfeldbruck b. München
Umschlagfotos:
Titelseite groß: Juniors;
Einklinker: AP/Thomson (oben), Sorell (Mitte), Steimer (unten)
Rückseite: Juniors (alle)

Lektorat: Dr. Friedrich Kögel
Herstellung: Angelika Tröger
Layoutkonzept Innenteil: Sabine Fuchs, fuchs_design, Ottobrunn
Layout und Satz: Satz + Layout Peter Fruth GmbH, München

Gedruckt auf chlorfrei gebleichtem Papier

Printed in Italy
ISBN 10: 3-8354-0049-5
ISBN 13: 978-3-8354-0049-8

**Bildnachweis**
AP/Thompson: 14, 20, 21, 22, 25, 28, 31, 35, 37, 39, 41, 45, 58, 68, 72, 82, 83, 84, 90, 96, 98, 99, 104, 105, 118, 126, 133, 140, 143, 147, 149, 150, 157, 163, 165, 167, 179, 191, 194, 195, 198, 201, 203, 204, 206, 208, 212, 217, 218, 222, 228, 232, 234, 240, 241, 244
AP/Willbie: 24, 26, 27, 36, 57, 59, 88, 89, 101, 106, 182, 230
Bender: 65, 70, 153, 161, 185, 192, 224
Bledl Kerstin: 209
Cramm: 43
IPO: 17, 18, 23, 56, 63, 75, 85, 112, 125, 186
J. Weininger/B. Wichmann (»Flo von den großen Strolchen«): 92
Juniors/A. Eisfeld: 178
Juniors/Archiv: 97, 116
Juniors/B. Brinkmann: 29, 61, 66, 76, 95, 103, 109,134, 139, 144, 196,202, 205, 223, 225, 226
Juniors/B.Spreckels: 108
Juniors/Chr.Steimer: 87
Juniors/E.Krämer: 40, 46, 53, 60, 67, 79, 80, 107, 117, 127, 131, 135, 137, 142, 169, 187, 243
Juniors/H. Botzenhardt: 15, 16, 49, 50, 55, 172
Juniors/H. Farkaschovsky: 151, 245
Juniors/H. Kehrer: 42
Juniors/H. Kuczka: 100
Juniors/J.u.P.Wegner: 113, 122, 148, 175, 177
Juniors/L.Lenz: 91
Juniors/M. Wegler: 19, 32, 81, 110, 136, 146, 159, 160, 173, 199, 207, 211, 215, 221, 231
Juniors/Naroska: 183
Juniors/R.Bruckner: 121
Juniors/S. Freiburg: 102
Juniors/U. Schanz: 52, 69, 73, 77, 94, 176, 214, 236
Krämer: 34, 51, 62, 64, 71, 115, 120, 141, 162, 164, 166, 180, 188, 220, 227, 239
Manuel: 30
Marek: 128
Reinhard: 33o, 74, 111, 114, 123, 132, 158, 170, 197, 216, 237
Rogen: 190
Sorrel: 38, 154, 156
Steimer: 33u, 44, 47, 48, 54, 78, 86, 93, 119, 124, 129, 138, 145, 152, 174, 181, 184, 193, 200, 213, 233, 238, 242
Stuewer: 155, 189, 219, 229, 235
Wegmann: 1, 2/3, 4, 5, 6, 7, 8, 9, 10, 11, 12, 13, 130, 171, 210
Wimmer-Kieckbusch: 168

# Der richtige Umgang mit dem Hund

Uli Köppel
**Welpen richtig erziehen**
Artgerechte Welpenerziehung, ausgerichtet auf das angeborene Wesen und Verhalten des Hundes – Grundstein für eine vertrauensvolle Beziehung zwischen Mensch und Hund.
*ISBN 3-405-16853-8*

Bruce Fogle
**Hunde richtig erziehen**
Für den verständnisvollen Umgang mit dem Hund: sanfte Erziehungsmaßnahmen und Korrektur schlechter Angewohnheiten – mit über 500 aussagekräftigen Farbfotos Schritt für Schritt leicht nachzuvollziehen.
*ISBN 3-405-16458-3*

Angela Wegmann
**Freizeit-Spaß mit Hunden**
Such-, Werf- und Geschicklichkeitsspiele; Begleitung beim Wandern, Joggen und Rad fahren; Wassersport, Pferdebegleitung und Wintervergnügen; Geschicklichkeits-, Zirkus- und Zaubertricks; Agility, Flyball-Spiele, Schlittenziehen und vieles mehr.
*ISBN 3-405-16022-7*

Angela Wegmann
**Wenn mein Hund nicht hören will**
Typische und häufige Verhaltensstörungen beim Hund erkennen und beheben: Symptomatik, Diagnose, Behandlung, Vorbeugung, Praxisbeispiele.
*ISBN 3-8354-0013-4*

Katharina von der Leyen
**Braver Hund!**
Viel Spaß beim Lesen und Üben: Hunde spielend leicht erziehen mit täglichen 10-minütigen Kurzlektionen; das Basiswissen zur Hundeerziehung mit Illustrationen, die humorvoll die beschriebenen Situationen visualisieren.
*ISBN 3-405-16211-4*

Manuela van Schewick / Christine Steimer
**Kind & Hund**
Wie Kind und Hund die besten Freunde werden: das Verhalten des Hundes; der einfühlsame, verantwortungsvolle Umgang mit dem Hund und wie Kinder dazu angeleitet werden.
*ISBN 3-405-16395-1*

*Im BLV Buchverlag finden Sie Bücher zu den Themen:* Garten und Zimmerpflanzen • Natur • Heimtiere • Jagd und Angeln • Pferde und Reiten • Sport und Fitness • Wandern und Alpinismus • Essen und Trinken

*Ausführliche Informationen erhalten Sie bei:*

**BLV Buchverlag GmbH & Co. KG**
**Postfach 40 02 20 • 80702 München**
**Telefon 089 / 127 05-0 • Fax -543 • www.blv.de**